2018 年

国家出版基金项目
NATIONAL PUBLICATION FOUNDATION

西安明城志——中国历史城市文化基因系列丛书

地域视野下的西安明城建筑

李昊 吴珊珊 韩冰 编著

中国城市出版社 中国建筑工业出版社

图书在版编目（CIP）数据

屋志：地域视野下的西安明城建筑/李昊，吴珊珊，
韩冰编著. —北京：中国城市出版社，2020.6
（西安明城志：中国历史城市文化基因系列丛书）
ISBN 978-7-5074-3284-8

Ⅰ.①屋… Ⅱ.①李… ②吴… ③韩… Ⅲ.①古建筑
—建筑史—西安 Ⅳ.①TU-092.941.1

中国版本图书馆CIP数据核字（2020）第093285号

《西安明城志——中国历史城市文化基因系列丛书》的第二辑《屋志 地域视野下的西安明城建筑》，从关中地区
的聚落营建开始，探讨地域风土特征、社会经济背景和营建制度体系对建造的影响，整理西安明城各时期代表性建筑，
辨析地域空间的生成机制与形态语汇，思考如何构建当代中国建筑的文化精神、价值内核和设计策略。

责任编辑：陈 桦 王 惠
责任校对：李美娜

西安明城志——中国历史城市文化基因系列丛书

屋志 地域视野下的西安明城建筑
李昊 吴珊珊 韩冰 编著
*
中国城市出版社、中国建筑工业出版社出版、发行（北京海淀三里河路9号）
各地新华书店、建筑书店经销
北京锋尚制版有限公司制版
北京雅昌艺术印刷有限公司印刷
*
开本：880毫米×1230毫米 1/16 印张：24 字数：554千字
2020年12月第一版 2020年12月第一次印刷
定价：168.00元
ISBN 978 - 7 - 5074 - 3284 - 8
（904267）

版权所有 翻印必究
如有印装质量问题，可寄本社图书出版中心退换
（邮政编码 100037）

发现历史空间的谱系
呈现在地日常的丰饶

旧石器时代早期，蓝田猿人开始在蓝田县公王岭一带狩猎采集，距今约100万年。

新石器时代晚期，母系氏族聚落出现于浐河东岸半坡，距今约6500年。

公元前11世纪末，周文王在沣河西岸营建丰京，至今3000余年。

公元前202年，刘邦借秦二宫，营建汉长安城，至今2220年。

公元618年，唐王朝建都长安，续建隋大兴城，至今1400年。

公元904年，佑国军节度使韩建以唐皇城为基础改建长安城，至今1114年。

公元1378年，明洪武十一年西安府城扩城定型，至今640年。

公元1649年，清顺治六年拆毁明秦王府，修筑满城，至今369年。

公元1912年，陕西都督拆除满城西、南两面城墙，至今106年。

公元1952年，修建西安火车站广场拆除解放门城墙，首开豁口。

公元2004年，三个大跨度的拱桥式城门连接原解放门豁口，明城墙终于合拢。

经过漫长的生命进化，人类脱颖于动物世界，以主体自觉重新审视自然客体，开启"观乎天文，以察时变；观乎人文，以化成天下"的文化进程。从"逐水草而居"的渔猎游牧到"日出而作、日落而息"的农耕定居，从氏族部落到国家政权，人类文明的帷幕在生产力的推动下拉开。城市的出现是文明发展的重要标志，不仅成就了地球上最为独特的人类景观，更是人类文化基因的物质载体和深层结构。

关中平原地处北纬33°~34°，夹峙于陕北高原和秦岭山脉之间，山环河绕、地域宽阔、原隰相间、土地肥沃，优良的自然环境条件为聚落文明的萌发提供了厚实的土壤与养分，并直接作用于聚落的营建观念和空间形态。从原始社会的氏族村落、农业社会的大国都城、近现代的西北重镇到今天的国家中心城市，西安在世界聚落营建史上留下浓墨重彩，是研究中国城市历史发展的典型样本。西周、秦、西汉、新、绿林、赤眉、东汉献帝、西晋愍帝、前赵、前秦、后秦、西魏、北周、隋、唐、黄巢的大齐、李自成的大顺，先后有六个统一王朝、五个分裂时期政权、两位末代皇帝以及四个农民起义政权在此建都，代表中国古代文明标志性节点的周、秦、汉、唐位列其中。层积的历史与风土共同形成了独特的地域文化图谱，在中华文明的宏大谱系中华光夺目。

西安明城区源于隋唐长安城皇城，明洪武年扩城形成了目前的格局，是保存至今最为完整的、规模最大的中国古代城垣。它真实记录了千年来的空间变迁和社会历程，历史与文化价值突出。本丛书以文化人类学为站点，分析明城区物质空间的特征、形态和发展；空间营建的理念和制度；社会生活的风土、性格和精神。思考传统与当下、空间与社会、设计与制度的内在关联与价值扬弃，探索当代中国城市品质提升和文化复兴的基点、路径和方向。

第一，探究文化基因的生成本底与演进机制——空间进程＋社会演变

首先，本丛书是对历史城市文化基因生成本底的整理与记述。以西安历史核心区——明城区为研究对象，分别从四大空间要素"墙""屋""街""形"入手，记述西安明城区的历史发展进程、空间形态演变和社会生活特征，由古及今、由表及里、由物及人、由形及场，进行历时性与共时性的全景文化展示。本丛书希望打破此类图书相对单一的空间与历史视角，在文化考察的基础上，融贯人类学视野和社会学方法，结合团队长期以来的基础性研究，呈现西安城市空间的文化形态与社会变迁，记录生活其中的人的样态，探究中国历史城市的演进机制。

第二，挖掘文化基因的精神内核和构成体系——文化精髓＋营城智慧

其次，本丛书是对中国历史城市文化基因内在精神的探索与挖掘。通过对西安明城区历史进程和社会人文的深度解析，探索中华优秀传统文化和营城智慧，发现城市空间特质与文化内核。城市与人的活动相互关联，不同历史阶段的价值标准、审美风范与生活习惯映射在城市空间上，经过时间的浸润与沉淀，焕发出优雅的文化之光和地域风韵。本丛书探讨西安城市营建历程所映射的人地关系，不同历史时期的价值观念、生活方式与空间图式的深层关联，挖掘内在的人文属性和价值取向，探讨中国历史城市的场所精神。

第三，辨识文化基因的形态谱系和空间特质——语汇提取＋价值回归

最后，本丛书是对中国历史城市文化基因形态图示的提取与彰显。进入城市化后半程以来，城市发展方式已经由向外扩张转为存量提升，城市空间不只是社会活动的背景，直接参与生产与消费的全过程，文化建设与品质提升成为城市的核心诉求。在全球化的网络体系中，城市的核心竞争力在于自身的独特性与不可替代性，城市发展首先来自对自身资源的评估与判断。对历史城市而言，其文化价值的挖掘与呈现必然是应对未来发展的核心和关键。本丛书探讨在继承优秀传统文化和营建经验的基础上，如何逐步改变和适应，构建当代城市的文化精神和价值内核。

丛书包括四册，分别从历史、地域、生活、场所四个维度展开。

第一辑：《墙志 历史进程中的西安明城城墙》，以城墙为线索，梳理西安城市发展的演进历程，记述明城城墙的前世今生与兴衰荣辱。

第二辑：《屋志 地域视野下的西安明城建筑》，从关中地区的聚落营建开始，整理西安明城各时期代表性建筑，辨析地域空间的生成机制与影响因素。

第三辑：《街志 生活维度中的西安明城街道》，以市井生活为主脉，研究西安明城街道空间，探讨街道场所的空间属性和生活价值。

第四辑：《形志 场所精神下的西安明城形态》，从人类学的整体关切入手，提取西安明城文化基因，明确历史城市的层积特质和活态属性。

建筑在地域空间中的生发与演绎

人类聚落生发于特定的地域环境，世代层积生长，孕育出独特的地方风土和文化基因，建筑以显性的形态成为文化基因最重要的外在表征。关中地区适宜耕作的自然气候条件与利于防御的四塞地理格局，催生农耕文明的兴起，成为农业时代国家政权的首善之地。关中地区的都城营建，经过周的礼化、秦的一统、汉的格序、唐的兼容，以象天法地的认知系统、阴阳数理的符号系统和家国同构的形式系统，共同构成空间营建的思想体系以及建成环境的形态图谱，深刻地影响着中国古代城市与建筑的发展。

关中地区的营建活动开始于半坡、姜寨等氏族聚落，部落成员的住屋和议事大屋几无差异。随着生产力发展和社会阶层形成，居所分化，贵族阶层开始营建宫室以示身份之别，更重天子之威。长安的宫殿建筑经历夏商草创、周之发展、秦汉奠基、隋唐鼎盛四个阶段，由质朴平实走向富丽辉煌，特别是唐长安大明宫，成为后世宫殿建筑的典范。唐之后，长安成为地方府城，宫殿建筑的规格和形制日渐式微，除官署衙门外，居住建筑成为主要建筑类型。宗教建筑与儒、道、佛的发展伴生。以儒教和道教为代表的中国本土宗教人格化特征显著，宗教建筑并未形成与世俗建筑特别明显的形态差异。佛教、伊斯兰教自汉代相继进入中国。宗教建筑的本土化特征明显，均未完全延续其文化本宗的建筑形态。天主教在近代传入，带有一定的西方建筑特征。

19世纪末，随着西方列强的入侵，国门洞开，地处内陆的西安也进入新的历史阶段。建筑的发展与演进反映了近代社会的蜕变进程以及东西文化的融汇与碰撞。一方面，新建筑类型不断涌现，西方现代主义建筑开始传入中国，出现了对西方建筑的模仿与移植；另一方面，在政治、经济和文化语境的影响下，开启了探索本土建筑的现代之路。西安近代建筑的发展虽不如沿海开埠城市迅速，但已初步形成了包括居住建筑、公共建筑和工业建筑等在内的相对齐备的现代建筑类型。

中华人民共和国成立后，西安被赋予了重要的战略地位，1950年代初制定的第一版城市总体规划，明确"西安是以轻型精密机械制造和纺织为主的工业城市"。大量科研院所和工业企业的迁入与建设形成了西安现代城市骨架，建筑业蓬勃发展。1958年大跃进后，西安同中国大部分地区一样，建设发展相对停滞。

1978年改革开放，以经济建设为中心，开始建立和完善社会主义市场经济体制，西安城市建设得以全面恢复。1990年代初期，计划经济伴随票证时代结束彻底退出历史舞台，市场经济体制的建立促使中国社会发生显著变化，西安围绕外向型城市的发展目标，大力推进基础设施建设。明城区依托大量的明清建筑遗存，在建筑风格方面较多采用仿古建筑手法，传统元素与当代语汇结合的折中主义建筑也较为盛行。

进入21世纪，面对日益开放的全球化格局，西安积极响应国家"一带一路"和"西部大开发"战略，构建"大西安"总体发展目标，通过战略合作提升对外影响力，探索历史城市的现代化发展路径。西安城市建设加快现代化步伐，进入多元并存的发展阶段。建筑创作跳脱以往对于传统建筑形制的模仿借鉴，积极探索地域性的设计方法路径。具有特定文化主题的新地域建筑陆续出现，回应西安作为历史文化旅游城市的发展需求。同时现代主义风格的新建筑大量建成，试图演绎西安"国际化大都市"的当代特征。

从1990年至2019年的三十年间，明城区经历了中华人民共和国成立以来最为显著的变化，若干次旧城改造运动将一个具有典型地方风土特征的文化富集区转变为一个杂糅并置的历史符号拼贴区。今天，面对存量提质的新阶段，有必要重新审视历史环境中的"建成遗产"与现代进程中的"当代生活"的相互关系。需要我们尊重历史文化资源、关照当下生活需求、明确明城区的自身价值与发展目标，思考明城区作为一个叠合历史文化厚度、承载多元生活样态的城市核心片区应当扮演的角色。

唐皇都官署宫殿早已灰飞烟灭，明郡府钟鼓城楼依然静默耸立，建筑是时代的文化符号，更是人们的生活场所。明城的当代建筑之路任重而道远。

西　安　明　城　志

目　录

壹 风土——华夏文明的肇始

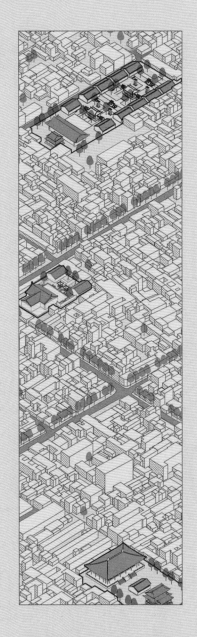

只要良善、纯真尚与人心同在，人便会欣喜地用神性度测自身。神莫测而不可知？神如苍天彰明较著？我宁可信奉后者……劬劳功烈，然而人诗意地栖居在大地上。

——荷尔德林《人，诗意地栖居》

奉元州县之图《长安志》

"刚柔交错，天文也；文明以止，人文也。观乎天文，以察时变，观乎人文，以化成天下。"

——《易·贲卦·象传》

1.1 人地：
聚落营建的地理环境

地理环境是人类赖以生存的物质本底，包括生物群落、各类有机物质、地理气候条件和各类无机物质，它们之间相互影响、相互作用，持续进行着物质循环和能量转换，共同塑造着地球的生态系统和自然风貌。作为物质层面的生命本底和景观层面的客观存在，地理环境不仅仅是人类认知外部世界的起点，参与人类聚落的营建过程，其差异化的特质更是直接映射在地域文化基因的肌理建构和外部形态上。

东亚大陆的地壳运动形成了关中地区"山环水绕"的地貌格局，与中国大陆"负陆面海"的地理形势在形态上具有同构特征。全新世之后关中地区的气候变迁培育了适宜耕作的温湿环境和土壤条件，使之成为农耕活动的早发之地。经过周的礼化、秦的一统、汉的格序、唐的兼容，中华传统文化的价值范式和空间图式在此地逐渐显现。

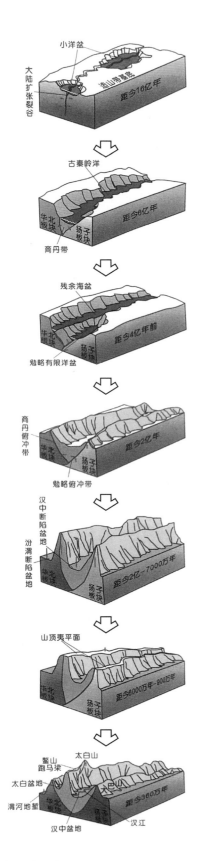

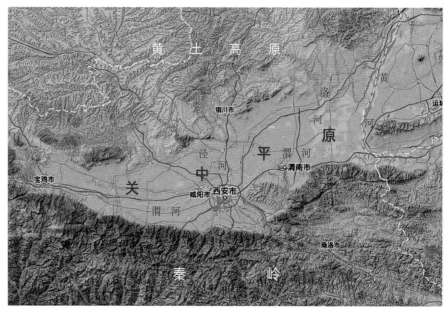

关中平原示意图

1.1.1 沧海桑田：关中平原的变迁

在漫长的地质时代，早期人类的生存和繁衍完全依赖于自然环境，气温的变化直接影响基本生存条件——食物供给与来源，地球地壳运动和气候变迁决定了人类的发展进程。距今5000年左右，即使人类脱颖于自然世界开始形成独特的文明系统，气候依然在文明的发生与演化中扮演重要的角色。世界四大文明发源地齐聚北纬20°~30°之间，充分说明了人类对自然环境条件的依赖性。

1. 关中平原的地质形成

关中平原，又称渭河平原、关中盆地、渭河盆地，是由断层陷落地带经渭河及其支流泾河、洛河等河流冲积而成的冲积平原，和渭河谷地及渭河丘陵一起构成渭河盆地。西起宝鸡，东至潼关，绵延近350千米，东宽（85千米）西窄（30千米），面积约2.0千米×104千米=208平方千米，平均海拔400米。在大地构造位置上，关中平原位于秦岭大别山造山带和华北板块之间，为地壳运动形成的伸展型正断层盆地。北邻鄂尔多斯盆地渭北隆起，南抵北秦岭造山带，西连鄂尔多斯西南缘弧形构造带，东接山西隆起带，总体东西向展布。

远古时期，在地壳运动的影响下，关中平原经历"沧海桑田"的变化。

秦岭地区演化变迁过程
来源：《地图上的秦岭》

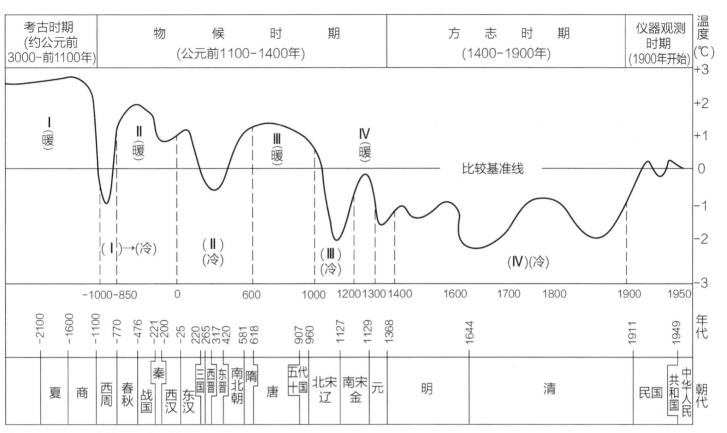

考古时期 (约公元前 3000-前1100年)	物　候　时　期 (公元前1100-1400年)	方　志　时　期 (1400-1900年)	仪器观测 时期 (1900年开始)	温度 (℃)

中国近5000年来的气温变化曲线图
来源：竺可桢《中国近五千年来气候变迁的初步研究》

秦岭山地是古老的褶皱断层山地，秦岭北部早在4亿年前就已上升为陆地，南部却淹没于海水之中。在距今3.75亿年的加里东运动中，秦岭南部隆起，原来沉积在海下的这一带地层大幅度褶皱、断裂、抬升，形成秦岭。之后经历"海西""印支""燕山"等几次大的地壳运动以及喜马拉雅造山运动影响，秦岭再度抬升，沿北坡则发生大规模断裂下陷，成为关中地堑。直至距今360万年前，秦岭又发生了一次强烈的垂直升降运动，北侧渭河地堑下降，形成了近乎今日的渭河平原。南部是巍峨峻峭、群峰竞秀的秦岭山地，北部是坦荡舒展、平畴沃野的渭河平原。之后零星的造山运动还在进行，今天该片区的地震和构造断裂带活动说明秦岭和周边造山带的地壳结构仍在调整。

地壳运动形成了以关中平原为中心"秦地半天下，兵故四国，被山带河，四塞以为固"[①]的地形格局。就总体而言，关中平原的地貌特征有三个，一是南高北低，相差悬殊；二是平原山地界限分明；三是受秦岭、渭河走向控制，各种地貌均作东西向延伸，南北向交替呈明显条带状分布，等高线基本呈东西走向。

2. 四次寒冷期与关中地区的历史进程

气候条件不只是人类生存的物质条件与环境基底，更是影响文化进程的重要动因和关键要素，特别是在文明形成的考古时期（公元前3000-前1100年）和物候时期（公元前1100-1400年）。四次寒冷期对社会进程的影响显著，气候变冷会减少粮食产量，对生存和发展构成威胁，延缓文明进步，这恰恰推动了技术的革新和政权的更

①《战国策·楚策一》

关中平原景象

迭，从文明的生存法则上优胜劣汰。另一方面，温暖的气候带来农产品丰收，人们衣食无忧，社会繁荣。

　　关中地区所在的东亚大陆，分为两个大相径庭的经济区——农耕区和游牧区，华夏文明正是游牧文化与农耕文化相互冲突融合的结果。在游牧民族和农耕民族对资源的争夺与政权的交叠中，气候影响是显而易见的。对于游牧民族而言，合宜的气候意味着草原生态环境良好，而灾害性天气，比如寒潮对草原生态的影响几乎是致命的，历史上游牧民族的南侵大都与气候变化导致的生存环境恶化有着内在的联系。对于农耕民族而言，稳定而温润的气候意味着丰产丰收，当农业经济的发展具备优越的自然环境条件，加之灌溉等生产技术的推动，百姓安居乐业，农业政权必然更加稳固和强大。历史上秦汉一统和隋唐王朝的强盛与同时期关中地区的温湿气候有很大关系。

1.1.2 地域环境：物产丰饶的四塞之地

　　关中平原的地质地貌稳定后，气候条件发生了几次明显的变化。在总体上，适宜的气候和土壤条件对于动植物的生长更为有利，生态环境良好。史学家司马迁说这里是"天府之国"，班固更把它称之为"陆海之地"，无所不出，并言之："左据函谷二崤之阻，表以太华终南之山。右界褒斜陇首之险，带以洪河泾渭之川。众流之隈，汧涌其西。华实之毛，则九州之上腴焉；防御之阻，则天地之陕区焉。"①

1. 关中平原的气候变迁

　　今天的关中平原属于暖温带半湿润气候区，年平均气温12~13.6℃，年降水量为550~660mm，和历史上的

① 班固《西都赋》

关中平原全新世以来人地关系地域系统的演进历程

时间	气候	植被	文化时期	文化景观	生产工具	人口及聚落	灾害	系统状态
8000aB.P.以前	阶段性回暖，气温仍较低	草原或森林草原	旧石器时期	大荔文化，沙苑文化；狩猎，采集等原始活动	细石器和石片石器	人类进化中	不详	人地关系地域系统形成中
8000~6000aB.P.	温暖湿润气候	森林草原	新石器时期	老官台文化，种植粟、油菜等作物	双肩铲、斧、凿锛等	古人类迅速繁衍	不详	原始和谐状态
6000~5000aB.P.	比上期偏凉偏干	植被退化为森林草原	仰韶文化时期	农耕为主，狩猎为辅	纺轮、骨针、鱼钩、鱼叉等	人口数量增多，原始聚落形成	有洪涝等灾害	矛盾初显
5000~3100aB.P.	亚热带温暖半湿润气候	针、阔叶混交林	陕西龙山文化时期	农耕为主，制陶业发展，文化向外扩展	大量篮纹、绳纹等制陶品开始使用	人口数量增多，聚落遗址点密集	旱灾为主要灾害	人类对自然环境局部造成破坏
3100aB.P.~770BC	温暖半湿润气候，后期转为冷干	草原植被增加	先周、西周时期	以渭河之水灌溉的农耕文化	耒耜等青铜农具	人口迁徙，部分地区人口增多	以旱灾为主	人类对自然环境局部造成破坏
770BC~24AD	温润气候	有竹类等亚热带植被大面积生长	春秋、战国、秦汉时期	修建水利设施，变革生产关系，农耕文明繁荣	耦犁、楼车等农具，铁器广泛使用	人口成倍增加，宫殿、城池等建筑形态出现	水旱频繁	对自然环境破坏增强
25~580AD	寒冷干旱，凉干气候	自然植被退化，种植物增加	东汉、魏晋、十六国、南北朝时期	人口和社会经济发展有所起伏	犁、揪（插）、锄、镢等农具	人口比西汉时期少	灾害减少	人地关系有所恢复
581~906AD	趋暖，暖润气候	以农作物为主	隋唐时期	耕作制度与技术提高，水利设施修建，社会全面繁荣	水车、戽斗、桔槔、辘轳等灌溉工具	人口数量成倍增加，集中分布在长安周边	灾害发生的高峰期	人地关系再次紧张

来源：王武科等《关中平原全新世以来人地关系地域系统时空演变分析》

气候状况不尽相同。竺可桢先生在《中国近五千年来气候变迁的初步研究》一文中指出，"在战国时期，气候比现在温暖得多"。从全新世早期（8000aB.P.以前）关中平原为冰后期向全新世大暖期气候的转型期，气候环境在波动中呈现阶段性回暖，但仍比较寒冷，年均气温较今低5~6℃；全新世中期（8000~5000aB.P.）关中平原为暖湿气候；全新世后期（5000~3100aB.P.）关中平原为亚热带温暖半湿润气候，平均温度和年均降雨量较前期略有增加；周初，气候温暖，官方文件先铭于青铜，后写于竹简，说明竹类在当时的黄河流域广泛生长。

西周至西汉前期（3100aB.P.~100BC）关中平原的气候总体表现为温度降低、降雨量减少，植被发生退化；春秋至西汉前期温度有所回升，有竹类等亚热带植物生长；西汉后期至今（100BC~2000AD）关中平原气候

波动幅度较小，总体上继续向干旱方向发展，植被持续退化。这时期可以细分为六个阶段：西汉后期至北朝的凉干气候、隋和唐中期的暖润气候、唐后期至北宋时期的凉干气候、金前期的温干气候、金后期和元代的凉干气候以及明清至今的冷干气候。从关中地区的气候变化与社会政治发展的对比可以看出，气候的影响非常突出[1]。

2. 天府之地的资源禀赋

关中平原的地貌在新生代晚期基本定型后，从中亚地区和蒙古高原一带吹来的偏北风，将细小的粉砂物质尘土持续不断地向东南吹送，秦岭以北的广大地区便覆盖上了一层厚厚的黄土。关中地堑在黄土覆盖和渭河冲积的共同作用下，逐渐形成了平坦肥沃的关中平原。区域内水利资源丰富，河流众多，尤以"秦川八水长缭绕"闻名于世，

① 王武科，李同升，张洁. 关中平原全新世以来人地关系地域系统时空演变分析［J］. 地域研究与开发，2009，28（06）：32-37.

终南山胜迹图
来源:《关中胜迹图志》

除泾、渭和石川河外,均为境内河流并发源于秦岭山脉。

根据《尚书·禹贡》中"黑水、西河惟雍州。弱水既西,泾属渭汭。漆沮既从,沣水攸同。荆、岐既旅,终南、惇物,至于鸟鼠。原隰底绩,至于猪野。三危既宅,三苗丕叙。厥土惟黄壤,厥田惟上上,厥赋中下",可以看出此时的关中地区属雍州,土壤为黄壤,"天下之物,得其常性者最贵,土色本黄,此州黄壤,故其田为上上,而非余州之所及"。黄壤土质较好,适宜农作物的生长。《史记》描述关中地区:"因秦之故,资甚美膏腴之地,此所谓天府",又有"田上上,赋中下,贡璆、琳、琅玕"。优越的自然农业区位条件,加之中华民族勤劳肯干的优良传统,关中地区富甲一方,成为当时的产粮重地。

1.1.3 渐行渐远:时空演进中的人地关系

生产方式决定了人地关系,不同历史时期人类的活动强度和社会实践方式对自然本底带来不同程度的影响,这些结果又反作用于人类活动。关中地区经历从国之都心到西北要扼的变化,与自然本底的历史变迁不无关联。

1. 早期的关中地区

进入全新世中期(8000~5000aB.P.),关中平原由干冷转为暖湿气候,雨量和温度适中,促进了早期农业文化的繁荣。华夏先民进入彩陶文化时期,逐渐超越狩猎和采集阶段,进入以种植业为主的农耕时代。在7500~7000aB.P.,

老官台文化繁盛于整个关中地区，人们开始打制石器，种植农作物。仰韶早期文化（6000~5000aB.P.），西安半坡遗址中可以看到农具得到进一步发展，原始农业聚落出现。龙山文化（5000~3100aB.P.）时期，制陶手工业进一步发展，末期还出现了青铜器，关中地区进入先周文化时期，具有国家雏形的农业文明开始形成，地区的文明进程有了质的飞跃。

2. 历史时期的关中地区

自夏建国后，关中地区进入农耕文明发展的重要阶段。曲格平将其分为四个阶段[①]：先秦-西汉、东汉-北朝、隋唐、元明清-民国，这四个时期关中地区的人地关系伴随社会进程呈现不同的耦合关系。

先秦-西汉时期（350BC-25AD）。关中地区草木旺盛，人口不多，生态环境较为优越，农业稳定发展。如荀况在《荀子·强国篇》所言："山林川谷美，天材之利多，是形胜也。"优越的自然环境为秦汉立都关中创造了条件，封建制度开始确立，水利设施、农耕技术的发展推动农业文明的繁荣，奠定了西汉王朝的强盛。西汉末期，都城、陵墓的大规模建设以及人口增加对附近森林植被和环境资源造成较大破坏，导致灾害增多。

东汉-北朝时期（25-580AD）。战乱频繁，关中平原不再是全国性的都城，建设规模大为减少，对环境的干扰破坏也大为减少，关中地区的自然环境反而得到了一定的恢复。

隋唐时期（581-907AD）。隋唐时期关中地区的气候相对温暖湿润，促进农业发展，加上耕作技术、水利设施以及恩田制度的推动，地区的发展至农业文明巅峰，尤其是建成了当时世界上最大的都城——长安城，京官韩愈曾惊叹："今京师之人，不啻百万。"[②]大城市的建设与生产活动对周边自然环境影响巨大，唐中后期灾害频发正是人类活动对自然资源严重破坏带来的恶果，致使人地关系紧张。

五代至元末时期（907-1368AD）。唐之后，关中地区不再是全国的政治中心，人口一直处于相对稳定的水平。

明清时期（1368-1911AD）。明清时期人口增加，对自然资源的消耗进一步加剧，明早期，秦岭东端的华阴谷中，"高达千寻，粗逾十围"[③]的松柏还常见，明中叶起，森林逐渐遭到摧毁性破坏。很多山岗已成童山。

①《关中两朝文钞》卷九　　　②韩愈《韩昌黎文集校注》卷八　　　③曲格平，李金昌. 中国人口与环境［M］. 北京：中国环境科学出版社，1992：21-33

清袁江阿房宫十二图屏（局部）

"故人者，其天地之德，阴阳之交，鬼神之会，五行之秀气也。故天秉阳，垂日星；地秉阴，窍于山川。播五行于四时，和而后月生也。"

———《礼记·礼运》

1.2 营造：宗法社会的空间图示

　　人类活动始终受到周围自然环境的影响和制约，在文明发展进程中，人类又在不断地改造自然、利用自然。气候物产等地区的自然禀赋是早期人类选择生产方式的先决条件，以物质生产为基础的经济活动决定了社会的组织结构和文化特征，并显现在聚落的空间形态上。

　　华夏先民生活的黄河中上游地区，以关中平原为代表，"草木榛榛，鹿豕狉狉"，其日照、温度、降水以及土壤适合农作物生长，农耕生产伴随社会大分工和定居活动成为人们最主要的生存方式。以农为本的生产方式和安居乐业的生活方式培育了发达的家庭结构和强大的宗族体系，形成了安土乐天、务实中庸的价值观念。中国传统社会在这样的背景下构建了超稳定的宗法礼制社会，延续了两千多年。

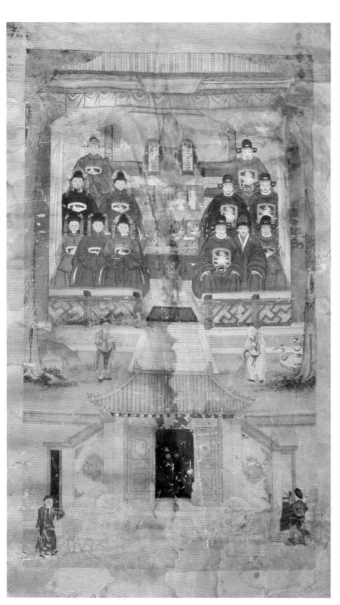

清代家谱祠堂画

1.2.1 社会结构：血缘共同体的秩序等级

任何地域文化的创生与流变都是在特定的地理环境-经济条件-社会结构三维空间中进行的。中华文明发端于内向封闭的东亚大陆，以农耕自然经济为主体，通过血缘纽带构建宗法社会体系，长期影响着中国传统社会，决定了中华文化的外在风貌和内在品格。古代君主专制制度与宗法制度互为表里，形成"家国同构"的宗法-专制社会系统。

1. 宗法社会的制度框架

在原始社会进入阶段社会的过程中，受到农业生产活动方式的影响，中国并没有过渡到个体家庭社会，而是直接进入到宗族制社会。从此，宗族成为中国传统社会的典型特征，直至近代进入家庭社会后才有所改观。宗族制源于原始社会父系家长制家庭公社成员之间牢固的亲族血缘联系，这种血缘联系与政治制度密切交融、渗透、固结，至周代完全制度化。宗法制度是一种庞大、复杂但却井然有序的血缘-政治社会构造体系。社会的最高统治者自命天子，"奉天承运"，治理普天之下的土地和臣民。从政治关系看，他是天下的共主，从宗法关系看，他又是天下的

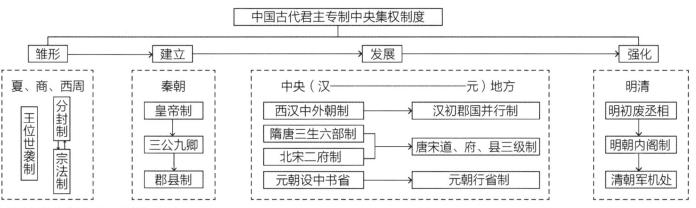

中国古代专制主义中央集权制度

大宗。君王之位，由嫡长子继承，世代保持大宗地位，其余王子则被封为诸侯。他们对于位居王位的嫡长子而言是小宗，但各自在其封侯内又为大宗，其位又由嫡长子继承，余子则封卿大夫。

虽然宗法制度并没有得到后世的完全继承，但其影响长期笼罩着中华社会。首先是父系单系世系原则的广泛实行，男性在权利地位、财产继承等方面处于绝对优先的地位；其次是家族制度的长盛不衰，族权在社会生活中的影响巨大，通过祠堂、家谱、族田得以维系，并成为与政权、神权、夫权比立而四的强劲社会维系力量，其三是"家国同构"的鲜明特征，家国同构指家庭-家族与国家在组织结构方面的共同性，这种共同性从根本上讲是源于氏族社会血缘纽带解体不充分而遗留下来的血亲关系对于人们社会关系的深刻影响。无论家与国，其组织系统和权力配置都是严格的父家长制。"国"在结构上与"家"一致，致使中国传统社会摆脱血亲关系而建立的地缘政治、等级制度等始终未能独立于血亲-宗法关系而存在。

2. 君主专制的组织构架

中国经过早期"尧舜之治"的氏族民主制，进入商周时期，君主专制初现端倪。到了春秋时期，诸侯问鼎中原、争夺霸权成为时代的主题，通过军事上的成功获得君主的专治王权。春秋之前，王的专制权力以分封制为基础，春秋之后，郡县制逐步确立，王的专制权力通过直接指挥非世袭的朝廷官僚实现，逐步向统一的君主集权制过渡。公元前221年，秦王嬴政统一六国，建立了高度集权的君主专制政体，直至公元20世纪初的辛亥革命推翻清王朝才得以终结。根植于自给自足小农经济结构的厚实基础之上，君主专制在中国存在了两千年以上，形成了古代中国社会独特的价值体系，这也是中华文化与其他文化的重要区别之一。

在传统社会的历史进程中，没有出现过西方社会类似罗马帝国崩溃、宗教改革、文艺复兴等导致政治秩序重新改组的重大事件，改朝换代的历史进程只是替换坐在王位上的天子，并且天子手上的权利在不断得到强化。秦汉时期形成专制主义中央集权，官僚制取代世卿世禄制，郡县制取代分封制。隋唐时期进一步发展，君权明显加强，相权逐步削弱，三省六部制确立。宋辽金元时期中央集权进一步强化，严厉限制、防范地方割据，军权、政权、财权司法权收归朝廷。明清时期专制主义中央集权达至极端，体现为君主个人专权，相权被废止，明内阁、清军机处不过是皇帝的办事机构。

古代农耕版画

1.2.2 文化观念：天时地利人和的"三才"观

关中地区的自然环境条件与自古以来持续开展的农业耕作活动孕育了农耕文明的价值内核，强调因循天时之规律，就地利之物候，以世代积累形成的经验开展生产，天时物候在农业生产方面的认知性协同关系形成"天时、地利、人和"的三才观，这是中华农耕文明独特的智慧结晶。

1. 安土乐天的务实精神

依托农业经济基础形成的三才观，就"天、地、人"三者的关系而言，是一个开放型的关联系统，构架了人类活动与自然环境的整体交集。就发展而言，却是一个封闭型的内向系统，强调通过固守土地的劳作获得生养。农民固守在土地上，起居有定、耕作有时，既是农业生产活动的基本要求，也是农民自身的需要。《礼记》称，"不能安土，不能乐天；不能乐天，不能成其身。"华人

自古以来追求的是，在自己的故土从事周而往复的农业生产，以获得安宁与稳定。所谓"若使天下兼相爱，国与国不相攻，家与家不相乱，盗贼无有，君臣父子皆能孝慈，若此则天下治。"[1]便是农业社会古圣先贤和庶民百姓的理想。

"一分耕耘一分收获"的农耕生活塑造了民族心理的务实精神。以耕作作为支配地位的社会，社会分工相对不发达、生产过程周而复始处于相对恒定的状态。在小农业简单再生产过程中形成的思维定势和运思方法强调因地制宜、切实领会，而不追求精密严谨的思辨体系，形成了中国人的实用-经验理性。在中国古代社会，这是被士大夫所推崇的，所谓"大人不华，君子务实"[2]。重农轻商的农业型社会与家国一体的混合，形成了中国古代超稳定的社会文化关系。城乡社会关系仍然脱离不了家庭和家族，城市居民与乡村保持着密切的关系，在外做官、经商都有衣锦还乡、光宗耀祖的思想，这阻碍了城市本身的发展。

---

① 《墨子·兼爱上》　　　　② 王符《潜夫论·叙录》

所以城市很少是自发产生，而是自上而下地布局，规模大小也与经济发展无内在的联系，同时历代统治者都限制商人和商业，控制商业自由发展。

关中地域传统文化的基本性格特征都来源于这样的经济生活。在规律的气候、封闭的环境中保持稳定的生产与生活方式，塑造了关中人"重实际而黜玄想"的地域民族性格。关中民俗"姑娘不对外"，用朴素的方式表达了因地域条件适宜农业活动而具备的天时地利优势，也表明了以农为本的关中古代社会在价值层面的基本取向。

2. 和谐中庸的处事观念

和谐中庸与农业社会的恒久意识是相通的。农业社会中，人们满足于维持简单再生产，缺乏扩大再生产的动力，因而社会进程缓慢迟滞，大体呈静态。在这样的生活环境中，又容易滋生永恒意识，认为世界是悠久的、静定的。于是，保持不变、经世耐久不仅仅是庶民百姓日常生活的理想，也是统治者长治久安的政治追求。

源自农业活动的"三才观"直接反映在与土地的和谐性上，"和"首先是一种"有机"的生命形态。"夫稼，为之者人也，生之者地也，养之者天也。"[①]人们通过运用自己的体力和畜力，利用自然界提供的天时地利条件，以生产自己生存所需的产品。人们收获的对象主要是植物、动物、微生物等生命有机体，人类借此孕育出与之相适应的乡土文化。"和"作为中国古代所追求的最高的哲学理念，是古人心目中自然界和社会秩序和谐的理想状态，正是脱胎于传统的农作文明的原型。农业生产向人们反复昭示事物的规律性变化和生生不已，无论是天时气候，还是地辰物候，同样是在恒久的不变中保持着节律性变化，长此以往就形成了人们顺从自然常规节律的价值取向。农业社会的族群安居一处，祈求稳定平和的农业型自然经济所形成的人群心理态势，进而演变为不偏不倚，允当适度之意。

①《吕氏春秋·审时》

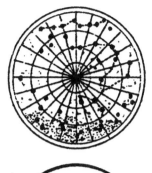

左图：城镇空间形态的象征主义与宇宙图案的关系示意图

下图：汉长安斗城示意图

《三辅黄图》记载，汉长安"城南为南斗形，城北为北斗形，至今人呼京城为斗城是也"。这是汉长安斗城的由来。

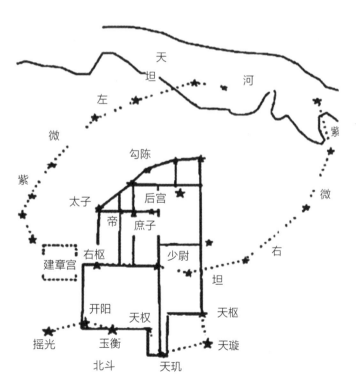

1.2.3 空间营造：天人合一的理想图示

聚落空间营建反映了特定地域生活的人们对空间的认知观念和所选择的理想人居模式。相对封闭的地理环境、规律的气候特征和适宜耕种的土地条件造就中国人与自然的亲密关系，根植于农耕文化的华夏先民，在长期的生存与社会实践中逐渐形成了一整套认识自然与社会的价值观念和思维方式。"天人合一"思想成型于春秋战国时期，作为中国传统文化思想的代表性成就之一，深刻地影响着聚落的选址布局与空间营建，具体内容包括象天法地的认知系统、阴阳数理的符号系统、家国同构的形式系统。

1. 象天法地的认知系统

农耕活动形成了华夏先民"仰以观于天文，俯以察于地理，是故知幽明之故"[1]的观察认识方法，人们通过自然地理环境特征感知外部世界。古代中国对宇宙空间形态的基本感知——"天圆地方"就来自东亚大陆的地理形势，作为认知的深层心理意识直接奠定了中国方城的理想图式，并通过数与形等指代系统将天人相符引申到天地契合，形成中国城市空间选址与布局中的象征主义传统。所谓"天星地形，上下相因"[2]，"在天成象，在地成形"[3]，城市里的重要建筑如宫室、宗庙、社稷等都与天象对应，同时由星辰的运动显示祸福。

中国古代社会象天法地的自然认知系统通过相土、形胜与风水说等具体操作，在对自然环境评价选择的基础上构建天人合一的聚落空间格局。相土指营建活动前对土质和水情等周围环境的评价，《吴越春秋》中记载："子胥乃使相土尝水，象天法地，造筑大城。周回四十七里"。《汉书·晁错传》曰："相其阴阳之和，尝其水泉之味，审其土

①《周易·系辞上》　　　　②《青囊海角经》　　　　③《周易·系辞》

地之宜，观其草木之饶，然后营邑立城。"形胜指得形势
之胜的山川环境，它将形胜环境特征归结为地势险要、便
利，林木水源丰沛，山川壮美等。《荀子·强国》："其固塞
险，形埶便，山林川谷美，天材之利多，是形胜也。"相
土和形胜全面考察自然环境条件，形成了尊重自然环境基
础上的营城理念。和相土、形胜相比，风水说更加系统，
是古代人们为趋吉避凶，对居住或者埋葬环境进行的选择
和宇宙变化规律的处理，主要包括所谓"形法"和"理
法"，"形法"主要为择址选形之用；"理法"则偏重于确定
室内外的方位格局，依据天地人合一原则、阴阳平衡原则、
五行相生相克原则确立选址定位、建房造屋等营建活动。

2. 阴阳数理的符号系统

自然经济的农耕世界是一个有机的整体，万事万物
均按照春生夏长，秋收冬藏的自然规律和既定的存在处
于相应的环境和发展时序之中，较少受到外部环境因素
变化的影响。所以，中国人形成了"万物莫逃乎数""一
切皆有定数"的基本认知，因循守旧的行为方式需要参
照坐标，"数"作为反映外部世界规律性特征的指代系
统，成为影响中国古代社会方方面面的重要依据。如老
子所云："道生一，一生二，二生三，三生万物"，这些由
"一""二""三"代表的世界基本元素，不仅化成万物，
而且支配万物。

中国古代数字符号系统以《易经》八卦学说为基础，
是一个世界图式的数理模型。"是故《易》有太极，是生
两仪，两仪生四象，四象生八卦"，八卦相重得六十四卦，
有三百八十四爻。"昔者圣人之作《易》也，幽赞于神明
而生蓍，参天两地而倚数。"[1]这一数字结构具有典型的
哲学意义，成为中国人观察世界的"宇宙代数学"，其中

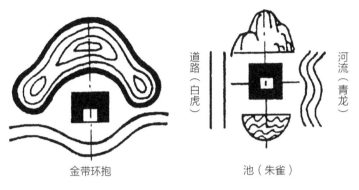

最佳宅选择

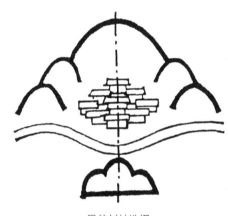

最佳村址选择

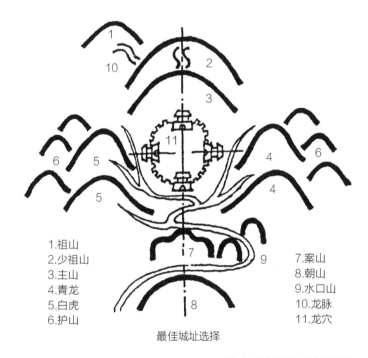

1.祖山　　　　7.案山
2.少祖山　　　8.朝山
3.主山　　　　9.水口山
4.青龙　　　　10.龙脉
5.白虎　　　　11.龙穴
6.护山

最佳城址选择

风水观念最佳选址图示

①《易经·说卦传》

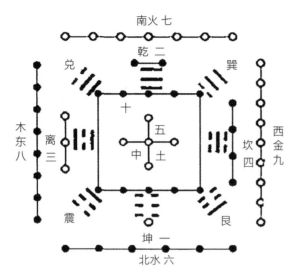

河图与八卦、五行

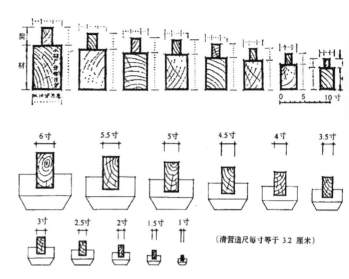

（清营造尺每寸等于 3.2 厘米）

上图：宋代"材"的尺寸
下图：清代斗口尺寸

的"易数"也成为"中国数"的重要部分。按照这样的数字系统来确定整个世界，并且以此为基础通过五行说将天地人三者维系在同一个有机体之中。《论衡·物势》："五行之气，天生万物，以万物含五行之气，五行之气更相贼害"，才使中国古人依靠对应将万事万物联系起来。

《河图括地象》记载："天有五行，地有五岳；天有七星，地有七表；天有八气，地有八风，天有九道，地有九州；天有四维，地有四渎；天有九部八纪，地有九州八柱"。古人认为天地必相应和，都城的建设也遵循这一基本原则。同时在古代等级社会，"数"与"礼"关联，"礼数"代表明确的等级观念，以此规范社会秩序和社会道德，强调尊卑有序，显示出人们在社会政治生活中的地位差别。聚落空间营建，从城池到宫殿，从屋顶到开间，无论是从建筑群体到建筑单体，还是从建筑材料到装饰，都要严格的按照"礼数"等级秩序开展，否则就是"僭越"之罪。《考工记图》记载，"天子城方九里，其等差公盖七里，侯伯盖五里，子男盖三里"，这是对城池面积的规定。"天子七庙，诸侯五，大夫三，士一"。这是对宗庙建筑数

量的限定。"材有八等，度屋之大小因而用之"，作为建筑基本模数的斗栱断面尺寸也有明确的用度规定。此外，阴阳数、吉凶数、相生相克的数字关系等在聚落空间的营建中都被赋予不同含义而广泛应用。

3. 家国同构的形式法则

古代中国宗族制社会是一个同居共财的血缘共同体，它不仅是基本的生活、生产单位，也是一个以血缘为纽带的政治、军事共同体。这种生产方式相联系的宗族制度、政治制度深深根植于数千年中国社会结构之中，社会和家的关系演变为政权的国关系，国源自于家，家与国不分，家、国一体。由此而产生的国家与社会，是按亲疏和贵贱的血缘关系远近来进行社会等级划分的。所谓"人治"的古代中国社会构架来源于此，家与国的系统组织与权力配置实行严格的家长制。"家庭-家族-国家"这种"家国同构"的社会政治模式是儒家文化赖以存在的社会渊源，古人"修身、齐家、治国、平天下"的个人理想，就充分反映了"家"与"国"之间这种同质联系。

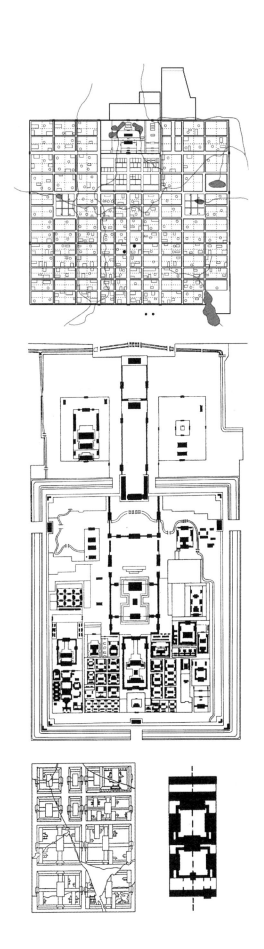

右上图：唐长安城图
右中图：明清北京紫禁城
右下左图：唐长安里坊图
右下右图：传统四合院平面

　　由于宗族社会中家庭个体经济不独立，只能依附于宗族而存在。所以，社会等级划分不是按财富，而是按在国家和宗族中的权力来划分。古人"学而优则仕"表明权力在中国古代社会中的显著地位，作为社会精英阶层的知识分子，最大的理想就是入仕。权力凌驾于财富之上，形成并发展了规模等级严格的制度，不允许任何人逾越这样的规则。正是因为社会政治构架的高度一体化，聚落空间同样呈现高度的同构性，一方面，所有的营建统一在明确的等级制度中，城镇的土地规模、聚落位置、宅院形制、建筑开间等都有一定的规定，形成了一种金字塔形的结构体系。另一方面，严格的制度法则形成自上而下的营建规则，在象天法地的认知系统和阴阳数理的符合系统共同作用下，营建活动严格按照体例开展，差异化的空间形式几乎没有发生的可能，从城镇布局到百姓住所形成了一种同构现象，一直延续到近代。《礼记》记载"天子之堂九尺，诸侯七尺，大夫五尺，士三尺"，"堂"指台基，古代礼制建筑的方方面面都列入等级限定。清代《大清会典事例》规定"公侯以下，三品以上房屋台基高二尺，四品以下至庶民房屋台基高一尺"，依然保持和古法的一致。

贰 追远——在地的演进

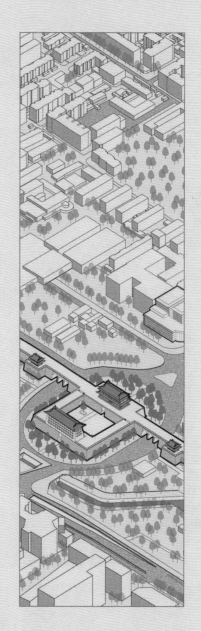

建筑之始，产生于实际需要，
受制于自然物理，非着意创制
形式，更无所谓派别。其结构
之系统及形式之派别，乃其材
料环境所形成 …… 一国一族
之建筑适反鉴其物质精神。

——梁思成《中国建筑史》

陕西高陵杨官寨遗址南区鸟瞰图

"上古穴居而野处，后世圣人易之以宫室，上栋下宇，以蔽风雨，盖取诸大壮。"

——《易经·系辞下传》

2.1 庶民：
居住建筑演进历程

经过漫长的生命进化，人类脱颖于自然世界，构建独特且多元的文明系统。无论是尼罗河流域、印度河流域、两河流域、还是黄河流域，住所的出现是这些早期文明形成的关键性节点。从最开始为遮风避雨临时搭建的庇护所，到穴居、巢居的固定居所，从乡村的农舍到城市的住宅，居住建筑开启了人类聚落的营建史，并成为聚落建筑的主体内容，反映了人类文明的发展进程。

据考证，中国最早的房屋建筑出现在陕西关中地区。历经千百年的变迁，关中民居在不同历史文化的影响下逐渐形成了古朴、简约的建筑风格，孕育独具特色的居住文化，至明清时期已臻成熟。

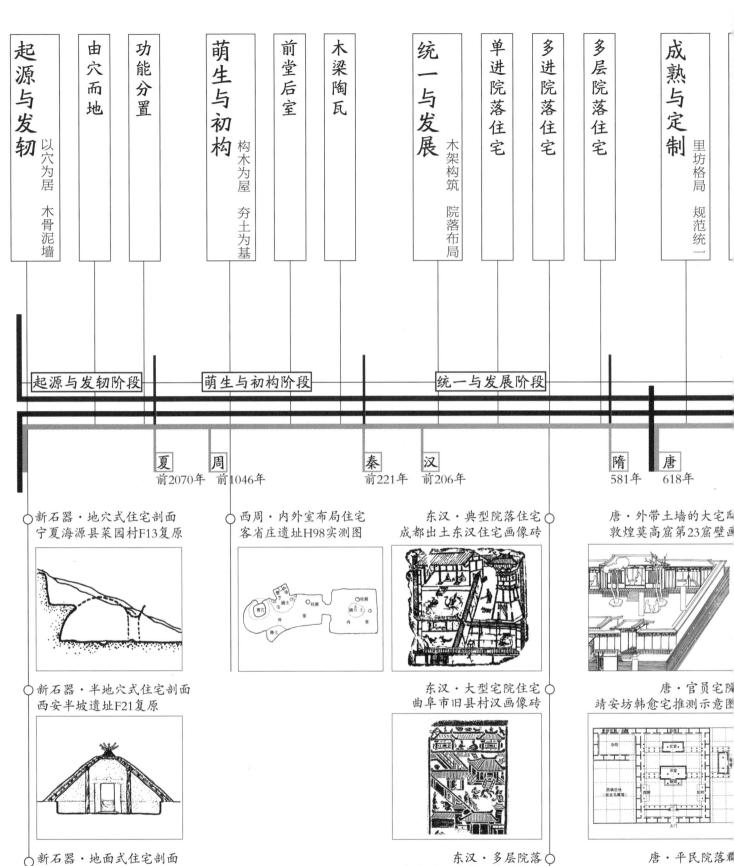

起源与发轫　以穴为居　木骨泥墙

由穴而地

功能分置

萌生与初构　构木为屋　夯土为基

前堂后室

木梁陶瓦

统一与发展　木架构筑　院落布局

单进院落住宅

多进院落住宅

多层院落住宅

成熟与定制　里坊格局　规范统一

起源与发轫阶段　　萌生与初构阶段　　统一与发展阶段

夏　前2070年　周　前1046年　秦　前221年　汉　前206年　隋　581年　唐　618年

新石器·地穴式住宅剖面
宁夏海源县菜园村F13复原

新石器·半地穴式住宅剖面
西安半坡遗址F21复原

新石器·地面式住宅剖面
西安半坡遗址F3复原

西周·内外室布局住宅
客省庄遗址H98实测图

东汉·典型院落住宅
成都出土东汉住宅画像砖

东汉·大型宅院住宅
曲阜市旧县村汉画像砖

东汉·多层院落
徐州利国镇东汉墓画像砖

唐·外带土墙的大宅院
敦煌莫高窟第23窟壁画

唐·官员宅院
靖安坊韩愈宅推测示意图

唐·平民院落群
平康坊北里三曲宅院推测图

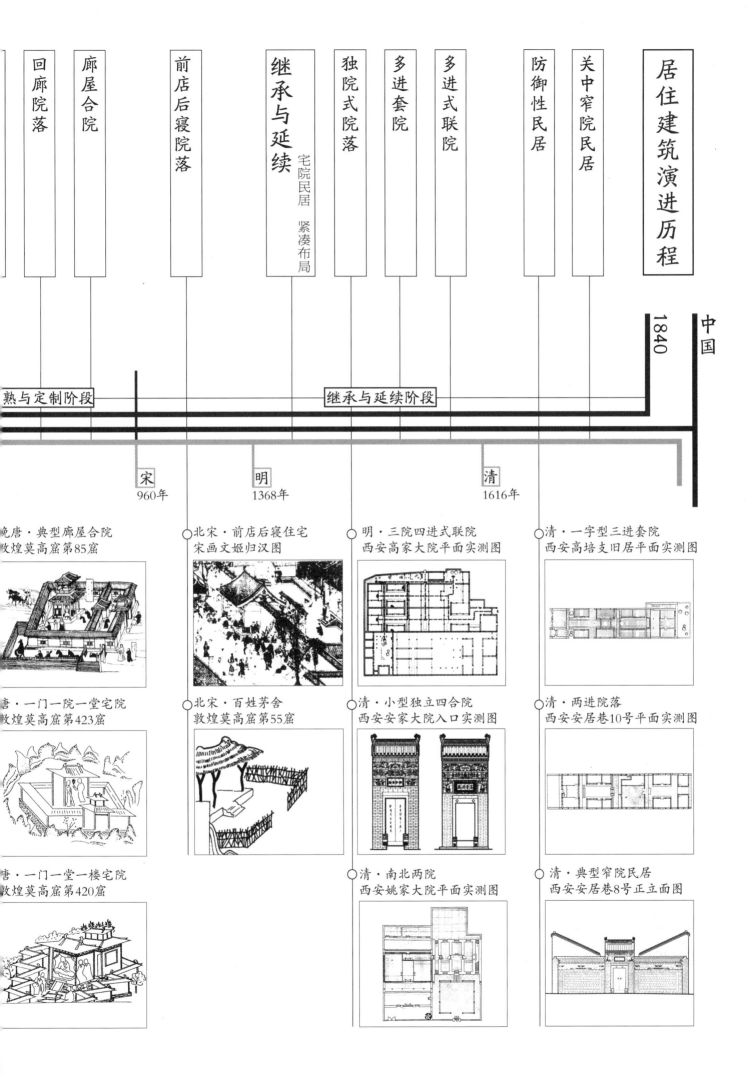

居住建筑演进历程

中国

1840

关中窄院民居

防御性民居

多进式联院

多进套院

独院式院落

继承与延续　宅院民居　紧凑布局

前店后寝院落

廊屋合院

回廊院落

熟与定制阶段　　　　继承与延续阶段

宋　960年　　明　1368年　　清　1616年

晚唐·典型廊屋合院
敦煌莫高窟第85窟

唐·一门一院一堂宅院
敦煌莫高窟第423窟

唐·一门一堂一楼宅院
敦煌莫高窟第420窟

北宋·前店后寝住宅
宋画文姬归汉图

北宋·百姓茅舍
敦煌莫高窟第55窟

明·三院四进式联院
西安高家大院平面实测图

清·小型独立四合院
西安安家大院入口实测图

清·南北两院
西安姚家大院平面实测图

清·一字型三进套院
西安高培支旧居平面实测图

清·两进院落
西安安居巷10号平面实测图

清·典型窄院民居
西安安居巷8号正立面图

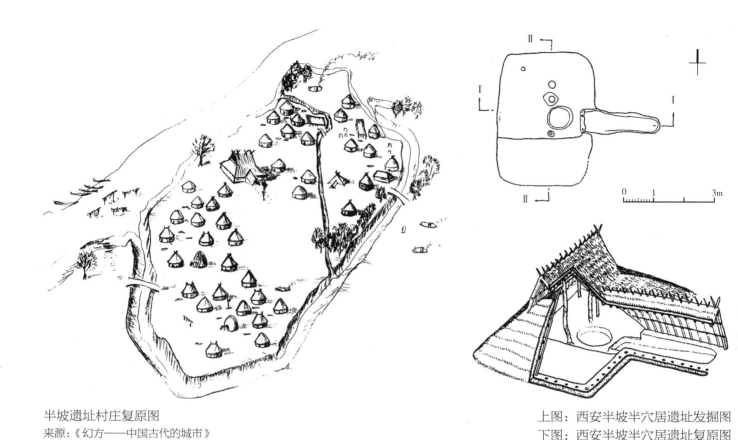

半坡遗址村庄复原图
来源:《幻方——中国古代的城市》

上图:西安半坡半穴居遗址发掘图
下图:西安半坡半穴居遗址复原图
来源:《西安半坡》

2.1.1 起源与发轫:以穴为居,木骨泥墙

　　四塞的地理环境和适宜的温湿气候为关中地区的人类繁衍与文明发生创造了基本条件。临潼姜寨、西安半坡遗址的发现表明,早在6000多年以前关中地区就有人类活动发生,当时的人们掌握了一定的营建技术。这一时期最普遍的居住形式是方形或者圆形平面的半穴居,如《易经·系辞》所言"上古穴居而野处"。

　　发现于1953年的半坡遗址位于西安市东郊浐河东岸,是黄河流域典型的原始社会母系氏族公社村落遗址,属新石器时代仰韶文化。半坡遗址发掘的半穴居住宅,大致推测是长方形两坡屋顶,在房子中间有一根立柱,柱顶的枝条承受着檩条的重量,再将木椽一端搭在檩条上,一端搭在墙壁上,墙壁用一些粗的柱子和辅助的小柱构成,通过

涂抹草泥修整房屋墙壁和居住地面,这便是木骨泥墙房屋的开端。

　　另一处仰韶文化的代表是临潼区临河东岸的姜寨遗址。房屋建筑遗址包括半地穴式和地面上建筑,平面有方形、圆形及不规则形,分大型和中小型房屋,大型房屋一般都有较宽的门道和遮风避雨的门篷,内有深穴连通灶坑,房屋四周有柱洞若干。中小型房屋一般门道较窄,多数没有门篷,其中半地穴式房屋以坑壁为墙,壁面涂以草泥并经烧烤,呈灰红色。在建筑技术上,通过使用篝火烘烤居住地面、墙面和房屋,从而使房屋结构更为坚固。

　　位于长安区的客省庄遗址是龙山文化的代表。龙山文化处于新石器时代晚期,私有财产已经出现,生产工具的种类和数量大为增加,制陶技术比较普遍。居住建筑一般为浅穴式,平面呈"吕"字形,中间的通道连接内外两个

姜寨遗址村庄复原图

来源:《幻方——中国古代的城市》

室,内室有方形、圆形,外室则都是长方形的。建筑空间布局开始注重功能的划分,表现出住宅空间由单室向双室组合转变的最早形式,这可以说是"前堂后室"空间布局的雏形。

关中三大原始遗址分析对比

名称	半坡遗址	姜寨遗址	客省庄遗址
时间	公元前 3800±105 年	公元前 4020±110 年	距今 4000 多年
文化	新石器时代的仰韶文化	新石器时代的仰韶文化	新石器时代陕西龙山文化
位置	陕西省西安半坡村	陕西省临潼区城北	陕西省西安市马王镇客省庄村沣河西岸
代表建筑形式	房屋有平面呈圆形、正方形、长方形等几种形式。房屋形制有半地穴式和地面建筑2种,房子之间有储藏东西的窖穴	房屋按大小可分为小型、中型、大型三种,按位置可分为地面建筑、半地穴和地穴式三种	发现10座半地穴式房址,以"吕"字形的双间房子最具特色。还发现3座陶窑,窑室底部均为"北"字形的火道

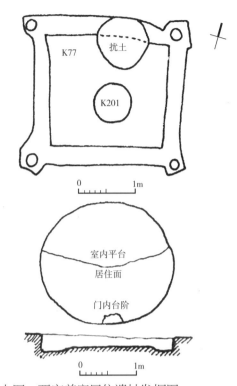

上图:西安姜寨居住遗址发掘图
下图:西安姜寨半穴居式陶器作坊
来源:《姜寨》

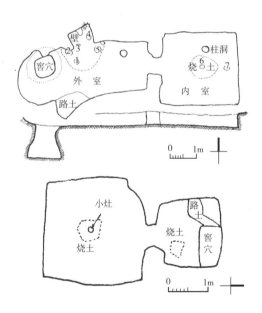

上图:陕西西安市沣西客省庄遗址二期文化 H98平、剖面图. 1962年
下图:陕西西安市沣西客省庄遗址二期文化 H174平、剖面图. 1962年
来源:《中国古代建筑史》(第一卷)

上图：西安灞桥老牛坡遗址发掘现场
下图：西安灞桥老牛坡遗址鸟瞰图
来源：《留住文明——陕西"十一五"期间基本
建设考古重要发现》

2.1.2 萌生与初构：构木为屋，夯土为基

中国原始社会的发展虽然缓滞而漫长，建造技术也相当低下，但其因地取材形成的木构"原型"，却为之后几千年木构建筑的发展奠定了最为重要的基础。

仰韶文化晚期至龙山文化时期，关中地区聚落开始由原始部落向城市乃至国家转变。夏、商、周是中国社会由原始状态进入奴隶制社会的转折时期，居住形态逐步脱离穴居形式，以地上的土木结构建筑为主。关中地区的老牛坡遗址，是该地区目前发现最早的夏商文化遗存，可见的居住建筑遗迹几乎没有，因此只能通过文献资料及后代居住建筑推测。居住建筑从开始的地下、半地下建筑进化到木骨土墙的地面建筑。与此同时，河南堰师二里头夏代宫殿遗址出现了围廊式的院落。

考古发现，商代宫室建筑建造在一定高度的夯土房基上，墙外普遍使用斜坡式散水，大大减少了潮湿对于室内环境的影响。木结构的支承柱虽埋入夯土内，但已将柱底制成平面，而非原始社会通常采用的尖桩形式。建筑技术在这一时期得以发展，如木骨泥墙、室内刷白等。西周与东周的统治时期前后长达八个世纪，与夏、商两代相比，其疆域更为广大，人口也更多，各类居住建筑在数量上有所增加，技术上也有所进步。木梁架建筑在周代得到更广泛的运用，并且在使用的范围和数量上逐渐超过井干式和干阑式木构，木构建筑因其材料特性，能够保存下来的遗迹极为稀少。

2.1.3 统一与发展：木架构筑，类型多样

秦代建立我国第一个中央集权制封建帝国，但执政期短，仅留下秦长城、驰道等重要基础设施遗迹和秦阿房宫基础等重大宫室遗迹，民居早已湮灭于历史的尘埃中，不见踪迹。两汉时期是中国建筑史上一个非常重要的阶段，可以说是中国建筑史上的第一个辉煌期。梁思成先生就曾指出，"两汉时期为中国建筑成年时期"[1]。两汉四百年社会相对稳定，经济得到长足发展，多种类型的民居建筑面广而量大，在组合方式和结构处理上日臻完善。这一时期的典型特征就是木架建筑渐趋成熟，砖石建筑和拱券结构有了较大发展。

1. 布局特征：闾里分布，规划严格

据文献记载，西汉长安城有 160 个闾里，但仅有少数里名流传下来，如尚冠里、修成里、戚里、建阳里、南平里、陵里、函里、李里、孝里、有利里和敬上里等。以都城中居民的不同阶层和住地分区，其住宅形式大致可分为官邸、甲第和一般闾里等。此外，汉依秦制于各帝陵旁设置供奉陵园的陵邑，并从全国各地迁徙豪富之家前来守陵，成为这一时期城邑布局的典型特征。

官邸

作为大汉朝的首都，长安城中有很多诸侯国、邻国设置的官邸。这些官邸，既是各国的驻京办事处或外事机构，又是首脑或官吏的住所。据《史记·吕太后本纪》记载，"诸侯各起邸第于京师"，作为诸侯国首脑和官员来京

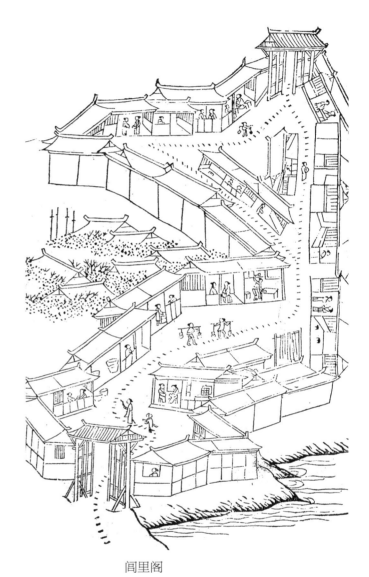

闾里阁

来源：明·《三才图会》，由明朝人王圻及其儿子王思义撰写的百科式图录类书

① 梁思成. 中国建筑史 [M]. 北京：生活·读书·新知三联书店，2011.

山东前凉台村汉墓画像石中住宅图像
来源:《文物》 1981年

汉代居住建筑形象
来源:《中国古代建筑史》第一卷

的"朝宿之邑"。这些官邸一般冠有诸侯国之名,如代邸、鲁邸、齐邸、昌邑邸等。由于是诸侯国的官邸,所以又称"国邸"。未央宫东宫门因常有诸侯国首脑和贵族谒见皇帝出入而称为"诸侯之门",推测在东宫门外应有不少国邸。中央政府还为邻国在长安城内修建了邸第,由于这些邻国被皇帝视为蛮夷之邦,故他们的邸第被称为"蛮夷邸",分布于未央宫之北的藁街。

甲第

长安城的官僚贵族住宅一般称"第"或"舍"。"第"又分成"大第"和"小第"。

汉高祖十年(公元前197年)下诏曰:"为列侯食邑者,皆佩之印,赐大第室。吏二千石。徒之长安,受小第室。"[1]长安城内高级官员的宅第一般称"甲第"或"甲舍",大多分布在未央宫附近,临近皇宫居住表明对这些官员身份的尊显。未央宫北部北阙附近,桂宫以东、厨城门大街以西,有大量甲第,称为"北第",包括夏侯婴、董贤等宅邸。东部也有一些,分布在未央宫以东、安门大街以西、武库以南,称"东第"。

这些"甲第"或"甲舍"也出现在闾里中,如居住着皇亲国戚的戚里、达官显贵的尚冠里等,这些大第一般规模宏大,建筑豪华。

①《汉书·高帝纪》

府舍图. 河北安平逯家庄东汉墓壁画
来源:《河北省出土文物选集》

该墓室壁画中有一座大型宅院, 至少有20几个院落。中心部分由前院、主院、后院组成明显的中轴线。主院呈正长方形, 尺度宏大。这个大宅是迄今所见规模最大的汉代住宅图。

一般闾里

长安城内用于庶民居住的土地很少, 普通百姓居住的里大多分布在城东北部。从汉平帝元始二年"又起五里于长安城中, 宅二百区以居贫民"来看, 每里平均不过宅四十区, 面积不大。在长安横门外至宣平门外一带, 汉代居住遗址多处可见, 可推测当时长安大部分居民生活在都城城墙之外。

陵邑

陵邑制度始于秦朝, 汉代沿袭此制, 汉高祖刘邦始设陵邑, 从全国各地徙迁豪富之家前来守陵, 这种强制性的迁徙, 实际上也是巩固中央集权的一项政治举措。诸陵邑之住户, 均在三万户至五万户之间。由于迁来大多是皇亲、权臣或豪富、钜族之家, 不但其政治、经济地位与文化素质较高, 且人口众多。如长陵邑有五万户, 十八万人; 茂陵邑更达六万户, 二十八万人, 较当时长安城内尚多三万人。至汉代末年, 长安附近形成了独具特色的城市群落。陵邑外均构筑城墙, 内辟市肆、坊里。如茂陵邑中有显武里(司马迁祖居)、成灌里(马援故宅)。长陵邑则设有小市, 又置官衙、监狱, 并设邑令以治理之。

2. 住宅形式: 一堂二内, 丰富多样

两汉时期居住建筑的地面遗存早已荡然无物, 地面以下的遗构也极为稀少。但我们通过一些间接的途径, 例如文史资料、墓室、画像砖石、壁画、建筑明器等可以发现, 其类型多样, 空间丰富。

"先为筑室, 家有一堂二内, 门户之闭。"《汉书·晁错传》里描述了汉代民居的基本形式, 即为一间堂屋、两间内室、外门内户, 形成"门、庭、户、堂、内"的汉代院落的基本结构。"堂"是汉代庭院的核心主体, 人们可

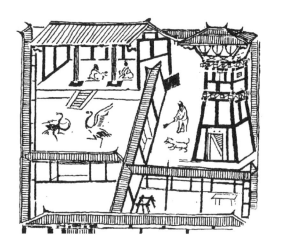

上图：四川成都市出土东汉住宅画像砖
1954年第9期
来源：《文物参考资料》

中图：四川成都市出土东汉画像砖
来源：《文物参考资料》

下图：山东曲阜市旧县村汉画像砖中之
大型住宅形象．1988年
来源：《考古》

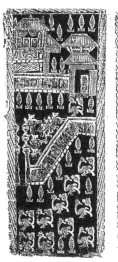

在堂内进行宴饮、接待宾客等重要活动，汉乐府诗《相逢行》："黄金为君门，白玉为君堂；堂上置樽酒，作使邯郸倡……鹤鸣东西厢。"可以作为佐证。"内"为后寝空间，是休憩的场所，较为封闭幽静。"户"和"门"略有不同，外部之门称"门"，内室之门称"户"，户门除了是空间内外的分界，亦是阴阳消长的分界。

汉代住宅之整体形象，可参阅四川成都市出土的东汉画像砖[①]，砖上刻有住宅一区，其大门置于南垣之西端，入内有前院。院北有两门，门内即后庭，后院均以木构回廊围绕。东廊位于住宅中部，并将宅内划分为东、西二区，其中东区又分为南北两院。北院较大，中建有一座三层木结构楼阁，底层开一门，门内有楼梯可上达。社会地位较高的官吏与贵族的宅第，大门处常有双全，内辟广庭及院落房舍多重，周以回廊，具体形象可见山东曲阜市旧县村出土之画像石以及河南郑州市南关第159号汉墓封门空心砖住宅画像石。

汉代民居的结构形式丰富多样，关中地区以抬梁、穿斗式为主。抬梁式木架之例，可见于前述四川省成都市出土的东汉住宅画像砖，其左侧后部厅堂的山面屋架，表现了由前后檐柱承四椽楸，楸上立童柱支平梁，以及在柱上出插栱承出檐的做法。穿斗式结构则见于广州市出土的陶质建筑明器，其山墙上已用直线画出立柱与横穿形象。

① 刘叙杰. 中国古代建筑史（第一卷）
[M]. 北京：中国建筑工业出版社，
2009.

敦煌法华经变"穷子喻品"图中的晚唐院落住宅
来源：敦煌莫高窟第85窟壁画

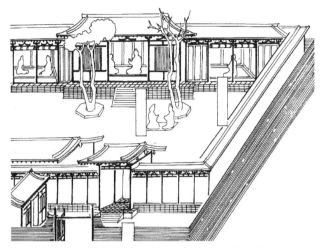

敦煌法华经变"穷子喻品"图中的晚唐院落住宅
来源：敦煌莫高窟第85窟壁画

2.1.4 成熟与定制：里坊格局，规范统一

隋唐二代是中国古代封建社会城市和住宅建设的大发展时期。唐长安（隋大兴）将宫殿、官署置于子城中，郭城被道路划分为棋盘式的里坊百余个，四周坊墙环绕。皇城两侧的里坊（共74坊）开四门，四面坊墙正中开门，门内有十字街，分全坊为四区，皇城南四列里坊仅开东西两门，坊内有横街分全坊为两区。坊内道路除了十字街、横街外，每区内还有十字巷、循墙巷道、横向的曲，这些街、巷、曲将全坊分出整齐的宅基地，分配给百官和百姓自建住宅，由此形成城坊内整齐的住宅格局。正如白居易诗中描述的场景，"百千家似围棋局，十二街如种菜畦"。

1. 布局特征：等级严密，阶级分化

汉代以后，独尊儒术强化了空间的等级关系，唐代开始出现关于住宅空间等级化建设的文献记载。从唐《营缮令》可以看出：宅第规制重在控制主体堂舍和门屋。作为住宅的核心，堂是接待宾客、举行各种典礼的场所，门屋

是全宅的门面，这两部分均涉及礼仪的重点，即"门堂之制"。《唐会要·舆服志》中也针对不同品级官员及庶人的房屋等级以及宅院内部不同房屋的体量规格作了规定。对堂舍、门屋的形制规定很严，对于院落规模未加控制，这样就给宅第的总体规模提供了较大的伸缩余地。长安城坊内有大量百官宅第、居民住宅、寺观、家庙、园地等，其占地规模不一。大到占地一坊的王公贵族宅第，小到不足一亩的贫民住宅，在都城建设上比汉代有更大的发展。

王公贵官邸宅

隋唐长安官员的住宅形态，目前并未发现实物遗存，但可以从敦煌壁画留下的士大夫住宅形象窥见其貌。敦煌莫高窟第85窟壁画为法华经变的"穷子喻品"图，画中描绘了晚唐时期完整的两进院落住宅，前院横扁，主院方阔，前廊、中廊正中分设大门、中门，大门高两层，中门高一层，主院正中间为两层高的主屋。大门、中门与主屋构成主轴线，形成主轴院落左右对称的规整格局。主院右侧附有版筑墙围合的厩院，真实地反映出盛行畜马的唐代官僚地主的宅院格局。

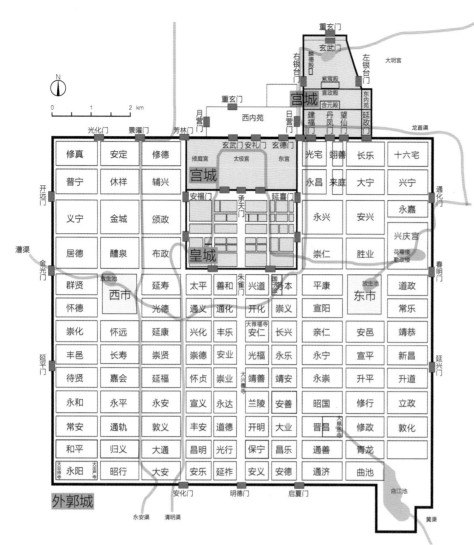

唐长安里坊分布平面图
来源：根据《中国建筑史》改绘

长安城中东西、南北交错的二十五条大街，将全城分为两市一百零八坊。其中以朱雀大街为界将城区分为东西两部分：东部隶属万年县，本应有五十五坊，因城东南角曲江风景区占去两坊之地，故实领五十三坊；西部属于长安县，有一市五十五坊。

一百零八坊排列的象征寓意："108坊恰好对应寓意108位神灵的108颗星曜（如《水浒》中的108将）；南北排列十三坊，象征着一年有闰；皇城以南东西各四坊，象征着一年四季；皇城以南，南北九坊，象征着古书中所记载的所谓'王城九逵'。"

平民百姓住宅

　　隋唐长安城普通士人和居民的住宅相对狭窄。隋唐延续了北魏以来的均田制度，隋大兴建城之初，按照统一割里割宅的方式分配坊内住宅基地，将田宅作为生存和赋税之依托分配给普通百姓家庭。据相关文献记载，居民用地规模大致平均每户一亩（约518平方米），可以建造一个有三间正房的四合小院，包括带有一间门房的前院。根据平康坊北里三曲平面推测图可见，每块宅基地的东西宽度为10~12.5步，这样分化出来的一块住宅基址面积约240方步，合一唐亩左右。

2. 住宅形式：合院格局，廊屋环绕

　　从隋代到晚唐，民居形制呈现出廊院式与合院式交叉过渡的状态。从盛唐起，宅舍合院就已推行。廊院和合院都是由门、院、屋等单体建筑群组成闭合空间的住宅形式，只是廊院式的院落四周由回廊环绕而不建房屋，合院则以廊屋代替回廊。这种有回廊或是廊房围合的庭院空间，是中国传统建筑的精华。庭院既是室内生活的补充，又是室外生活向室内生活的过渡。

　　敦煌莫高窟第23窟南壁法华经变的"化城喻品"中，刻画了一座典型的民居大院。在夯土院墙之内，另有廊庑围合的内院，正中堂屋三间，两侧各有夹屋三间。与堂屋相对也有房屋，犹如四合院里与大门平列的倒座。宅院的门不在轴线中间，而偏向一侧，与四合院的宅门在东南角相同，夯土院墙的一侧有乌头门的院门。壁画中反映的是当地流行的一种宅院布局。

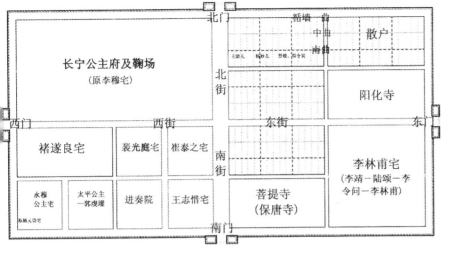

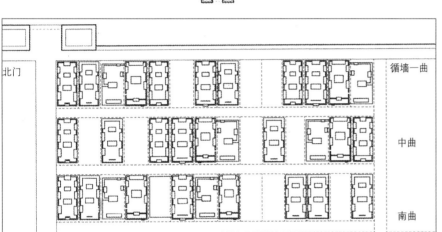

上图：唐平康坊内用地格局推测示意图
来源:《古都西安》
下图：唐平康坊北里三曲中的宅院推测
示意图
来源:《古都西安》

平康坊位于唐长安城东区第三街（自北向南）
第五坊,东邻东市,北与崇仁坊隔春明大道相邻,
南邻宣阳坊,都是"要闹坊曲"。而尚书省官
署位于皇城东,于是附近诸坊就成为举子、选
人和外省驻京官吏和各地进京人员的聚集地。

2.1.5 继承与延续：窄院民居，紧凑布局

宋代，随着手工业和商业的快速发展，里坊制逐渐被取消，住宅布局日趋灵活，前店后寝式合院住宅成为较为普遍的形式。屋顶多采用硬山、悬山等样式，平面呈曲尺形、王字形等，民居建筑逐渐规范化。

明清时期是我国古代建筑体系发展的最后一个阶段，其空间布局和营建技术已臻成熟，关中地区的民居在这一时期基本定型，形成一套完整的建造体系。因生产力的发展和人口的增多，住宅建设需求较大，至清代"康乾盛世"阶段，西安城内的居住用地占到了城市用地的近七成。同时，在不断演化和发展过程中，关中民居建筑逐渐形成了古朴典雅、庄严硬朗的风格，叠砌考究，雕饰精

美，并在建造细节上精益求精。

1. 布局特征：格局规整，分区明确

明朝初期，随着城市扩建，西安城市中心逐渐东移。由于明代西安是西北地区的军事重地，故扩建了城墙。后城门改建，新的东、南、西、北四条大街形成。明万历年间，钟楼东迁至东、南、西、北四条大街交汇处，形成以钟楼为中心、四条大街及城墙内侧马道构建的田字形城市格局。王府宗宅分布在城市扩张的东部新区，普通居民区延续元朝旧貌，大量集中于地势较低相对潮湿的西南城区。

清朝，因城市军事功能的加强，满城与南城两大军事驻区建立，城市被分割，导致东大街与北大街在城市中原有区位重要性的丧失。汉人居住区所在面积已不足全城的

西安回坊高家大院

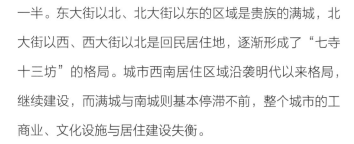

西安回坊安家大院

一半。东大街以北、北大街以东的区域是贵族的满城，北大街以西、西大街以北是回民居住地，逐渐形成了"七寺十三坊"的格局。城市西南居住区域沿袭明代以来格局，继续建设，而满城与南城则基本停滞不前，整个城市的工商业、文化设施与居住建设失衡。

明清时期西安的民居传承儒家文化中的礼制精神，以"坐北朝南"为最佳朝向，并遵循"南楼北厅巽字门，东西厢房并排邻"①的布局准则。其院落形式主要分为三合院、四合院、套院、跨院等，按照规模又可以划分为大型、中型及小型民居。

大型民居

少数大户人家和官邸一般都采用多进院比邻相连的布局形式。少的有两院，多的达十四院相连。有正院与偏院之分，每个院落都自设大门，既可以直接对外，又保持了各院的独立性。院与院间有角门相通。如：芦荡巷3、4号，

开通巷8号，开通巷30号，高家大院等。

中型民居

绝大多数民居都是由两三个四合院通过纵向串联组成，两进方式居多。前厅和正厅是举办祭祖、接待宾客、大型家庭活动的场所，中庭以后是家庭生活起居的重要部分，宅内的住房仍按照"长幼尊卑"的原则配置。如：湘子庙街赵家宅院，化觉巷125号安家大院，开通巷10号等。

小型民居

即独院式，是关中地区传统民居建筑中最常见的布局形式，也是形成其他类型院落组织方式的基本单元。其平面局部多围绕用地四周布置房间，在纵深轴线上依次有门房，庭院，正房，还有后院。独院式的小型民居一般用地面宽为8米至10米左右，进深约20米。如：北院门180号等。

---

① 陕西地方谚语. 全文为："南楼北厅巽字门，东西厢房并排邻，院中更栽紫荆树，清香四溢合家春。"

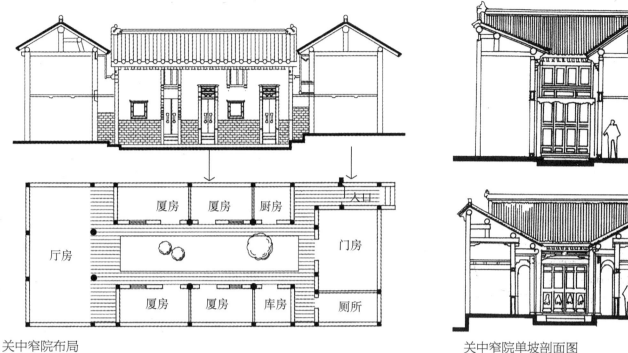

关中窄院布局
来源:《中国传统建筑解析与传承–陕西卷》

关中窄院单坡剖面图
来源:《中国传统建筑解析与传承–陕西卷》

2. 住宅形式：窄院民居，院落狭长

在历史、文化、气候及地貌等因素影响下，西安传统民居以合院式为基础，呈现纵向狭长型布局，称之为"窄院民居"。民居房屋多以联排形式并列集中布置，形成沿纵深方向重复组合的"并山连脊"式，宅院的天井较为狭小，一般多为三进式，布局由前向后依次为：门房（街房、倒座）、庭院、厦房（厢房）、正房（上房）和后院，大门一般设在临街门房的东间，其余两间作为杂物房，院落中的厅房一般作为接待处及商议事物的日常空间，居住空间主要为厦房，后院多为饲养牲口及堆放杂物。

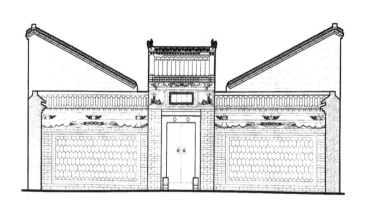

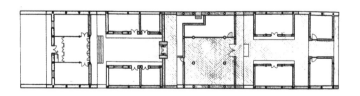

上图：西安安居巷8号立面图
下图：西安安居巷10号平面图
来源:《西安民居》

元大明宫图卷．王振鹏

"筑咸阳宫，因北陵营殿，端门四达，以则紫宫，象帝居。渭水贯都，以象天汉。横桥南渡，以法牵牛。"

——《三辅黄图》

2.2 皇权：宫殿建筑演进历程

随着社会发展和经济技术的进步，早期"贵贱所居"以避寒暑的简陋宫室逐渐成为"尊者以为号"的"王宫"。各朝各代的王宫建筑无不呈现楼台壮丽、殿宇相连的恢宏气势，人们遂在字面上以"宫殿"二字连用，"宫殿"一词逐渐成为帝王居所的专用名词。

"秦川雄帝宅，函谷壮皇居。"三千年的都城积淀，滋养了长安宫殿建筑的繁盛。秦咸阳阿房宫、汉长安未央宫和唐长安大明宫，无疑都是中国古代都城中最具代表性的建筑群，凝聚着当时最优秀的设计者和工匠的智慧与心血。长安的宫殿，从简单到复杂，由质朴到富丽，经历了草创（夏商）、发展（周代）、成熟（秦汉）、都城（隋唐）和府城（明清）五个时期。

茅茨土阶　宫邑初现

宫殿雏形

前朝后寝

礼制营建　格局确定

双子城址

院落组合

三朝五门

象天立宫　壮丽重威

壮丽宏巨

最大基址

布局典范

草创时期　　　　　　　　发展时期　　　　　　　成熟时

夏　前2070年

商　前1600年

周　前1046年

秦　前221年

汉　前206年

○丰镐二京位置示意图

秦咸阳位置示意图

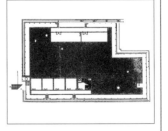

汉长安城位置示意图

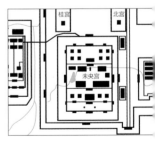

○夏·宫殿平面考古图
河南偃师二里头F1宫殿遗址

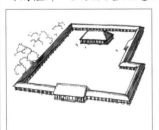

○西周·陕西扶风召陈村
F5建筑复原想象图

秦·咸阳宫殿遗址平面复原

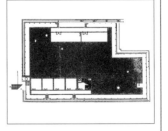

汉·未央宫平面复原图

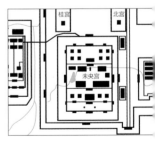

○殷商·宫殿复原想象图
安阳小屯殷商宫殿甲四遗址

○西周·院落式宫殿平面考古图
陕西岐山凤雏村西周建筑遗址

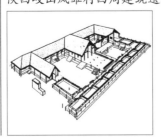

秦·阿房宫遗址示意图

汉·未央宫遗址前殿
复原想象图

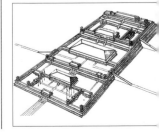

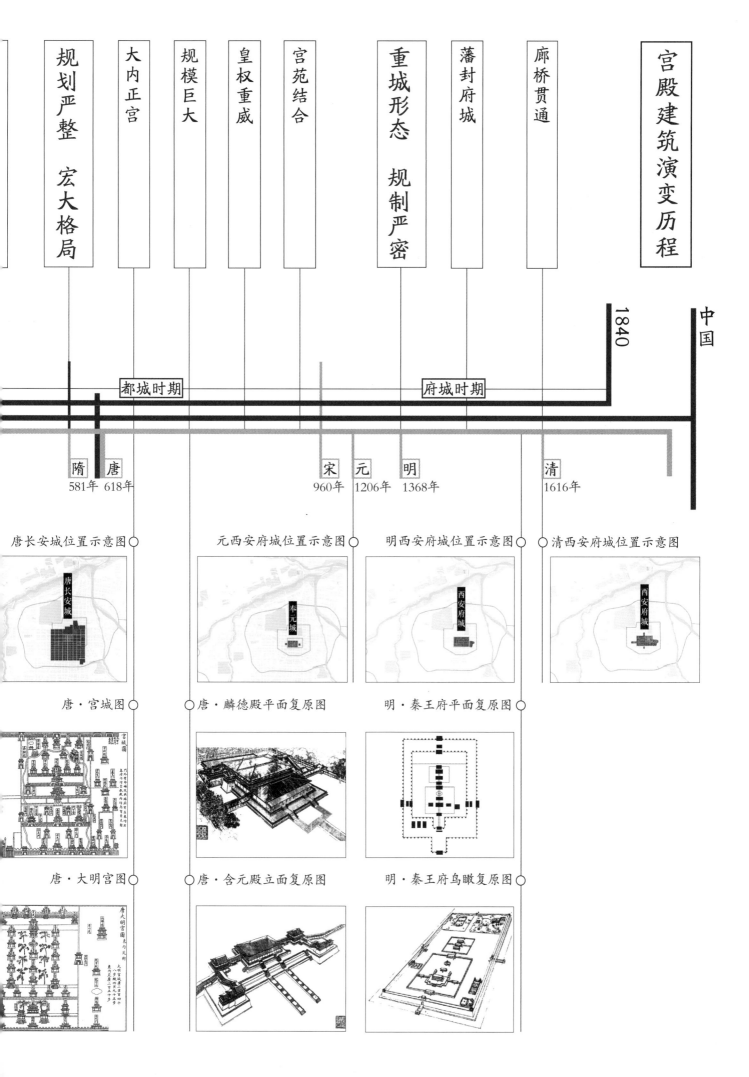

宫殿建筑演变历程

廊桥贯通

藩封府城

重城形态　规制严密

宫苑结合

皇权重威

规模巨大

大内正宫

规划严整　宏大格局

中国

1840

都城时期　　　　　　　　　　　　府城时期

隋　唐　　　　　　　　　　宋　元　明　　　　　　清
581年　618年　　　　　　960年　1206年　1368年　　　1616年

唐长安城位置示意图　　　元西安府城位置示意图　　　明西安府城位置示意图　　　清西安府城位置示意图

唐·宫城图　　　　　唐·麟德殿平面复原图　　　明·秦王府平面复原图

唐·大明宫图　　　　唐·含元殿立面复原图　　　明·秦王府鸟瞰复原图

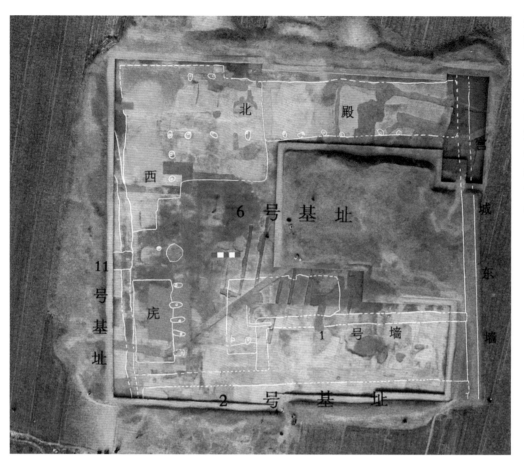

河南偃师二里头遗址6号基址的平面图

"二里头遗址是探索中国最早的王朝文明——夏商文明及其分界的关键性遗址。"中国社会科学院考古研究所所长陈星灿说，"在这里，我们已初步探明了东亚大陆最早的核心都邑，勾画出公元前1800年至前1500年二里头都邑繁盛时的大概样貌。"

2.2.1 夏商·草创时期：茅茨土阶，宫邑初现

在瓦没有发明以前，即使最隆重的宗庙、宫室，也用茅草盖顶，夯土筑基。考古发掘的河南偃师二里头夏代宫殿遗址、湖北黄陂盘龙城商代中期宫殿遗址、河南安阳殷墟商代晚期宗庙、宫室遗址，都只发现了夯土台基却无瓦的遗存。这些考古发现证明了夏商两代宫室仍处于"茅茨土阶"时期。

随着奴隶制国家的诞生，统治者的权威增强，国家机器对内加强统治，对外进行掠夺。作为权力象征的宫殿建筑初具规模，城防设施和城市规划也有相应发展。自夏代开始，形成了正式的"国家"，它使社会面貌产生了根本性的改变，同时也大大加速了社会各方面的发展。

1. 营建制度：特权显现，大屋居中

夏代统治者所使用的宫殿在《考工记》中被称作"夏后氏世室"。所谓"世室"，郑玄注："世室者，宗庙也"。即帝王的宗庙。杨鸿勋[①]认为"世室"即"太（大）室"也即"大房间"或"大房子"之意。考古学对夏文化的探索也在不断深化，河南省偃师市二里头村发现的大范围遗址，文化内涵极为丰富，是至今发现的我国最早的、规模最大的木架夯土建筑和庭院建筑实例。结合古史传说，这里推测是夏代都城的所在地，而此处发现的大型宫殿建筑遗迹，便可能是夏代统治者所使用过的宫殿。

商王朝是一个统一的奴隶制国家。除了中央王朝的都城之外，其方国也有许多规模不等的城邑和宫殿。近年来的考古发现证明，从中央都城到方国城邑，城市宫

---

① 杨鸿勋（1931-2016年），我国著名建筑史学家、建筑考古学家。著有《宫殿考古通论》等。

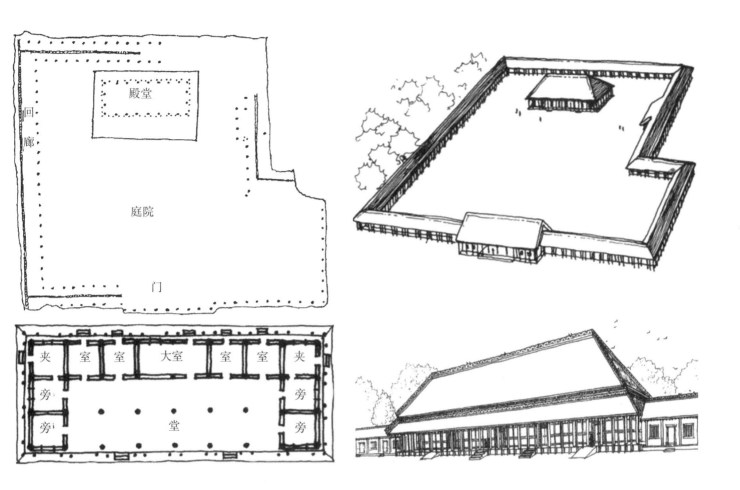

殿建筑比起夏朝都有了较大发展，成为统治阶级主要的活动及生活场所。作为商代早期的偃师商城、郑州商城以及盘龙城方国的宫殿建筑，都可以将其视为商代宫殿的早期形态，也是商代宫殿发展的初创期，其间可见夏代或更早时期宫殿建筑的空间特征。而洹北商城、安阳殷墟内的宫殿则是商代中期以后宫殿建筑的突出代表，可以说它们是整个商代宫殿建筑的集大成者。

2. 功能布局：院中之殿，城中之宫

商代各时期宫室遗址中多见以庭院或廊院为单元的建筑组合方式，这是我国建筑平面中使用庭院的早期实例。偃师二里头夏代宫室的一号宫殿遗址是以殿堂为主体、廊庑环绕的廊院，位于其东北150米处的二号宫殿遗址，也是以殿堂为主体的廊院，规模虽不及一号宫殿遗址，但院落布局却相当规整。这种廊院式的宫殿组合，成为宫殿建筑的基本组成方式。

左上图：河南偃师二里头夏代晚期一号二号宫殿基址平面图. 1975年
右上图：河南偃师二里头夏代晚期一号二号宫殿基址复原想象图. 1975年

左下图：河南偃师二里头夏代晚期一号二号宫殿殿堂平面图. 1975年
右下图：河南偃师二里头夏代晚期一号二号宫殿殿堂复原想象图. 1975年
来源：《文物》

宫，至少在秦以前，是一般居住房屋建筑的通称。"昔者先王未有宫室，冬则居营窟，夏季则居橧巢。"上古时期，部落首领亦居茅屋，"尧之王天下也，茅茨不剪，采椽不斫。"臣僚则穴居，其生活同一般民众并无明显差别，《尔雅·释宫》中记载："宫谓之室，室谓之宫。"所以"宫"与"室"二字含义原无区别，均指居住用房屋。

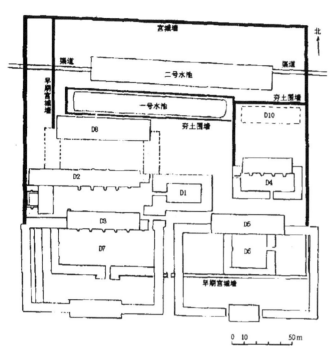

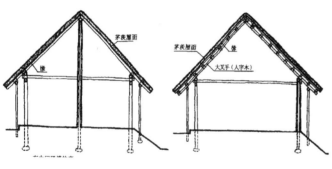

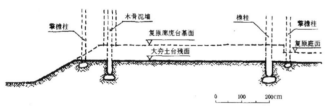

上图：河南偃师尸乡商宫城遗址平面图
中图：河南偃师二里头遗址Ｆ１大夯土台南部西侧剖面图
下图：河南偃师二里头遗址Ｆ１廊庑复原横剖面图
来源：《宫殿考古通论》

在宫室的总体布局上，河南偃师尸乡商宫城遗址自北向南呈三区排列，表明它们在功能上的差别。其顺序与位置，可以说是"前朝后寝，左祖右社"模式最为具体的早期例证。宫室组群沿中央轴线（大多南北向）作对称布置，在商代后期宫殿遗址中已很显著。这种将宫室筑城环卫，形成城中之城的重城环套的规划设计，不仅加强了安全防卫，更突出了王居的尊贵。将宫城置于全城中部偏南最尊显之方位，从规划上体现了宫城的主体地位。以宫城的南北轴线作为全城规划的主轴线，并用主干道的形式加以强调，进一步强化了宫城对全城布局的控制作用。这些规划设计方法，为以后的都城规划产生了重要而深远的影响。

3. 建筑形象：茅草屋顶，夯土台基

纵观夏商时期各类宫殿建筑，无一不是建造在夯土台基之上，小至宫殿建筑群中的单体建筑，大到宫城，其下都有夯土台基。夯土台基并非一开始就有，而是经过了一段时间的变化发展逐渐形成的。

"土阶"是承载宫殿建筑的台基，在建筑技术条件相对落后的奴隶制时期，"土阶"是素土经人工夯实而成。垫土夯实加高，筑室于夯土基座之上，已成为宫殿建筑设计的标准做法。在实用性方面，垫高的台基可有效发挥防水作用，相比之前的半地穴或地面建筑其在通风方面的优势更为显著。此外，夯土台基的防御性突出，统治者筑室于高台之上，居高临下，不仅便于瞭望与防守，而且这种"土阶"的建筑形式也充分反映了统治阶级凌驾于普通民众之上的设计观念。

2.2.2 周代·发展时期：礼制营建，格局确定

中国的宫殿建筑从夏代"朝""寝"寓于一栋建筑之中的"世室"，经过殷商的"朝""寝"分离，发展到周代"朝""寝"各成群组。不仅宫殿规模扩大，而且建筑体形和空间组织也更加繁复。西周是奴隶制王朝的鼎盛时期，礼制已相当健全，宫殿同样也予以制度化、规范化。

1. 营建制度：顺应礼制，城都筑邑

西周初年的裂土分封、建都筑邑，是中国史载确凿的第一次人居环境建设高潮[①]。此时，礼制发展成熟，神权不再凌驾于王权之上，社会的各项制度也都以礼制加以确定，包括统治者的宫殿（宗庙）建筑也开始成为礼制秩序的重要载体。这一时期的周原遗址是具有代表性的大型建筑基址，礼制的内涵主要体现在凤雏甲组、召陈以及云塘、齐镇建筑基址等。由凤雏村西周建筑遗址内部形制可见，至少在西周时期，宫室建筑的空间格局已经形成以院落组合为单位，讲究轴线对称的空间形态。秦在雍城建都近300年，是先秦时期秦国定都时间最长的地方。陕西凤翔秦雍城三号宫室遗址，在院落组合方面，层次更加明晰，并且与《周礼》中记载"三朝五门"的宫室布局相吻合，这种布局还表明秦雍城在春秋时期，其宫室布局已经受礼制的影响，形成宫室形制。

2. 功能布局：择中立宫，布局严谨

春秋战国时期"礼崩乐坏"，旧的秩序被打破，新秩序尚未建立，诸侯国各自为政，相互征伐，战争连绵不断。此时的宫殿营造与都城规划在继承传统的基础上又有

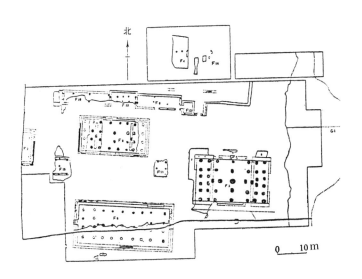

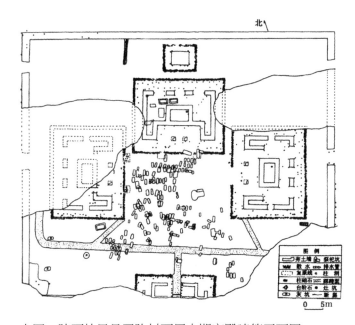

上图：陕西扶风县召陈村西周中期宫殿建筑平面图
来源：《中国建筑艺术史》

下图：陕西凤翔东周时期秦雍城遗址图
来源：《考古与文物》

① 张悦. 周代宫城制度中庙社朝寝的布局辨析——基于周代鲁国宫城的营建模式复原方案[J]. 城市规划，2003（01）.

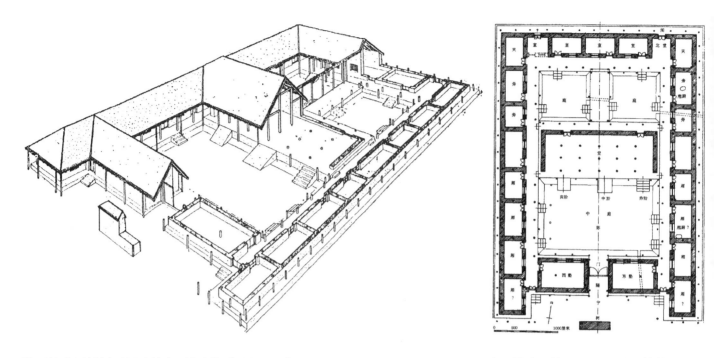

陕西岐山凤雏村西周建筑立面复原设想图.1984年
来源:《新中国的考古发现与研究》

陕西岐山凤雏西周甲组建筑基址平面图
来源:《建筑考古学论文集》

所扬弃,择中立宫的传统得以延续,宫廷区仍是都城的主体,宫城位于全城南北中轴线上。城市的规模普遍增大,出于防护需要列国都城大多采用"筑城以卫君,造郭以守民"的布局措施。《周礼·考工记》中描述周都城"匠人营国,方九里,旁三门。国中九经九纬,经涂九轨。左祖右社,面朝后市,市朝一夫。"据此可知,宫城是周王城规划的结构中心。全城规划的主轴线,南起王城正南门,穿过宫城,直达王城正北门,宫城前为外朝,后面为市,宗庙、社稷据主轴线对称设置在外朝两侧,这便构成了宫、朝、市、祖、社五者的相对规划位置和组合关系。宫城与外朝、祖、社所组成的宫前区,结合而构成王城的宫廷区。经过如此周密的规划,整座王城布局严谨、主次分明、秩序井

然,宫城以王城为背景,王城以宫城为高潮。

另外,这一时期古文献中还有大量关于王宫居中营建的记载,《吕氏春秋·慎势》曰:"古之王者,择天下之中而立国,择国之中而立宫,择宫之中而立庙","国"指的是国都,"中"即代表中心和中轴之意。《管子·度地篇》曰:"天子中而处",《荀子大略篇》曰:"王者必居天下之中,礼也",这些文献典籍充分反映出当时社会的宫室制度与文化已达到较高的水平。

3. 建筑形象:四向之制,前朝后寝

在已发现的西周众多宫殿建筑遗址中,大多数都采取了"向心"的平面布局方式,即建筑群围绕着一个中心庭

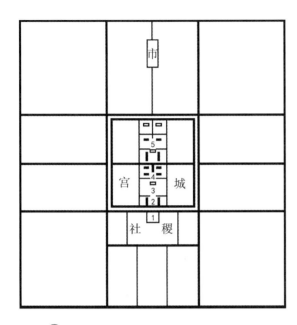

Ⓐ 1- 外朝 2- 治朝 3- 燕朝 4- 王寝区 5- 后寝区

考工记王城图
来源:《考工记营国制度研究》

2.2.3 秦汉·成熟时期:象天立宫,壮丽重威

秦汉时期是中国封建社会中央集权制度的建立和巩固时期。公元前221年秦灭六国,首次完成了真正意义上的全国统一,秦王嬴政改号称皇帝,建立起中国历史上第一个中央集权制王朝。汉朝继之而起,并基本延续秦的制度,史称"汉承秦制"。

1. 营建制度:汉承秦制,皇权独尊

咸阳作为首个封建帝国的都城,为体现皇帝气势与威严,帝都和宫殿的规划建设贯彻象天立宫、天人一体的思想,显示皇帝君权神授的绝对尊严。两汉延续秦制,非壮丽无以重威,各宫前殿与秦阿房宫格局一脉相承。宫殿建筑在规模数量、壮丽雄伟方面不下于秦。

2. 功能布局:宫自为城,规模庞大

秦始皇将咸阳重心置于丰镐之间,建构新的天极——阿房宫,并扩大其规模直达南山,即以山为宫阙,视渭河为银河天汉。此次规划的一大创举——宫自为城,即以广阔的京畿作为规划背景,形成京城与京畿的有机结合,以连云的宫观为主体,以山川险阻为环卫,使咸阳更添辽阔无垠的雄伟气概。统一后的咸阳城,以宫殿作天极,渭水为天汉,其他宫观若天体星座,参照天体星象,利用驰道、复道、甬道以及桥梁等联系手段,以众星拱极之势突出帝居——咸阳宫的主导地位,并凭借此宫之南北中轴线作为全盘规划的主轴线以及渭河为辅轴线的控制作用,将渭南、渭北两大体系凝成一体。

西汉长安的宫室建设,始于公元前200年(汉高祖七年),丞相萧何在秦代离宫——兴乐宫的建设基础上兴建

院而建,形成封闭的平面构图。西周宝鸡凤雏宫殿基址是一个符合"四向之制"的宫殿建筑基址,其中殿堂是该建筑群的主体建筑。宫殿建筑群坐北朝南,前堂(主殿)坐落在中央高台之上,前堂南面发现有台阶遗迹,台阶下是一处庭院(前庭)。东西门塾在整个宫殿建筑的南部,两门塾之间是门道,门槛在门道的中部偏北,在两门塾的南面有一处门屏。后室基址在宫殿建筑基址的北部,同时在前堂、后室之间发现有过廊遗迹。后庭为居住区,分东、西两院,两院的北部均发现有台阶遗迹,而且台阶正对后室的室门。后庭院东西两侧为厢房,呈严谨对称布局。西周凤雏宫殿遗址的发现,表明这一时期的宫殿建筑群已开始采用"前朝后寝"的布局模式。

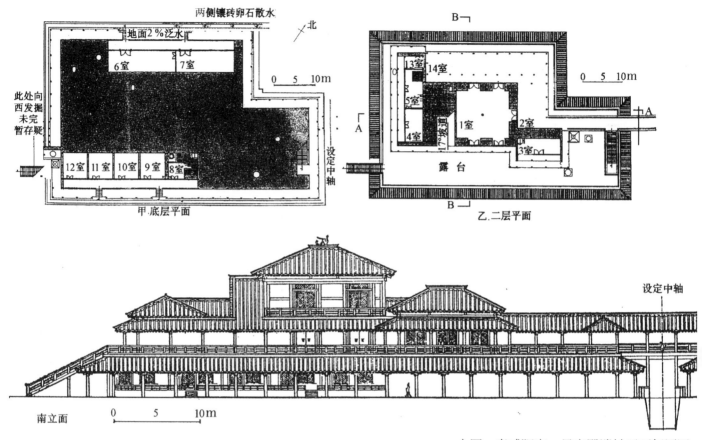

两侧镶砖卵石散水
地面2%泛水
北
6室 7室
0 5 10m
此处向西发掘未完暂存疑
12室 11室 10室 9室 8室
甲.底层平面
设定中轴

B
0 5 10m
13室 14室
5室 1室 2室
4室 3室
露台
乙.二层平面

设定中轴

南立面   0 5 10m

上图：秦咸阳宫一号宫殿遗址平面复原图
下图：秦咸阳宫一号宫殿遗址立面复原图
来源：《建筑考古学论文集》

长乐宫，之后又兴建了未央宫和北宫。至汉武帝时期，汉代宫室的规模和数量达到顶峰，除了对未央宫、北宫继续扩建，又新修建了桂宫、明光宫和建章宫，同时对国内多处离宫苑囿进行恢复与扩廓。其中，未央宫位于龙首原上，地势高亢，规模宏大，以高屋建瓴之势俯瞰全城，并在空间上联系长乐宫、明光宫、桂宫、北宫等，共同组成了西汉庞大的宫殿建筑群，加上府库、官署和府第等附属建筑，汉长安城的宫殿建筑群面积几乎占全城总面积的三分之二。以"高""多""大"的理念表现出帝居在整个城市中的重要地位。

3. 建筑形象：高台而筑，庄严豪迈

秦汉宫殿以高台建筑为主要特征，一方面利用规模宏大且分层有序的夯土台基组织错落有致的建筑群体，另一方面也充分利用这类夯土台基完成土木混合的建筑结构体系。通过夯土台基居高而筑的宫殿建筑形象展现了秦汉帝王宫殿庄严豪迈的皇家气势。

秦咸阳宫

咸阳宫是秦帝国的皇宫，位于今陕西省西安市西，咸阳市东区域。秦孝公十二年（公元前350年），秦国迁都咸阳，营建宫室，至秦昭王时已建成。咸阳宫以自然地理边界围合外郭城，将南边的秦岭、西边的龙山、北边的西

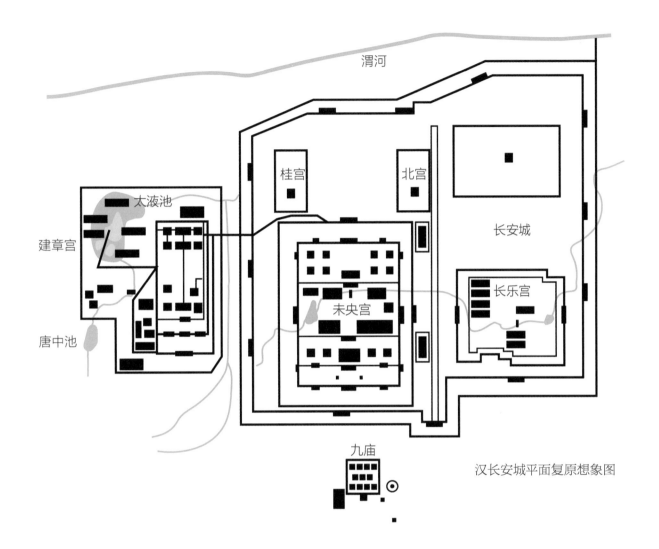

九庙

汉长安城平面复原想象图

山和东边的崤山黄河作为其外部的城墙。秦始皇设想在终南山修建门阙，作为咸阳南大门，和阿房宫二者之间架起空中阁道，将北渡渭水，与咸阳塬上宫城连接。《三辅黄图》称咸阳宫"端门四达，以则紫宫，象帝居"。秦咸阳宫开启了"表南山之巅以为阙"为特征的整体设计传统。同时，这种布局也显示了秦始皇一统大业功成之后经天纬地、气吞山河的气势，象征了皇权的崇高和永恒。

秦阿房宫

阿房宫位于今陕西省西安市西咸新区沣东新城王寺街道，始建于秦始皇三十五年（公元前212年）。《史记·秦始皇本纪》载："先作前殿阿房，东西五百步，南北五十丈，上可以坐万人，下可以建五丈旗。周驰为阁道，自殿下直抵南山"，由于秦统治者的好大喜功，其高台建筑的规模更是达到了空前的程度。现存秦阿房宫高台遗址东西长1280米，南北426米，现存高出地面残高7~9米，这与文献记载之规模相差无几。唐诗人杜牧的《阿房宫赋》让阿房宫闻名于世，但考古表明阿房宫未完全建成。

汉未央宫

未央宫是西汉帝国的大朝正殿，位于汉长安城地势最高的西南角龙首原上，因在长安城安门大街之西，又称西宫。"未央"一词出自《诗经·小雅·庭燎》："夜如何其？夜未央"未央即未尽之意，代表皇族子孙永远昌盛兴旺。

汉长安未央宫想象图
来源：《关中胜迹图志》

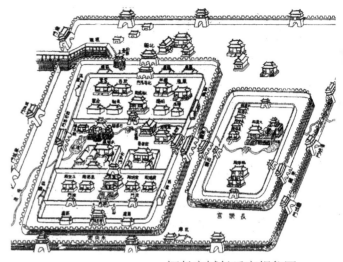

汉长安城长乐宫想象图
来源：《关中胜迹图志》

自未央宫建成之后，西汉皇帝都居住在这里，其成为汉帝国200余年间的政令中心，隋唐时被划为禁苑的一部分，未央宫存世1041年，是中国历史上使用朝代最多、存在时间最长的皇宫。其建筑形制深刻影响了后世宫城建筑，奠定了中国两千余年宫城建筑的基本格局。

未央宫总体的布局呈长方形，四面筑有围墙。考古勘查宫址范围近方形，宫墙东西2250米、南北2150米，周围总长21里多。前殿是未央宫最重要的主体建筑，居全宫的正中，其他重要建筑围绕四周，这种主要宫殿居中、居高，辅助宫殿居后及两侧的建筑配置，成为后世皇宫布局的典范。

主持营建未央宫的丞相萧何认为："天子以四海为家，非壮丽无以重威。"这种用建筑艺术渲染至高无上皇权的仪式空间，使后世诸代君王有了效仿的依据，成为后世帝都营建的核心手法之一。

汉长乐宫

长乐宫是在秦离宫兴乐宫基础上改建而成的西汉第一座正规宫殿，重要性仅次于未央宫。其位于西汉长安城内东南隅，始建于高祖五年（公元前202年），两年后竣工。这也是一座"前朝后寝"的宫城。宫城范围近方形而略有凹凸，不太规则，东西宽2900米，南北长2400米，约占长安总面积的六分之一。据记载，此宫四面各开宫门一座，仅东门和西门有阙。宫中有前殿，为朝廷所在。西为后宫。高祖九年（公元前198年），朝廷迁往未央宫，长乐宫改为太后住所。

汉建章宫

建章宫建于汉武帝太初元年（公元前104年），规模宏大，有"千门万户"之称。武帝曾一度在此朝会、理政，其宫殿建筑毁于新莽末年战火中。建章宫遗址位于三桥镇北的高堡子、低堡子等村一带，在汉长安城直城门外的上林苑中。今地面尚存并可确认的有前殿、双凤阙、神明台和太液池等遗址。《三辅黄图》载："周二十余里，千门万户""在未央宫西、长安城外。"

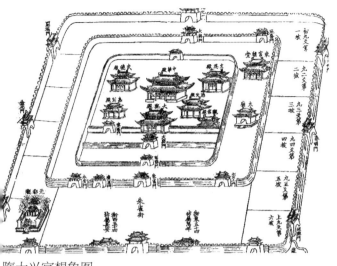

隋大兴宫想象图
来源：《关中胜迹图志》

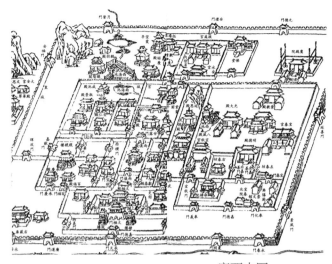

唐西内图
来源：《关中胜迹图志》

2.2.4 隋唐·都城时期：规划严整，宏大格局

　　隋一统中国，定都长安，大兴土木，为唐代之序幕。唐为中国艺术至全盛及成熟时期[1]。无论在城市建设、木架建筑、砖石建筑、建筑装饰、设计和施工技术方面都有巨大发展。

1. 营建制度：中央集权，规模宏大

　　隋文帝杨坚统一全国后，于开皇二年（582年）在汉长安城附近营建大兴城。武德元年（618年）李渊代隋，建立唐朝，仍定都于此，更名长安，改隋大兴宫名太极宫。唐太宗贞观八年（634年）在城东北建大明宫，唐玄宗开元二年（714年）又在城东建兴庆宫。虽有兴作，不过是在隋代基础上的局部调整，城市基本格局未变。

　　长安城以宫城之轴线作为全城南北中轴线，全长约1600米，以春明门、金光门之间经线作为辅轴线。皇城内道路网由五条南北道路和七条东西道路组成，承天门至朱雀门之大街为南北主干道，承天门前东西大街为东西主干道，成丁字形交汇于承天门前。郭城道路由11条南北道路和14条东西道路组

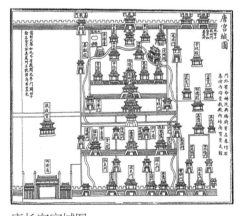

唐长安宫城图
来源：《关中胜迹图志》

唐长安城由外郭城、皇城和宫城、禁苑、坊市组成，面积约87平方千米（包括唐代新建大明宫、西内苑、东内苑），是同期世界上面积最大的都城。

① 梁思成. 中国建筑史［M］. 北京：三联书店，2011.

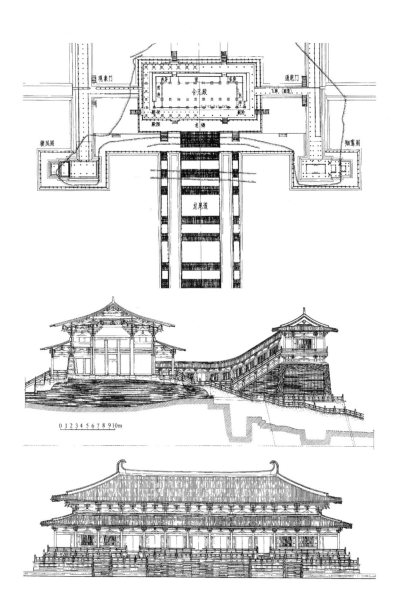

上图：唐长安大明宫含元殿平面复原图
中图：唐长安大明宫含元殿剖面复原图
下图：唐长安大明宫含元殿立面复原图
来源：《中国建筑史》

含元殿662年开始营建，翌年建成，以后的200多年间一直被使用，是举行国家仪式、大典之处，所谓"千官望长安，万国拜含元""九天阊阖开宫殿，万国衣冠拜冕旒"，就是描写含元殿大朝会的盛况。含元殿东西202米，为三出阙宫殿结构，体量巨大，气势伟丽，开朗而辉煌，极富精神震慑力。古时有人形容它的气魄"如日之升""如在霄汉"，是大唐帝国国家象征。

成，以朱雀门至明德门皇城大道延长线为南北主干道，春明门至金光门之东西大道为东西主干道。

2. 功能布局：整体规划，宫苑结合

长安城位于龙首原南麓，北高南低，规模宏阔。外郭东西9721米，南北8651.7米，周长36.7千米，总面积达84平方千米，大明宫及西内苑尚不包括在内。

宫城及皇城位于郭城北部中央。宫城南连皇城，北靠内苑，南北1492.1米，东西2820米。皇城南北1843.6米，东西与皇城等宽。宫城由三部分组成，中为太极宫，原为隋之大兴宫，为宫城之主体，太极宫东为东宫，西为掖庭宫。宫城前为皇城，祖庙、社稷、官署、府库、御厩等集中布置在皇城内，即为宫城之前导，又可严别内外，加强宫廷防卫。大明宫在太极宫东北的龙首原上，称"东内"，兴庆宫在外郭春明门内，称"南内"，太极宫称"西内"，这三处著名的皇宫合称"三大内"。宫城北有周回120里的广阔禁苑，东到灞水岸，西接长安故城，南连京城，北枕渭水，汉长安城也包括在内。

唐朝长安的"三大内"，实际上都是宫苑结合的建筑群，但宫殿营建规模、内涵和园林部分在宫苑中所占比重都不尽相同。仅就园林风景区而言，在整个宫殿区中所占的比重也逐渐增大。唐玄宗时不仅在兴庆宫内营造了占宫区一半面积的园林，而且继续营建曲江池芙蓉园，使曲江池畔宫殿连绵，楼阁耸立。

3. 建筑形象：中轴对称，序列组织

隋唐宫殿一改魏晋南北朝300多年中一直沿用的东西堂之制，恢复了周代"五门三朝""前朝后寝"的制度。以承天门为外（大）朝，太极殿为治（中）朝，两仪殿为

内（燕）朝。在中轴线上依次布置有太极门、太极殿、两仪门、两仪殿、甘露门、甘露殿等十余座重要门殿，在中轴线两旁用回廊与大殿围合成一组组院落。

隋大兴宫（唐太极宫）

隋初修建的大兴宫，坐落在大兴城南北中轴线最北部，北靠高亢的龙首原。在宇文恺的设计中，"九二"坡依照《周易》乾卦卦辞，象征龙出现的地方，即所谓"见龙在田"，因此将宫城置此，是初唐最重要的政治中心。

太极宫、东宫和掖庭宫，共同组成了长安城中的"宫城"。据考古实测并参考文献记载可知，宫城东西宽2830.3米，南北长1492.1米。其中掖庭宫宽702.5米，太极宫宽1285米，东宫宽832.3米，是一东西长、南北短的长方形。

唐大明宫

大明宫位于唐京师长安北侧的龙首原。宇文恺附会了"六爻"与龙首山原的几支山冈对应。大明宫恰处于龙首原的"龙头"处，地势十分高亢。大明宫占地3.2平方千米，是明清北京紫禁城的4.5倍，被誉为千宫之宫、丝绸之路的东方圣殿。唐昭宗乾宁三年（896年），大明宫毁于唐末战乱。全宫分为外朝、内廷两大部分，是传统的"前朝后寝"布局。外朝三殿：含元殿为大朝，宣政殿为治朝，紫宸殿为燕朝。含元殿高出地面10余米，殿基东西宽76米，南北深42米，是一座十三间的殿堂，殿阶用木平坐，殿前有长达70余米的坡道如龙尾，故称"龙尾道"。

唐兴庆宫

兴庆宫，规模小于太极、大明两宫，位于长安外郭东城春明门内。原是唐玄宗李隆基登基前的宅第，后经扩建成为宫苑，为李隆基皇帝起居听政的主要宫殿。兴庆宫平面为长方形，布局一反宫城布局的惯例，将朝廷与御苑的位置颠倒过来，由一道东西墙分隔成北部的宫殿区和南部的园林区。朝会正殿兴庆殿建筑群位于兴庆门内以北，建筑群坐北朝南，前部有大同门，门内左右为钟、鼓楼，其后为大同殿，再后为正殿兴庆殿，最后为交泰殿。南部的园林区以龙池为中心，池东北岸有沉香亭和百花园，南岸有五龙坛、龙堂，西南有花萼相辉楼、勤政务本楼等。

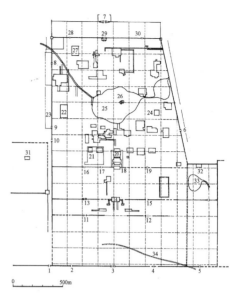

1. 兴安门　　8. 九仙门　　15. 含耀门　　22. 麟德殿　　29. 玄武门
2. 建福门　　9. 翰林门　　16. 光顺门　　23. 翰林院　　30. 银汉门
3. 丹凤门　　10. 右银台门　17. 延英门　　24. 清思殿　　31. 含光殿
4. 望仙门　　11. 光范门　　18. 宣政殿　　25. 太液池　　32. 龙首池
5. 延政门　　12. 昭训门　　19. 崇明门　　26. 蓬莱山　　33. 龙首池
6. 左银台门　13. 昭庆门　　20. 紫宸殿　　27. 三清殿　　34. 龙首渠
7. 重玄门　　14. 含元殿　　21. 延英殿　　28. 青霄门

注：虚线为方50丈（米）网格。

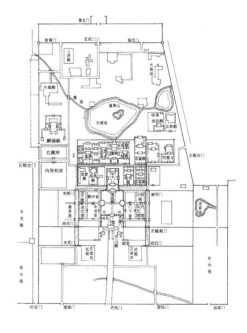

上图：唐长安大明宫平面实测图
下图：唐长安大明宫平面复原图
来源：《中国建筑史》

王维有诗云："九天阊阖开宫殿，万国衣冠拜冕旒"，形容了唐大明宫当时的巍峨气势。

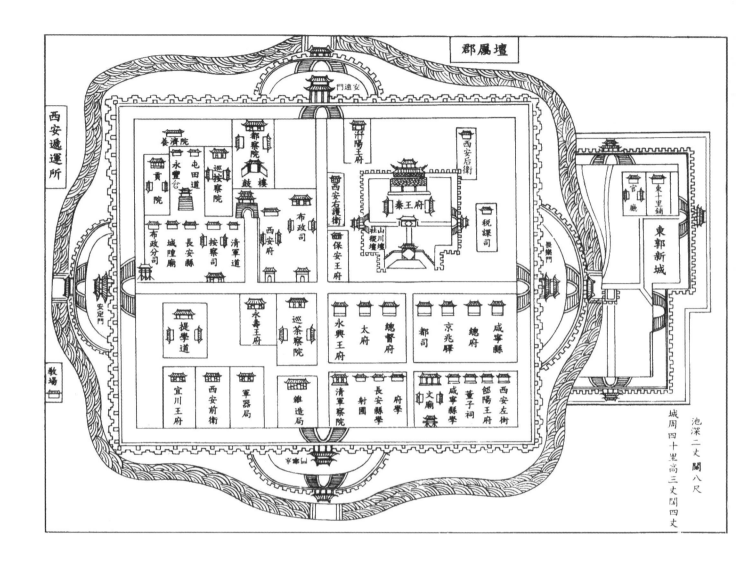

郡厲壇

安遠門

西安遞運所

養濟院　永豐倉　屯田道　都察院　鼓樓　汧陽王府　西安後衛　秦王府　稅課司

貢院　清軍道　巡按察院　布政司　社山川稷壇　西安右護衛　保安王府　西安府

布政分司　長安縣　清軍道　城隍廟　按察司　西安府　西安右護衛　保安王府

安定門

教場

提學道　永壽王府　巡茶察院　永興王府　太府　總督府　德府　都司　京兆驛　咸寧縣

宜川王府　西安前衛　軍器局　雜造局　清軍察院　射圃　長安縣學　府學　文廟　咸寧縣學　董子祠　郃陽王府　西安左衛

平寧門

城周四十里高三丈闊四丈　池深二丈闊八尺

官廳　東十里鋪

東郭新城

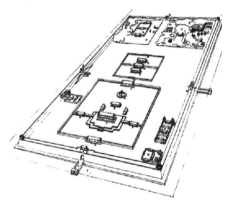

上图：明代西安城内宗室府宅分布图
下图：秦王府鸟瞰示意图
来源：景慧川，卢晓明《明秦王府布局形式及现存遗址考察》

2.2.5 明清·府城时期：重城形态，规制严密

唐末，西安废不为都，人口凋零。韩建废外城，将长安城缩减至皇城范围。五代、北宋、金、元期间，城市基本维持韩建新城的规模。明洪武年，西安城市格局再次调整。

1. 营建制度：西北重镇，防御为首

明代西安城的政治地位在西北地区突显，这不仅表现在明洪武二年曾把西安作为都城的选址之一，而且还反映在明太祖朱元璋将其次子朱樉派往西安，封为号称"天下第一藩封"的秦王。

明清西安城王府一览表

府名	明代位置	清代位置	今日大致范围
永兴郡王府	秦府城西南一里	梯度中军教场	南至东木头市，北邻东大街，东至骡马市大街，西邻南大街
保安郡王府	秦府城西半里	会府	南邻东大街，北邻西一路，西邻北大街，东临案板街
兴平郡王府	秦府西南二里	通政二坊	正学街之西，风霄巷以北，南广济街以东，西大街以南
永寿郡王府	秦府西南二里	通政一坊	正学街之西，风霄巷以北，南广济街以东，西大街以南
宜川郡王府	秦府西南三里水池坊	军门教场	五星街以北，四府街以西，红光街以东
临潼郡王府	秦府东城之外	镶红、镶白旗驻地	解放路以西，东新街以北，人民大厦以东，西四路以南
郃阳郡王府	秦府东南三里	汉提督府	金家巷以南，先锋巷、和平巷以西，建国路以东，建国五巷以北
汧阳郡王府	秦府西北半里	满提督府	北新街以西，西七路以南，后宰门以北

明洪武二年（1369年）三月，明大将徐达攻占元奉元路，改奉元路为西安府，"西安"的名字第一次出现在中国历史上。九月，朱元璋在确定国都时，基于"天下山川，惟秦中号为险固"的考虑，将西安列入都城的候选城市。西安虽然最终未被选做国都，但为巩固大明统治，并确保西北边地安全，朱元璋于洪武三年（1370年）在分封子孙到全国各军政要冲担任藩王之际，将二儿子朱樉封为秦王，由此也可见朱元璋对西安城地位的高度重视。

洪武三年（1370年），朱樉受封为秦王，洪武四年（1371年），长兴侯耿炳文奉旨以元代陕西诸道行御史台署旧址为基础，兴建秦王府城，洪武十一年（1378年），朱樉就藩西安，秦王府城竣工。

2. 功能布局：重城格局，城壕并置

明代秦王府城兴建完成后，就与西安大城形成了重城形态，成为大城环卫的子城。就秦王府城自身而言，也属于内外重城结构，这与明代初年对藩王府邸格局的统一规定正相吻合。

秦王府城为内外二重城垣，东西窄、南北长，南面稍向外凸。"萧墙周九里三分；砖城在灵星门内正北，周五

里，城下有濠引龙首渠水入"。外侧城墙"萧墙"周长9.3里，内侧城墙"砖城"周长5里。萧墙和砖城之间为护城河，河水通过龙首渠从城东浐河引入。当时明西安府城号称"周四十里"，实际上大城（不含东关城墙）周长约为13.9千米，两城周长相比可见秦王府规模之大，是西安城内最大的建筑群，其他城市诸藩王府难以望其项背。

3. 建筑形象：圆殿居中，规整庄严

宫殿和城门在秦王府城格局中具有指示性意义，内涵丰富。各主要宫殿与砖城四门名称，均按照朱元璋在洪武七年的统一规定而称呼。秦王府城王宫前殿名为承运，其正南设承运门，承运殿后的"圆殿"，华盖形制为圆形，故秦王府城中亦有"圆殿"之名。秦王府城的宫室规模，明人朱国祯在《涌幢小品》中载"秦府殿高至九丈九尺，大相悬绝"，宫室数目应该在八百间之上。砖城的四座城门，南为端礼，北为广智，东为体仁，西为遵义。四门的命名显然是按照"仁、义、礼、智"的古训而制定的，目的就在于使诸藩王身居各地府城之中而能"睹名思义"，不忘"藩屏帝室"的重任。秦王府宫殿区按"前朝后寝"布设，为当时西安城中最庄严宏伟的建筑。

莫高窟第85窟 · 北壁 药师经变

"天地者，生之本也；先祖者，类之本也；君师者，治之本也。……故礼，上事天，下事地，尊先祖而隆君师，是礼之三本也。"

——《史记·礼书》

2.3 神明：宗教建筑演进历程

宗教大约出现于旧石器时代中期母系氏族社会形成的阶段。人类将自然界存在物进行人格化想象，在万物有灵的基础上形成了精灵崇拜、图腾崇拜，随后出现各种巫术、自然崇拜、祖先崇拜等。进入阶级社会后，多神崇拜渐渐抽象出一神或最高神崇拜。

儒家继承原始宗教的天命观，认为天是人世间的主宰者和人格神，以积极入世的态度体现人生价值。同时为了治理国家，求得和谐，通过各朝各代儒家的不断发展，逐渐成为中国古代王道政治及礼制思想的核心学说。道教是汉族的土生教，承传华夏古代的礼乐文明，吸收百家之长而成。道教的最终目标是通过身心修炼达到在世安乐，与道合真。佛教进入中国，得益于道家的接引，佛教教义的中国化与道教理论的进一步发展，逐渐形成佛、道相争、相融的局面。三大教以其强大的思想影响力，风行至今，留下了带有不同宗教特色、时代特色的宗教建筑。其后，伊斯兰教、天主教相继传入。

礼制建筑

天子七庙 三昭三穆

道教建筑

佛教建筑

汉最高等级皇家礼制建筑

皆殿皆重屋穷极百工之巧

明城区现存最早佛教寺院

伊斯兰清真教建筑

左祖右社的九室太庙

国家诸学之表率

现名木塔寺内有木塔仅存

佛教八宗之一密宗祖庭

夏	周	春秋	汉		隋	唐
前2070年	前1046年	前770年	前206年		581年	618年

○ 周·明堂复原设想平面图

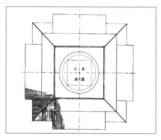

○ 汉·礼制建筑·卧龙寺
建筑平面复原示意图

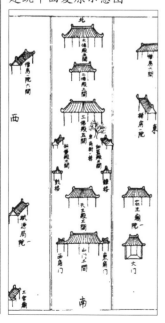

○ 汉·礼制建筑·王莽九庙
建筑遗址平面复原示意图

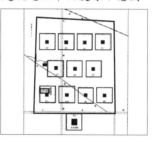

○ 汉·礼制建筑·明堂辟雍
建筑遗址平面复原示意图

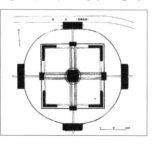

○ 汉·礼制建筑·太祖初庙
建筑遗址平面复原示意图

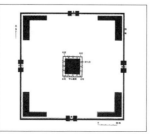

唐·礼制建筑·明堂
建筑遗址平面复原示意图

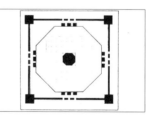

唐·佛教建筑·大庄严寺
建筑现存平面示意图

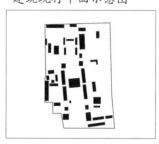

唐·佛教建筑·大兴善寺
建筑复原平面示意图

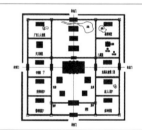

○ 唐·佛教建筑·大慈恩寺
建筑现存平面示意图

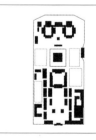

唐·佛教建筑·荐福寺
建筑现存平面示意图

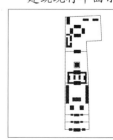

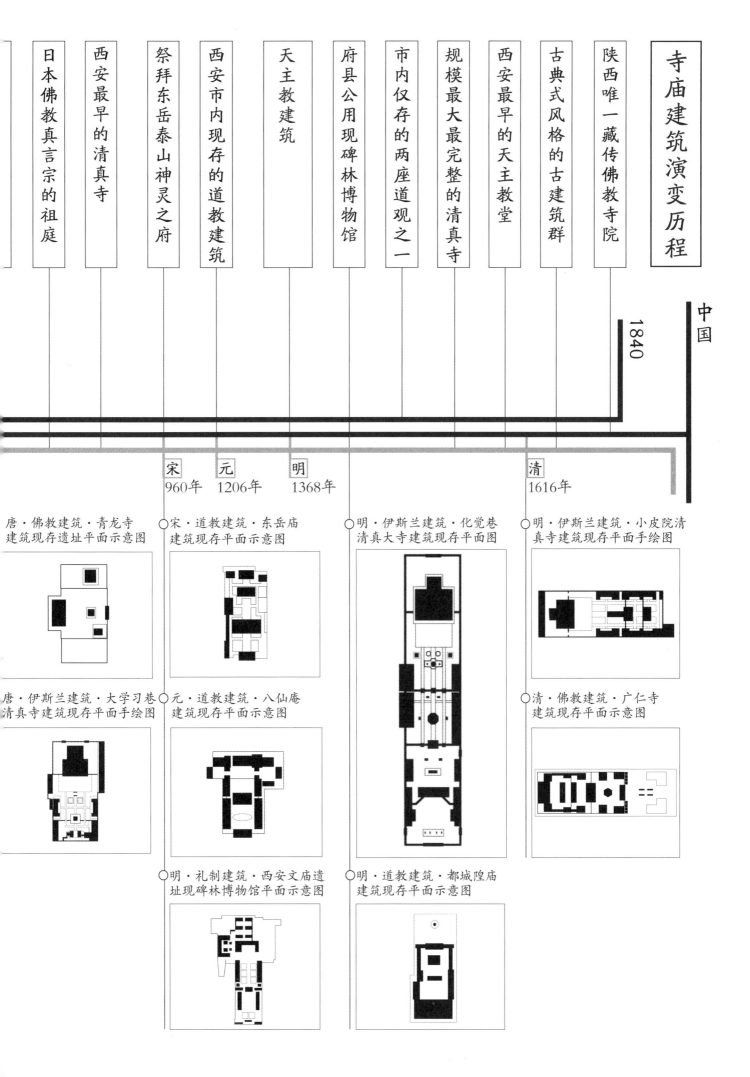

寺庙建筑演变历程

日本佛教真言宗的祖庭

西安最早的清真寺

祭拜东岳泰山神灵之府

西安市内现存的道教建筑

天主教建筑

府县公用现碑林博物馆

市内仅存的两座道观之一

规模最大最完整的清真寺

西安最早的天主教堂

古典式风格的古建筑群

陕西唯一藏传佛教寺院

中国

1840

宋 960年　元 1206年　明 1368年　清 1616年

唐·佛教建筑·青龙寺
建筑现存遗址平面示意图

宋·道教建筑·东岳庙
建筑现存平面示意图

明·伊斯兰建筑·化觉巷
清真大寺建筑现存平面图

明·伊斯兰建筑·小皮院清
真寺建筑现存平面手绘图

唐·伊斯兰建筑·大学习巷
清真寺建筑现存平面手绘图

元·道教建筑·八仙庵
建筑现存平面示意图

清·佛教建筑·广仁寺
建筑现存平面示意图

明·礼制建筑·西安文庙遗
址现碑林博物馆平面示意图

明·道教建筑·都城隍庙
建筑现存平面示意图

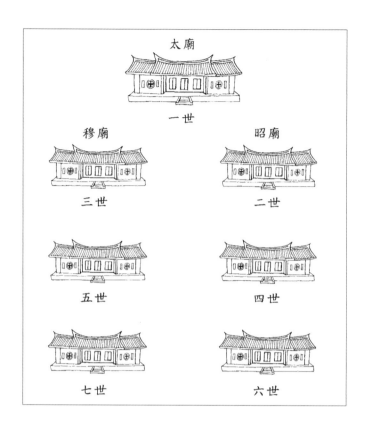

太廟

一世

穆廟　　　　昭廟

三世　　　　二世

五世　　　　四世

七世　　　　六世

周天子七庙图

历代帝王为维护儒教宗法制度，设七庙供奉七代祖先，太庙居中，左三昭，右三穆。

后以"七庙"为王朝的代称。《礼记·王制》："天子七庙，三昭三穆，与太祖之庙而七。"

"上可以荐元符七庙，下可以纳群动于三车者也。"

——《盂兰盆赋》杨炯

"王今励志自强，节用爱民，练兵训武，效先王之北伐南征，俘彼戎主，以献七庙，尚可渐雪前耻。"

——《东周列国志》第三回

2.3.1 封禅祭祖：礼制建筑

"国之大事，在祀与戎"[①]，进入文明时代以后，祭祀被当成国家头等大事。根据古籍及考古发现，不同爵位的诸侯、贵族，其祭祀礼器的规格及其相关礼仪活动都有严格的规定，以之作为统御各地民间信仰的祭祀之礼。

夏王朝后期，便已出现帝王祭祀祖先的宗庙建筑。殷商时期，帝王祭祖的宗庙制度已初具轮廓，宗庙建筑的规模也相当可观。周代更是将祭祀作为国家典礼进行制度化建设。周代天子七庙建制，按左昭右穆的顺序排列，充分表明昭穆制度在宗庙中居非常重要的地位，所谓"宗庙之礼，所以序昭穆也。"汉代以来的中国历代王朝，在首都建立了一套由天子或中央官员执行祭祀之礼的祭祀设施及祭祀礼仪。汉唐帝王非常重视对天帝、山川、日月等神祇的祭祀，在都城附近建有不少礼制建筑，主要包括宗庙、

社稷、明堂（辟雍）、灵台、大学、圜丘、地郊、天齐公祠、五帝祠和陵庙建筑等。唐长安的宗庙和社稷设置在皇城内，城外另有郊坛和众多家庙。唐以后，城中和附近仍有些祠庙建设，规模都相对较小，民间祠庙居多。

1. 汉长安礼制建筑

汉长安的礼制建筑大多集中分布在南郊，主要包括明堂辟雍、宗庙、灵台等。

汉长安明堂辟雍

"明堂辟雍"是中国古代等级最高的皇家礼制建筑之一。明堂，即"明正教之堂"，"正四时，出教化"，是古代帝王颁布政令、接受朝觐和祭祀天地诸神以及祖先的场所。辟雍者，"辟者，璧也，象璧圆，又以法天，於雍水侧，象教化流行也"，即明堂外面环绕的圆形水沟，环水为雍（意为圆满无缺），圆形像辟（辟即璧，皇帝专用

①《左传·成公十三年》

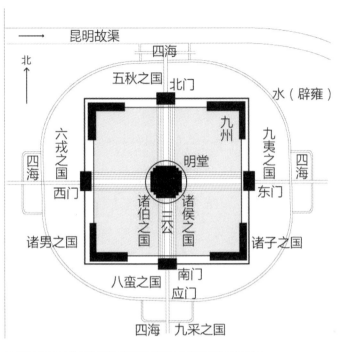

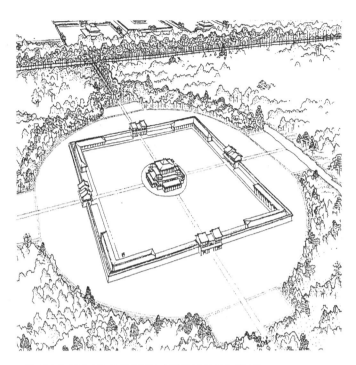

西汉长安礼制建筑明堂辟雍遗址实测总平面图　　　　　西汉长安礼制建筑明堂辟雍遗址复原鸟瞰图

的玉制礼器），象征王道教化圆满不绝。

　　1956年考古工作者在西安市玉祥门西大土门村以北，发现了一组巨大的汉代礼制建筑遗址，它由外环水沟、方形围墙、大门、曲尺形附属建筑及中央主体建筑组成。整组建筑依纵横轴线四面对称分布，总占地面积达11公顷。其外围方院，四面正中有两层的门楼，院外环绕圆形水沟，院内四角建曲尺形配房，中央夯土圆形低台上有折角十字形平面夯土高台遗址。

　　据复原后得知，中央建筑下层四面走廊内各有一厅，每厅各有左右夹室，共为"十二堂"，象征一年的十二个月，中层每面也各有一堂，上层台顶中央和四角各有一亭，为金、木、水、火、土五室，祭祀五位天帝，五室间的四面露台用来观察天象。全体各部尺寸又有许多繁琐的数字象征意义。整群建筑十字对称，气度恢宏，体现其敬天尊地、祭祀祖先的设计观念。

汉长安宗庙

　　中国古代皇帝有建宗庙的传统。先秦时宗族祖庙通常立于都城之中。西汉时期，长安城附近建设了较多宗庙。西汉初年，在汉长安城中修建了太上皇庙（汉高祖刘邦父亲的宗庙）、高庙（汉高祖刘邦庙）和惠帝庙，根据《汉书·韦贤传》记载，"京师自高祖至宣帝，与太上皇、悼皇考，各自居陵旁立庙，并为百七十六"，可见庙宇建设之盛。

　　西汉末年王莽专政时，在长安城进行大规模建庙活动，其中最重要一组就是在都城南郊建的宗庙。建筑群位于长安城安门和西安门南侧的平行线之内，北距汉长安城南城墙1200米。这组宗庙由12座规模相仿布局相同的建筑院落组成。在1-11号建筑外环绕方形大围墙，围墙每边长1400米，12号建筑在围墙外南侧正中，其北围墙距1-11号建筑的大围墙仅10米。

　　主体建筑在每个院落的正中间，呈方形布置，每边55米

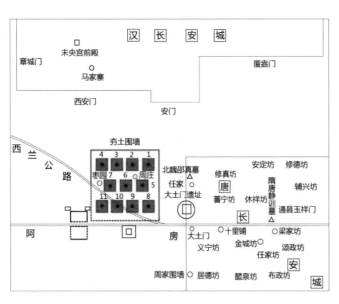

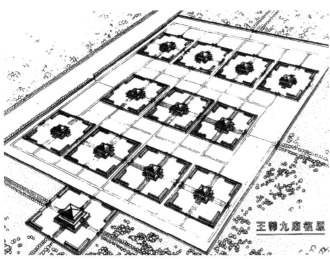

上图：西汉长安南郊礼制建筑遗址分布平面图. 1989年
来源：中科院考古研究所西汉礼制建筑遗址

下图：西汉长安南郊王莽时期宗庙建筑群复原鸟瞰图.
1989年
来源：《考古》

（12号100米），四面对称，中央主室四角夹室，平面如"亚"字，台基夯土筑造，高出四周地面，台基地面草泥铺墁，上涂朱红色。主室四面各一个厅堂，内部构造完全相同。厅堂内右侧设一间厢房，左侧一堵隔墙，四堂之间有绕过夹室的走廊相通。厅堂前方各对着3个方形土台，方土台前有砖路正对四门，主体建筑还有环绕的河卵石铺砌的散水。

汉长安灵台

灵台是皇家观测天文天象的场所，与礼制活动密切相关，是历朝皇家坛台祠庙的重要组成之一。据《三辅黄图》载："汉灵台，在长安西北八里。汉始曰：清台，本为候者观阴阳天文之变。（后）更名曰：灵台。"可知汉代灵台初称"清台"，后更名为"灵台"，位于汉长安西北八里。西汉长安灵台遗址还未发现，其具体建筑形制尚不清楚，但从不久后修建的东汉洛阳灵台或可窥见一二。

汉魏洛阳城灵台遗址位于都城南郊，占地面积4400平方米（南北220米、东西200米）。院落平面近方形，沿院落周边建围墙，院子中心为主体建筑，建筑中央设夯土高台，台基平面呈方形，边长50米、残高约8米。有学者根据考古资料推测，主体建筑平面为方形，中央构筑二级阶形夯土方台，殿堂廊屋环绕夯土阶台而建，与西汉长安辟雍及王莽宗庙基本同一形制。

2. 唐长安礼制建筑

唐代大力推行"偃武修文"政策，从政治活动到日常生活，人们都按照礼仪的规范行事。这些礼仪大多需要在固定的场所、按照制度规定的程序进行，所以唐代政府改建、新建了许多礼制建筑。

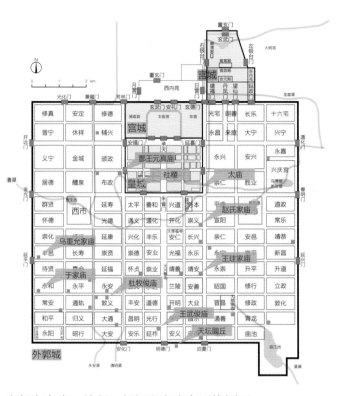

唐长安宗庙、社稷、郊坛和家庙布局推测图
来源：根据相关资料绘制

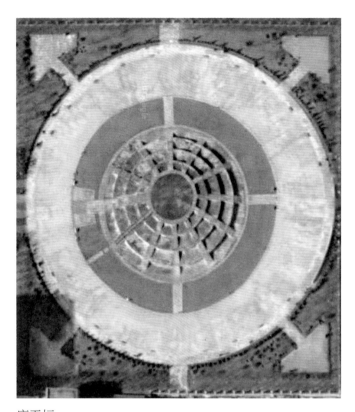

唐天坛
来源：谷歌地图

宗庙和社稷

隋文帝建大兴城（唐长安）时，恢复周汉以来都城"左祖右社"的传统制度，仍将太庙和社稷分列于皇城南的东西两侧。社、稷并列于皇城南含光门内之右，太庙位列皇城南安上门内之左，以后各代均遵循此制。

隋大兴的太庙是从北周长安故城中移建而来，《隋书》记载，隋太庙沿用魏晋以来"同殿异室"制度，立四室以祭祀父以上四世祖宗。唐初沿用隋太庙，635年高祖李渊死后改太庙为六室，唐中宗景隆四年（710年）又改长安太庙为七室，唐玄宗开元十年（722年）改为九室。其间"安史之乱"中长安太庙一度被毁，唐还都后重建。唐宣宗大中元年（847年）"于太庙东间添置两室，定为九代十一室之制"，此时太庙大殿共十一室，面阔二十三间，进深十一架，为一座巨大的长条形建筑。

隋大兴（唐长安）在皇城南面偏西的含光门内西侧建社稷以祭祀土地神和五谷神，两坛并列，社东稷西。正中心埋一方锥形石块，坛顶按照五方所对应的五色，四周为青、红、白、黑，中央为黄，以象征王者覆被四方。

郊坛和家庙

西汉长安在南郊建有圜丘以祭天，此后都城多在城南建圜丘，在城北建方丘，以祀天地，郊祀成为国家大典。隋代圜丘建在大兴城南门外大道东两里处。丘高四层，底径二十丈，以上三层逐层直径减五丈，到顶层径五丈。每层均高八尺一寸，四层通高三丈二尺四寸。唐长安仍沿用此圜丘，但改为内、中、外三重遗墙。圜丘的每两层平台之间修有十二阶踏步，以合十二天干之说。

此外，隋唐长安城南诸坊内还建有一些高级官员的家庙，但未发现实物遗存。家庙面阔五间至七间，歇山屋

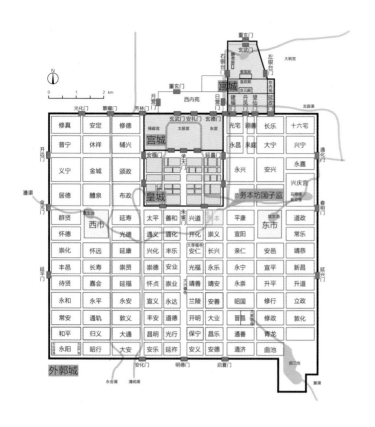

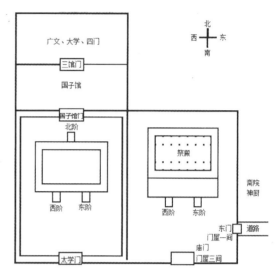

左图：唐长安国子监位置推测图
来源：根据相关资料绘制

右图：唐长安国子监布局推测图
来源：《东方儒光——中国古代城市孔庙研究》

顶，庙中间通常为室，室四周有一圈通廊环绕。庙周有围墙，常种植松柏和白杨。

3. 文庙建筑

唐代是孔庙发展史上的重要阶段。作为都城，长安的中央官学——孔庙成为当时各地孔庙发展的风向标和表率。唐以后，长安城中仍有一些祠庙建设，但国家级的重要礼制建筑不再兴建，而以民间祠庙建设居多，规模都比较小，如明清西安府学文庙等。

唐长安国子监孔庙

唐长安沿袭隋大兴，两朝国子监及孔庙均设在务本坊。务本坊位于皇城东南，为朱雀大街（长安城南北向中轴线所在）东第二街北起第一坊，西北邻近皇城安上门。孔庙之西的太平坊内设有太公庙。由皇城南望，正是"东文西武"的空间格局，这种"文""武"空间在皇城南呈东、西鼎力之势，强调了皇城内"左祖右社"的礼仪制度在空间上的延续。

整个国子监（包括孔庙）总占地面积约6.25万平方米，孔庙大致建于唐贞观三年（629年）至七年（633年），庙学排布方式为左庙右学。孔庙周以宫垣，有二门：正门在南，为门屋，三间，饰朱色，悬"文宣王庙"额，列十戟；东门亦为门屋，门外有道路，神厨于道北，斋院在其后，均较为朴素。孔门圣贤集于一殿祭祀，祭殿装饰华美，基座高三尺五寸，有东、西两阶。

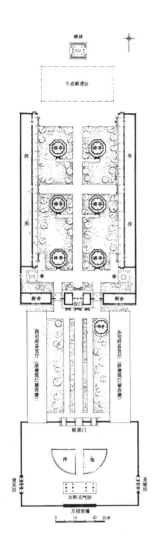

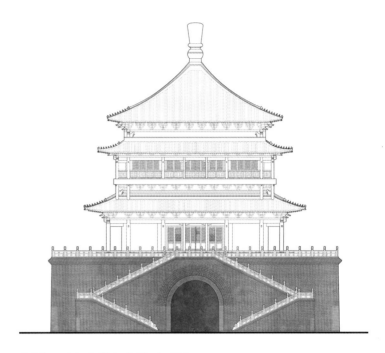

左图：西安府学文庙总平面图
来源：《中国古建筑》

右图：西安钟楼立面图
来源：根据相关史料改绘

明清西安府学文庙

明宪宗成化九年（1473年），西安府学文庙改扩建完工，又将咸宁、长安二县学移至文庙东、西两侧，这是明代西安庙学分布及变迁中的大事，被视为明、清历任官府集中建设城南文教区的开始。因三学共在，故称其所临前街为"三学街"，沿用至今。明万历二十二年（1594年），又对庙学、碑林进行了全面整修，"一庙三学，翼比鹏翔，乔木联荫，清泮通流，宏规壮观，盖凡为学宫者或鲜其俪"。文庙居中，前为坊，内依次为泮池、棂星门、仪门、大成殿及两庑，殿后为碑室，万历年间始有"碑林"之称。庙西为府学，再西为长安县学，庙东为咸宁县学。三学的排布关系符合府治及两县治的空间地理位置，俨然微缩的西安府城市布局。西安庙学、碑林极受官方重视，后世多次整修，明代见诸史记载达11次之多[①]。

明万历十年（1582年）出于防范"民变"、瞭望警戒全城的目的，钟楼移建于四门大街交汇处，成为西安城的绝对中心。移建后的钟楼因其居四隅中心而具有军事职能，还兼有风水用途。万历间"布政朱改建钟楼不利，巡抚赵可怀移钟旧楼像文昌于上"。由此钟楼又成为拜祭专司"主持文运，翊赞武功"的文昌神之所，希冀西安城"文运蒸起，抑且风化美仁"，钟楼自此又有"文昌阁"之别名。钟楼（文昌阁）为西安祈祝文运建筑之统领，强化了城南以多座高大建筑为天际线和空间标志物的文教及祠祀氛围。

① 路远. 明代西安碑林、文庙及府县三学整修述要 [J]. 文博. 1996, 01.

山观楼

说经室

上善池

楼观

楼观图

左图：古楼观山势图
来源：《关中胜迹图》

右上图：八仙庵
来源：喜仁龙1921年拍摄

右下图：东岳庙
来源：喜仁龙1921年拍摄

2.3.2 清静无为：道教建筑

道教历史久远，为我国本土宗教，其形成、传播、发展、壮大皆离不开历史上著名的政治、经济、文化中心——三辅地区，即今天的陕西关中地区。长安虽非道教创始之地，却是道教思想和理论的源脉之地。

1. 发展历程

道教祖庭——楼观台位于西安周至县城东南，终南山北麓，是周代大思想家、哲学家、道家学说创始人——老子讲经传道之地。南北朝至隋唐间，以长安地区（终南山楼观台）为中心，出现了兴盛于我国北方的道教大宗——楼观道。楼观道是以崇奉老子与关令尹喜为教祖的道派，该道派自创立以来受到了历朝统治者的注意和重视，隋唐之际更是进入鼎盛时期，成为李唐王朝崇奉的官方御用流派。公元624—735年，道教东渡高丽、日本等地，这是中国古代道教发展史上少有的对外交流，均发生于长安。

道教在唐代被作为国教，在全国各地普建庙观，长安城内兴建数量不亚于佛教，大都建在当时人口稠密、交通发达的地区，如东西两市附近的坊里、重要交通线上的城门附近等。

唐代晚期，国力渐衰，长安道教势力也随之削弱。昭宗时，出现军阀割据，宦官专权。天佑元年（904年），朱温强迫昭宗迁都洛阳，拆毁长安城内的宫室庐舍，将材木经渭河和黄河漂运洛阳，长安城内外道观几乎无一幸存。五代以后，长安道士大多散布在华山至太白一带的终南山中，隐遁山林，学仙修道。

北宋时，又掀起崇道高潮，至宋真宗时达到最盛。金人入陕之初，由于战乱，道观被大量破坏，道士星散。金统治者也无奉道传统，广大信徒亦对旧道教失去信仰，由此刺激了新道教的产生。在新的道教思想影响下，长安地

区兴起了全真道。其创始人王重阳、马任及丘处机等在这一地区进行了数十年艰苦的传道工作，使全真道的势力遍及关陇，并进而影响到北方广大区域。

明清时期，道教从总体上呈现一种衰落的态势。在长安地区，原有的道教基础也受到不同程度的削弱，八仙庵十方丛林的诞生，为现代长安道教的稳定发展起了奠定作用。明清时期保存的道教宫观有楼观台、八仙宫、重阳宫、静明观、东岳庙、西安城隍庙等。

2. 宫观建筑

关中地区道教宫观的基本格局受传统建筑布局影响，仍以院落组织群体建筑。根据所处地理环境的不同，可将关中地区道教宫观分为两类：一类是位于城市平原地带的道观，布局严整，中轴对称，如华阴华山西岳庙、西安八仙庵；另一类是处于山地台塬的道观，如楼台观，基址落差大，受地形所限，无法完全采用中轴对称的传统布局，因此局部结合地形，因山就势，自由排布，形成了既规整又灵活的宫观布局。

八仙庵

八仙庵位于今西安东关长乐坊，相传创建于宋代，属道教全真派道观，所供八仙即民间神话中著名的八位道教神仙，民间称其为吕祖庙。

八仙庵经历了元、明、清数代修葺，建筑群完整，殿宇宏大。现存庵前有光绪二十六年（1900年）砖砌大牌坊两座，山门对面有青砖大影壁，上书"万古长青"四个大字，这是八国联军入侵北京时，慈禧太后与光绪皇帝逃到陕西后出资修造的。山门3间，门内三进院落，第一进大殿5间；第二进两殿，前殿3间，后殿5间；第三进大殿5间，殿内供奉八仙塑像，殿门悬有光绪手书的"宝录仙传"和慈禧题写的"洞天云籁"两幅匾额。从山门至第三进院落，两侧有数十间厢房为客堂、寮房等。中轴院落东西两侧各有一个跨院。西跨院为监院，花木丛映，清雅幽静，是庵内管事道士居住的地方。东跨院是一组较大的四合院，内有吕祖殿、药王殿。

东岳庙

东岳庙始建于宋政和六年（1116年），是封建统治阶级为祭祀"岱宗"而修筑的。位于东门内昌仁里，是西安府城著名的道观，明清曾多次修葺、扩建。原庙有华表、山门、会堂、牌坊、牌坊和三教宫，现仅留存大殿、二殿、台阁三座古建筑。清代八旗军兵及家属集中居住在西安城东北隅的满城，满城在东岳庙之西北。据说当时满族青年婚嫁前相亲，多在东岳庙进行，所以清代东岳庙的香火十分旺盛，游客络绎不绝。清末以后东岳庙逐渐衰败，中华人民共和国成立后在庙址上建立了昌仁里小学。

东岳庙坐北朝南，共有数进院落。大门三开间，硬山式屋顶。门外原有一对石华表分立左右。门内有东西厢房，正中为会堂。正殿5间，内供岱宗坐像，正殿之后有后殿。院中有明神宗万历十年（1582年）修的石牌坊，雕刻玲珑。东偏院高台上有殿宇三间，名"三教宫"，传说是明代增建，内塑老子、释迦和孔子三像，有三教合一的特征。东岳庙现存主要建筑是大殿和后殿。大殿面阔五间，进深三间，四周廊庑相绕，正面明间两棵金柱柱础雕刻着二龙戏珠，其他柱础均为花卉。大殿木构用料较大，空间尺度开敞，雕饰大气，气宇轩昂，显示出昔日盛况。殿内神像不存，东西山墙上有大幅壁画，仍色彩斑斓，内容为山水、楼阁、人物、花卉等。

城隍庙

中国古代鬼怪神话中，城隍庙是连接阴间与阳间的一个重要场所。供奉的城隍爷是整个城市的守护神仙。既可管理本城的逝者，又对世俗之人进行监管，因此具有极其特殊的文化象征意义。

西安都城隍庙位于西大街中段，始建于明太祖洪武二十年（1387年），原址在东门内九曜街，明宣宗宣德八年（1433年）移至现址。虽历经沧桑，但宏伟依旧，与钟、鼓楼遥相呼应，成为古都西安的又一盛景。

都城隍庙分为庙院和道院两大部分，布局依中轴左右对称。庙山门有座五间大牌坊，牌坊下有铁狮一对，为明嘉靖三十八年（1559年）所铸造。山门内一条数百米长的青石甬道直达二门，是明清以来地方手工业和小商品的传统交易市场。山门进入后由南向北，依次是文昌阁、钟鼓楼、二山门、戏楼、牌坊、大殿、二殿、牌楼、寝殿。两侧是道众居住修真的东西道院，共有33宫。这里信众如潮，香火鼎盛，周边地区信众"过境必经"。

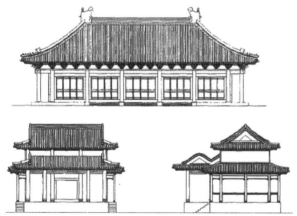

上图：西安城隍庙庙会
下图：都城隍庙立面图
来源：《中国建筑史》

莫高窟第217窟（北壁）观无量寿经变
来源：《敦煌石窟全集》

该窟南北壁分别画观无量寿经变各一铺，但经变的构图及表现形式却各不相同。南壁以俯瞰式的表现方法，在中台描附了阿弥陀佛和观音、势至及众菩萨，以俯视、仰视和平视的不同角度，表现了中台两侧及上方的楼阁。楼阁宫殿间相互关联，亭台水榭错落有致。特别是如来身后的大殿，廊柱近大远小，屋檐上宽下窄，说明画工已能运用简单的透视原理。在楼阁的内外和平台的两侧还画有水波荡漾的宝池，从而增强了画面的纵深感。北壁的观经变则不相同，宫殿楼阁鳞次栉比，人物布局井然有序，是盛唐期文殊、普贤经变的佳作。

2.3.3 轮回因果：佛教建筑

佛教来自印度，传入中国后就很快本土化了，并与道教、儒教形成中国宗教文化的三大支柱。由于佛教具有超越政治与现实生活的特质，寺庙建筑常常建在环境优美的自然山林之中，受现实影响较少。现存中国古代木构建筑遗存中，跨越时代最长、保存状态最好的宗教建筑多为佛教建筑。从佛教早期的传播路线来看，长安是佛教传播者入华后必经的重要城市，并且在隋唐时期成为佛教文化推创、交流、传播的中枢。

1. 发展历程

佛教自西传入中土，通常认为是在汉明帝时期。作为东西文化交流的"丝绸之路"起点，长安无疑是佛教初传的地理要冲。最早西行求法的朱士行和成果丰硕的法显，都是从长安出发的。长安内外，均有佛寺建设，如著名的法门寺相传创建于东汉，大兴善寺相传创建于西晋初的泰始年间。前秦、后秦时，长安的佛教已很兴盛。前秦苻坚迎高僧道安于长安五重寺，后秦姚兴迎鸠摩罗什于长安草堂寺，讲经授法译经布道，盛况空前。北朝普遍崇佛，长安修寺建塔风靡一时。虽寺已难考，但从近代以来西安地区不断有北朝佛像出土，即可见其一斑。

自581年隋代建立，至907年唐代灭亡，在6世纪末至10世纪初的这三百余年里，中国佛教发展达到鼎盛，出现了十余个各具特色的佛教宗系，而由帝王提倡、国家参与的大规模佛寺建造活动，使佛寺建筑也臻于极盛。隋时，全国有寺3792所，盛唐时期全国有寺5358所，经过"安史之乱"摧残之后的晚唐时期，全国仍有寺院4600所[①]。长安城中寺塔林立，高僧辈出，宗派纷呈，

① 王贵祥等. 中国古代佛教建筑研究论集 [M]. 北京：清华大学出版社，2014.

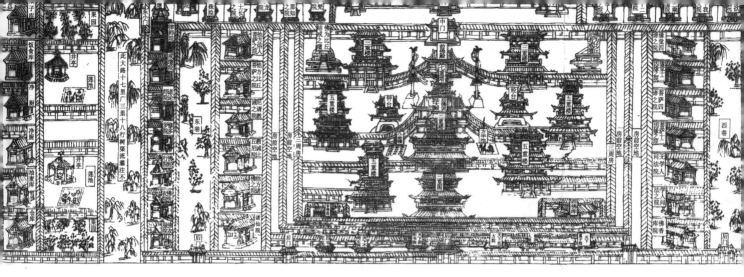

唐《戒坛图经》中所呈现的唐代佛寺盛景
来源：《中国建筑史》

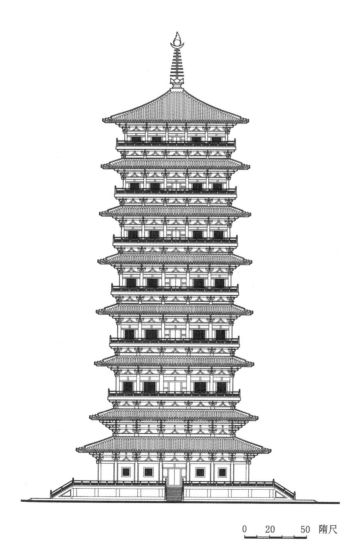

0 20 50 隋尺

唐大庄严寺塔立面复原图
来源：《中国古代佛教建筑研究论集》

诸多巨大壮观的佛寺，不仅在地势和空间上起到了对全城的统领作用，在视觉上也塑造了长安城丰富的景观轮廓线。

南北朝至隋唐时期，大规模兴造佛教寺塔与石窟风潮盛行，北宋以后风光不再。宋人在宗教上表现得较为理性温和，寺院、塔阁的规模与尺度渐渐回归日常。佛教、道教和其他民间信仰一起，成为人们日常生活中的一部分，显少可见为宗教而疯狂，以举国之力或抛尽家财而建造佛寺塔幢的疯狂之举，如宋代之前常常出现的"舍宅为寺"等。

2. 唐代佛寺建筑

唐时寺院日趋定型化，唐释道宣的《祇洹寺图经》与《戒坛图经》中所描述的理想寺院形式，为唐代寺院定型化起到了一定的推动作用。唐代寺院在佛殿规模、楼阁建造、庭院配置等方面，都达到了前所未有的程度。在规模宏大的寺院中，有数十座、甚至近百座院落，数千间房屋。自唐以后，再难见到如此规模的佛寺建筑群。有学者认为，4—10世纪的中国社会就是一个佛教社会。

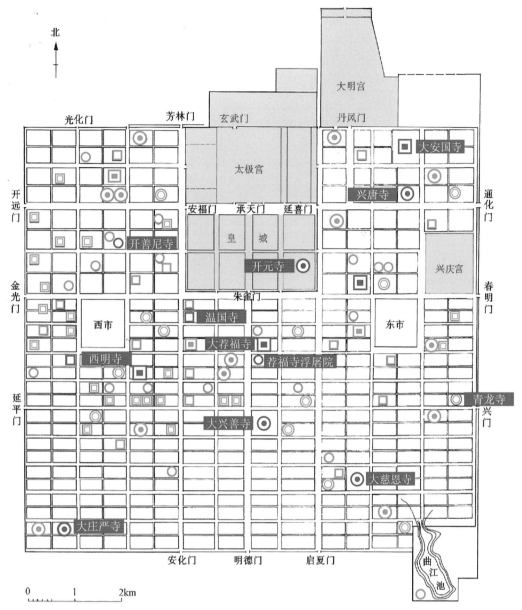

北

光化门　芳林门　玄武门　丹凤门

大明宫

太极宫

大安国寺

兴唐寺

安福门　承天门　延喜门

皇　城

开善尼寺

开元寺

朱雀门

通化门

兴庆宫

春明门

西市　温国寺　东市

大荐福寺

西明寺　荐福寺浮屠院

延平门　青龙寺

兴门

大兴善寺

大慈恩寺

大庄严寺

安化门　明德门　启夏门

曲江池

开远门

金光门

0　　　1　　　2km

◉ 帝后立寺　　◎ 三公、贵戚立寺　　○ 三公以下立寺
▣ 帝后依宅立寺　▣ 三公、贵戚舍宅立寺　□ 三公以下舍宅立寺

隋唐长安城佛寺位置分布图
来源：根据相关文献资料改绘

隋唐长安城主要佛寺遗存一览

唐代寺名	立寺位置	始建年代	立寺缘起	备注	是否遗存
大荐福寺	开化坊半以南	唐文明元年（684 年）	高宗崩后百日立寺祈福	帝后依宅立寺，半以东场帝在藩旧宅	是
荐福寺浮屠院	安仁坊西北隅	唐景龙中（707-709 年）	官人率钱所立	三公以下立寺	是
大兴善寺	靖善坊一坊之地	隋开皇初（582 年前后）	隋文帝移都，先置此寺	帝后立寺	是
大慈恩寺	晋昌坊半以东	唐贞观二十二年（648 年）	高宗在春宫为文德皇后立	帝后立寺，本隋废无漏寺之地	是
大安国寺	长乐坊大半以东	唐景云元年（710 年）	睿宗舍旧宅立	帝后依宅立寺	是
兴唐寺	大宁坊东南隅	唐神龙元年（705 年）	太平公主为武后立罔极寺	帝后立寺，开元廿六年改寺名	是
大庄严寺	和平永阳二坊半以东	隋仁寿三年（603 年）	文帝为文献独孤皇后立	三公以下舍宅立寺，原名为大禅定寺	否
西明寺	延康坊西南隅	唐显庆元年（656 年）	高宗为孝敬太子立	帝后依宅立寺，本隋尚书令杨素宅	是
温国寺	太平坊西南隅	唐景龙元年（707 年）	温王立	三公以下舍宅立寺，本隋实际寺	是
开善尼寺	金城坊十字街南之东	隋开皇中（581-600 年）	宫人立	三公以下立寺	是
青龙寺	新昌坊南门之东	唐龙朔二年（662 年）	城阳公主奏立	本隋灵感寺	是
开元寺	唐皇城内	唐天祐元年（904 年）	唐室东迁	唐末长安城遭破坏，京兆尹韩建以原皇城基础缩建长安新城，将开元寺迁入现址	否

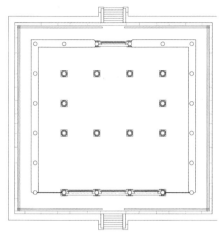

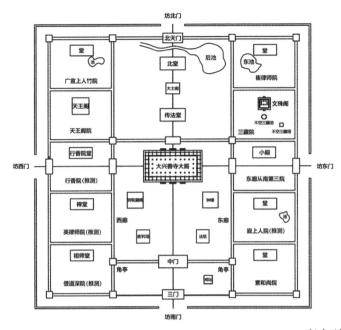

唐大兴善寺大殿平面复原图
来源:《隋唐长安城佛寺研究》

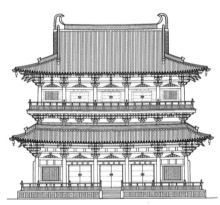

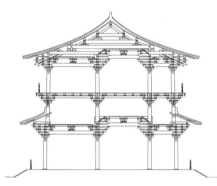

唐大兴善寺文书阁复原平、立、剖面

唐长安城大兴善寺文殊阁位于寺内翻经院中,是唐代宗大历八年(773年)奉旨敕建的。上表请求建造这座大圣文殊镇国之阁的是在当时备受代宗礼遇的高僧不空,出资者为代宗及其亲眷。这座文殊阁在当时被赋予特有的"镇国"性质,其营建过程一直备受代宗的重视,代表了唐代佛寺建筑中的最高规格。

1)唐代佛寺等级分类

第一等级"尽一坊之地"

唐长安城内确认占有一坊之地的佛寺有三处,都是在隋代位置上的沿承,分别为庄严寺、总持寺及大兴善寺。

庄严寺位于长安城最西南角的和平永阳两坊之东半部,与该坊西半部的总持寺左右毗邻。这两寺建制相同,规模宏大,气势宏伟,各建有一座规制相同的七层木塔。公元907年,唐朝灭亡时,庄严寺与总持寺同时遭到严重破坏。庄严寺后经多次修葺,直至明朝末年,又遭废毁,只有木塔留存。清朝康熙年间改名"木塔寺"。

大兴善寺为"佛教八宗"之一"密宗"祖庭,是隋唐皇家寺院,帝都长安三大译经场之一,位于长安城东靖善坊内。《长安志》卷七载:"大兴善寺尽一坊之地……寺殿崇广为京城之最,号曰大兴佛殿,制度与太庙同"。

第二等级"二分之一坊地或略多"

第二等级的寺院有大慈恩寺、大荐福寺、大安国寺三寺。

大慈恩寺位于唐长安城晋昌坊,是城内最著名、最宏丽的佛寺,为李唐

唐代寺院常见平面格局示意图
来源:《中国古代佛教建筑研究论集》

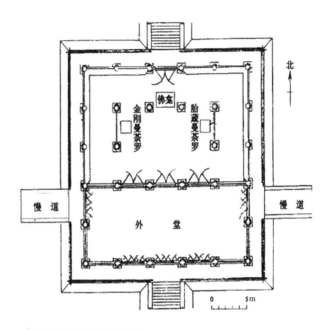

唐青龙寺平面示意图
来源:《中国古代佛教建筑研究论集》

皇室敕令修建。唐太宗贞观二十二年(648年),太子李治为了追念母亲文德皇后长孙氏创建慈恩寺。玄奘在此主持寺务,领管佛经译场,创立了汉传佛教八大宗派之一的"唯识宗",成为唯识宗祖庭。大慈恩寺内的大雁塔为玄奘亲自督造,所以其在中国佛教史上具有十分突出的地位,一直受到国内外佛教界的重视。

荐福寺位于唐长安城安仁坊,始建于唐睿宗文明元年(684年),是高宗李治驾崩百日后,皇室族戚为其献福而兴建的寺院,故最初取名"献福寺"。天授元年(690年)改为"荐福寺"。会昌五年(845年),武宗灭佛,荐福寺是当时长安城明令保留的四座寺院之一(其余三座为大慈恩寺、西明寺、庄严寺)。荐福寺原址在唐长安城的开化坊南部,即唐太宗之女襄成公主的邸宅。唐末荐福寺院毁于兵火,后迁建于安仁坊小雁塔所在的塔院里,即今址,寺塔合一。

大安国寺位于唐长安城长乐坊,是唐代著名的皇家寺院,始建于唐睿宗景云元年(710年),原为睿宗李旦在藩旧宅,因唐高宗李治与武则天之子李旦本封"安国相王"而得此寺名。开元初年唐玄宗以寝殿之材建安国寺弥勒殿,宪宗时又有所修葺,武宗灭佛时该寺被毁,"后寝摧圮,宣宗欲复修,未克而崩",唐懿宗咸通七年(866年)重建。该寺院现已无存,遗址在今西安市新城区电厂路龙华村北侧。1959年在此处出土了11尊密宗造像,为研究唐密文化提供了珍贵的资料。

第三等级"四分之一坊地"

现明确第三等级的寺院有延康坊的西明寺和新昌坊的青龙寺。

西明寺是唐长安主要的寺院之一,也是唐代御造经藏的国家寺院,位于延康坊西南隅右街,西明寺是仿天竺祇园精舍建筑的唐代名刹,气象万千,蔚为大观。

青龙寺位于唐长安延兴门内新昌坊。该寺建于隋文帝

唐代多院落佛寺布局
来源：唐第231窟北壁弥勒经变画

开皇二年（582年），原名"灵感寺"。唐龙朔二年（662年）复立为观音寺。景云二年（711年）改名青龙寺，成为唐朝皇家护国寺庙，是中国佛教密宗祖寺。青龙寺地处地势高峻、风景幽雅的乐游原上，极盛于唐代中期。当时有不少外国僧人在此学习，尤其是日本僧侣，著名的"入唐八大家"中的六家——日本的空海、圆行、圆仁、惠远、圆珍、宗睿均受法于此。尤其是空海（号弘法大师）拜密宗大师惠果为师，学习密宗真谛。后回日本创立真言宗，成为开创"东密"的祖师。因此，青龙寺是日本人心目中的圣寺，是日本佛教真言宗的祖庭。

2）唐代佛寺平面布局

隋唐时期佛寺内功能日趋复杂，职能机构增多，僧众等级、宗派逐渐形成，使得佛寺的总体布局更加合理化、规制化。佛寺布局从早期比较单一的立塔为寺、单组院落方式，经南北朝时期佛塔与讲堂、佛殿多组院落组合，开始向多群院落组合发展，在中心院落的周围，设立众多别院，各院有各自的主体建筑。

单院落式佛寺

单院式佛寺以一座或一组殿阁为主体，周围环绕堂庑或廊房。单院式佛寺规模较小、结构简单，基本由一座佛堂（殿）建筑组成。唐长安城弘化寺"唯一佛堂，僧众创停，丑陋而已"，即是一所单院式佛寺。日本入唐求法僧人圆仁提及"长安城里坊内佛堂三百余所"，其中有不少为单院式佛寺。另外，唐长安城的达官显贵多有"舍宅为寺"，由于受早期住宅布局制约，这些在宅院基础上改建的寺院亦多为单院式。

多院落佛寺

"隋唐之制，率皆寺分数院，围绕回廊"，形成多院式佛寺。唐长安城大安国寺有经院、大法师院、东禅院（木塔院）、律院、经藏院、用上人院、红楼院静居法师故院等别院。长安青龙寺有东塔院、净土院、法全阿阇梨院、故昙上人院、上方院、僧院等院。长安大慈恩寺"而重楼复殿、云阁洞房凡十余院，总一千八百九十七间"。长安

左图：唐大雁塔
中图：唐小雁塔
右图：唐宝庆寺塔

西明寺"其寺面三百五十步，周围数里，左右通衢，腹背廛落"。

3）唐代佛塔建筑范式

佛塔传入我国后，不断与汉文化的建筑体系相融合，衍生出与亭、台、楼、阁建筑体系结合的建筑风貌。唐、宋时期塔的建造达到了空前繁荣，楼阁式、密檐式及亭阁式塔正值盛年。

西安市区内现存的佛塔以慈恩寺大雁塔、荐福寺小雁塔及书院门宝庆寺塔最为著名。大雁塔采用砖石结构，但其蓝本是木结构楼阁式塔，主要形象特征是仿木结构的崇楼，每层楼上均有仿木的门窗、柱子、梁枋和斗拱，塔檐由砖砌成仿木结构。除了在结构上大胆革新外，大雁塔还对其内部空间进行改革，内设旋梯，增添了空间的流动性，使之成为可登临的砖石仿木结构楼阁式塔。大雁塔线条简洁明朗，轮廓沉稳端庄，节奏亲切和谐，艺术风格质朴大气，成为唐塔建筑风格的代表。除楼阁式塔外，关中地区还有许多砖石砌筑的密檐式塔，如小雁塔。

宝庆寺塔位于西安市大南门内书院门街口北侧。寺初建于隋文帝仁寿年间（601-604年），塔始建于唐文宗时期（826-840年）。殿宇早已无存，唯塔犹在。塔为六角七层，高23米，一层檐下有龙凤雕饰，三、四、六层砖龛内嵌有北朝和隋唐石造像，二层每面镶有武则天长安三年（703年）白石造像，宝相庄严，精美无比。

3. 明清佛寺建筑

西安广仁寺是清康熙四十四年（1705年），清朝皇帝来陕西巡视时，拨专款敕建。其位于西安明城墙内西北角，为中国唯一绿度母主道场，也是陕西地区唯一一座藏传格鲁派寺院。广仁寺占地面积约20亩，整体建筑群300余间，布局严谨，中轴线分明，左右配房对称。寺宇坐北面南，一进三院，主要建筑沿正南正北方向呈一字形排列于中轴线上，两侧有配殿、厢房、跨院等。布局错落有致，以玲珑精巧见长，是一座具有汉族地区寺院建筑特色的喇嘛教寺庙。

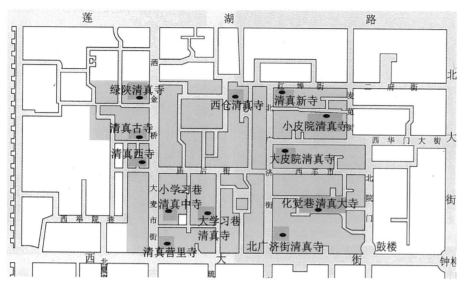

回坊清真寺分布图
来源:《中国传统建筑解析与传承—陕西卷》

西安大学习巷清真寺

2.3.4 真主安拉:伊斯兰清真教建筑

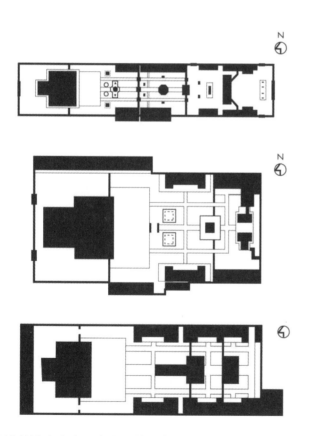

化觉巷清真大寺、大学习巷清真寺、小皮院清真寺平面图
来源:根据相关资料自绘

有史料记载,长安是中国最早传入伊斯兰教的城市。伊斯兰教形成之初,正是中国封建社会发展的鼎盛时期—唐朝。当时,大食、波斯等国的商人通过丝绸之路,经过天山南北到达长安、洛阳等地客居下来,成为中国最早的穆斯林先民。他们进入中国的同时带来了伊斯兰教文化以及典型的宗教建筑清真寺。由于年代久远,加之历代战乱频发,唐宋乃至元代的穆斯林清真寺建筑实物及历史遗存难以找到踪迹,只有明清时期形成的"七寺十三坊"传统居住和寺坊格局得以保留。明代后期到清代前期,中国伊斯兰教的经堂教育首先在陕西关中地区兴起并盛行,陕西一度成为当时中国内地伊斯兰教的宗教学术文化中心。在乾隆四十六年(1781年)陕西巡抚毕沅的奏折中写道:"西安省城内回民不下数千家。俱在臣衙门前后左右居住。城中礼拜寺共有七座。"这七座礼拜寺就是西安回坊区域内的化觉巷清真大寺、大皮院清真寺、小皮院清真寺、大学习巷清真寺、北广济街清

西安化觉巷清真大寺

西安五星街天主教堂

真寺、清真营里寺、洒金桥清真古寺。

化觉巷清真大寺与大学习巷清真寺是西安最古老的两座清真寺，因其所处位置又被称为东大寺与西大寺。这两座清真寺一直是西安地区伊斯兰教的活动中心。

化觉巷清真大寺是西安市规模最大的伊斯兰教寺院，相传建于盛唐，现存主要建筑为明初所建。该寺创建于唐天宝元年（742年）。因其坐落在鼓楼西北的化觉巷内而得名。寺院主体建筑坐西朝东，依照伊斯兰教礼拜时面向圣地麦加方向。寺院自东向西有四进院。一进院东有大照壁，院中有一座木结构大牌楼，建于清康熙年间，高9米，上刻"敕赐礼拜寺"。

大学习巷清真寺位于大学习巷路西，因处化觉巷清真大寺之西又称西大寺。据寺内现存石碑记载，该寺创建于唐神龙元年（705年），寺院建筑形式略同化觉巷清真大寺，唯规模较小，而寺内亭、台、殿、阁布局得当。省心阁是该寺主要建筑之一，相传建于宋代。明郑和四下西洋回来后重建为四角形式建筑，三层三重檐。整座寺院，庄严肃穆，紧凑和谐。

2.3.5 耶稣救赎：天主教建筑

明末1625年，耶稣会士金尼阁神父从山西绛州来到西安，在糖坊街购地设堂传教，即今天的天主北堂。1716年，梅书升主教在五星街购地设立了天主南堂。1760-1839年，天主教被禁教，近代才重新恢复。

西安市糖坊街天主教堂，又称西安伯多禄堂，位于西安市莲湖区糖坊街，相对于五星街天主南堂而被称作"北堂"。北堂建于明天启五年至六年（1625-1626年），是西安市最早的天主教堂，1881年重建，于"文革"中被毁。1989年再次重建，1991年建成开堂。如今其占地面积四亩多，临街有门楼一座，正堂古典儒雅，风格别致，属现代框架结构三层综合建筑，教堂设在楼前二层之上，为罗马式建筑，堂8间，堂面高15米。

西安五星街天主教堂又称天主教西安南堂，全名为"圣方济各主教座堂"，是天主教西安总教区的总堂及主教府。南堂始建于清康熙五十五年（1716年）。2008年入选第五批陕西省文物保护单位。

西安现存古代建筑遗迹（部分）

坊肆、住宅、作坊

遗址名称	时代	级别	位置	地表遗存情况
永崇坊道路遗址	唐	国家级	碑林区雁塔路中段南（防洪渠北岸）道路中心东距今雁塔路中心约 70 米	路面距今地表 1.5 米，宽约 15 米，路土厚 10~35 厘米。下层有车辙遗迹
平康坊南道路遗址	唐	国家级	碑林区建西街	已有考古发掘
平康坊渗井遗址	唐	国家级	碑林区雁塔路北段	已有考古发掘
普宁坊窑址	唐	国家级	莲湖区区任家口村南侧	已有考古发掘
长乐坊窑址	唐	国家级	碑林区友谊东路东段北侧	已有考古发掘
崇化坊建筑遗址	唐	国家级	雁塔区丈八沟乡赵家坡村东 200 米	遗留有宽数 10 米、深 10 余米的大坑数个，多处残窑址
南油巷制陶作坊遗址	宋	一般	莲湖区南油巷中段	已有考古发掘
三里头铸钱遗址	北宋、金	一般	蓝田县三李镇乡三里头村西南 200 米	已有考古发掘
斡尔垜遗址	元	省级	灞桥区十里铺乡秦孟街北 120 米	周长 2282 米，四面有墙，东西南三面有门，内有夯土殿基
明秦王府城墙遗址	明	省级	新城区新城广场及其北侧	仅余基坑东边和南沿 200 多平方米的小部分面积

寺观建筑

遗址名称	时代	级别	位置	地表遗存情况
卧龙寺	汉	不详	西安市碑林区，柏树林街	寺内碑石林立，文物荟萃
大兴善寺	晋	国家级	西安市南郊，城南约 2.5 千米的小寨兴善寺西街	现存寺院建筑沿正南正北方向呈"一"字形排列在中轴线上。包括转轮藏经殿遗址
西明寺	唐	国家级	西安市西白庙村西南延康坊西南隅，今西安市友谊西路南	局部发掘，东侧发现一组唐代殿址
青龙寺	唐	国家级	西安市南郊雁塔区铁炉庙村北崖上	寺址南部已破坏，西北部有东西并列的两组院落遗迹
西五台	唐	市级	西安城内西北隅玉祥门内莲湖路南侧	第四台殿宇全部塌陷，其余四台保存完整
兴唐寺	唐	市级	西安市东关炮房街路北	不详
兴教寺	唐	国家级	西安市南长安县杜曲镇，西安城南约 20 公里处，少陵原畔	现由殿房、藏经楼和塔院三部分组成，内有玄樊舍利塔，高约 21 米
香积寺	唐	国家级	城南约 17.5 千米长安县神禾塬上的香积村	寺宇现已废毁，仅遗留唐代两座古塔
开善尼寺	唐	国家级	金城坊十字街南之东	不详
温国寺	唐	国家级	碑林区太白路 1 号（西北大学西南角）	仅存大殿 5 间、明代铁狮一对、匾额、碑记等
荐福寺	唐	国家级	碑林区瓦窑村北	不详
大安国寺	唐	国家级	新城区电厂路龙华村北侧	三座唐代经幢和一些残散的碑石
大慈恩寺	唐	国家级	雁塔区雁塔路南端（大慈恩寺）	主要建筑佛像，大雁塔，玄奘三藏院
八仙庵	宋	国家级	西安市东关长乐坊	现占地 110 亩，由山门至后殿，分为三进
化觉巷清真大寺	明	国家级	陕西西安化觉巷	共四进院落
广仁寺	清	市级	西安城西北隅	有大雄宝殿、藏经殿、法堂三重殿堂，两侧有配殿、厢房、跨院

宫殿建筑

遗址名称	时代	级别	位置	地表遗存情况
阿房宫遗址	秦	国家级	西郊纪杨乡赵家堡和大古树之间	包含前殿遗址、阿房宫村遗址、磁石门遗址、高窑遗址、葡高遗址
汉长乐宫	汉	国家级	渭河南岸，西北角的阁老门村	遗址平面呈矩形，东西宽2900米，南北长2400米
汉未央宫	汉	国家级	西安市西北约3千米，西北郊的西马寨	汉长安西南部。多座务土台基耸立地表，包括前殿、椒房殿等遗址
汉建章宫	汉	国家级	西安市西北郊未央区堡子村、三侨镇东张村、后卫寨、东柏梁村一带	汉长安城西墙外。包括前殿、承露台、柏梁殿等殿阁台基，武库、太液池等遗址
汉桂宫	汉	国家级	西安市西北郊	未央宫北靠城西墙。发掘有明光殿、鸿宁殿等四组建筑遗址
汉北宫	汉	国家级	西安市西北郊	厨城门大街以东、安门大街以西、雍门大街以南和直城门大街以北
讲武殿遗址	十六国、前秦	一般	未央宫乡讲武殿村西北500米	边长25米，高17米
大明宫遗址	唐	国家级	西安城东北部龙首原，未央区大明宫乡孙家湾、坑底寨、马旗寨村	现已建成遗址公园，包含左右银台门、丹凤门、含元殿、朝堂、宣政殿、紫宸殿、麟德殿、三清殿、清思殿、太液池等遗址
兴庆宫遗址	唐	国家级	西安市东南和平门外咸宁路北，今兴庆公园	遗址南北1250米，东西1075米，宫墙厚5~6米

离宫、园圃、园林

遗址名称	时代	级别	位置	地表遗存情况
上林苑	秦至汉至唐	一般~省级	西安市未央区后围寨村北地跨长安、咸阳、周至、户县、蓝田五县县境。昆明池（长安区斗门、镐京、义井乡）长杨宫（周至县终南镇竹园头村西150米）鼎湖延寿宫（蓝田县焦岱镇焦岱村南100米）	包括昆明池遗址、长杨宫宫遗址、鼎湖延寿宫遗址、射熊馆遗址等
芙蓉园遗址	唐	国家级	西安市南郊雁塔区	今已改建为大型公园：大唐芙蓉园
翠微宫遗址	唐	一般	长安区滦镇黄峪村南1.5千米	地表遗址无存
曲江池遗址	隋至唐	国家级	西安市南郊雁塔区曲江乡曲江池东村北	底凹地带。现已建设成曲江池遗址公园
莲花池	明	一般	西安市大莲花池街莲湖路南，莲湖公园	总面积121亩。在唐代宫城承天门遗址附近

礼制建筑

遗址名称	时代	级别	位置	地表遗存情况
灵台遗址	西周	县级	灵沼乡	台顶已遭到严重破坏，每边残长31~41米，残高8米
王莽九庙遗址	汉	一般	莲湖区汉城北路两侧	汉长安城南。地表无存
汉长安城辟雍	汉	一般	莲湖区大士门村北侧	辟雍的主体建筑建造在一个直径62米的圆形夯土台上。夯土台的正中是平面呈"亞"字形的台基
唐天坛遗址	唐	国家级	雁塔区长安南路陕西师范大学院内	保存有三层夯土高台
东岳庙	唐	省级	城东关门内北侧昌仁里	有前殿、后殿、东院内三教宫
陕西贡院	明至清	一般	莲湖区西贡举院巷	现为西安市儿童公园
樊川杜公祠	清	一般	西安城南约12千米，长安县东少陵原畔	前后两进，山门仿唐，内有三间享殿
西大街都城隍庙	清	国家级	西安市西大街大学习巷东侧	分为庙院和道院两大部分，有大牌楼

叁 变革——现代建筑的开端

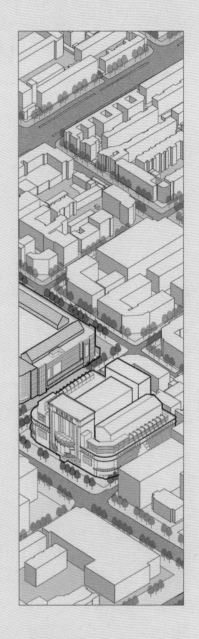

艺术创造不能完全脱离以往
的传统基础而独立 …… 能发
挥新创都是受过传统薰陶的。
即使突然接受一种崭新的形
式，根据外来思想的影响，也
仍然能表现本国精神。

——梁思成《中国建筑史》

民国北京

民国上海

民国西安

20世纪初的伦敦

"国人而欲脱蒙昧时代，羞为浅化之民也，则急起直追，当以科学与人权并重。"

——陈独秀《敬告青年》

3.1 初生：
现代主义建筑在近代中国（1840–1949年）

18世纪后半叶，以英国人瓦特改良蒸汽机为标志，开始了一系列机器取代自然力的生产力革命，从大不列颠岛向东西蔓延，迅速席卷全球。工业革命带来人口的高度聚集和城市的快速扩张，城市告别田园牧歌的农业时代，进入朝九晚五的工业时代。现代科技进步推动材料、建造技术的变革，生铁、铸铁、钢筋混凝土建筑相继出现。20世纪初，科学、社会和技术的历史性突破终于开启了现代建筑运动，从观念、审美、形式、建构、材料等各方面摆脱传统建筑的意趣。

西方国家全面进入现代社会之后，中国也被强行卷入半殖民地半封建社会的转型期。中国建筑的发生与演进反映了近代中国社会的蜕变进程以及东西文化的融汇与碰撞。一方面，中国现代建筑体系从思想、制度、技术等方面对西方进行模仿与移植；另一方面，在本土特有的政治、经济和文化语境影响之下，中国建筑走向了在西方与东方之间踟蹰探索的现代之路。

近代西安建筑

事件							
1840 鸦片战争	**1860** 《北京条约》 "还堂风潮"	**1869** 洋务军事 工业的创办	**1900-1901** 两宫西狩 清末新政	**1911** 辛亥革命		**1926** 北伐战争 八月围城	**1932-1945** 陪都西京 建设
解除禁教，全国大规模开始西方宗教活动	传教士大量霸占民间土地建造教堂	在全国各地创办军事工业和民用工业	义和团起，八国联军攻入北京，慈禧亡命西安	清政府灭亡		无暇顾及城市建设	西京市政建设委员会成立，掀起西安城市建设的高潮

1840

"西方渐进"的新建筑萌发期（1840-1911 年）

西安现存最古老的天主教堂——五星街天主教堂（1884 年重建）
陕西省第一所近代高校建筑——陕西大学堂（1902 年）
陕西省最早的西式中等学校——西安尊德中学（1903 年）
西安市第一家火柴厂——森荣火柴公司（1904 年）
陕西省第一个国家图书馆——陕西图书馆（1909 年）

"缓慢发展"的城市建设期（1911-1945年）

西安最早的大众公共浴池——"大同园"浴池（1913年）
陕西第一个近代公共体育设施——北大街公共体育场（1922年）
西安最早的机器制革企业——燕泰制革厂（1923年）
西安市第一家大型钟表行——亨得利钟表眼镜公司（1931年）
西安最早的现代化旅馆建筑——西京招待所（1932年）
西安第一家大型百货商店——西京国货公司（1934年）
西安首家现代化浴池——"珍珠泉"浴池（1936年）
西安最早钢筋混凝土大楼——中国银行西安办事处办公楼（1936
西安最大的交通建筑——西安火车站（1936年）

典型建筑 17 座

此阶段出现了一些规模不大的新建筑，城市整体面貌变化不大。同时，洋务运动的开始，拉开了西安近代工业建设的序幕。

001 西安机器局	工业建筑
002 德懋恭食品店	商业建筑
003 糖坊街天主教堂	宗教建筑
004 土地庙什字天主教堂	宗教建筑
005 五星街天主教堂	宗教建筑
006 老孙家饭庄	商业建筑
007 英华医院	医疗建筑
008 红十字会医院	医疗建筑
009 亮宝楼	文化建筑
010 陕西大学堂	教育建筑
011 东新巷基督教礼拜堂	宗教建筑
012 尊德中学	教育建筑
013 陕西工艺厂	工业建筑
014 陕西火药局	工业建筑
015 南院门第一市场	商业建筑
016 陕西图书馆	文化建筑
017 驻防工艺传习所	工业建筑

典型建筑 33 座

此阶段西方建筑文化的影响进一步扩大，新建筑体系逐渐形成，市迅速发展，建筑活动进入高潮时期，各类型建筑基本完善确定。

001 邮政局	商业建筑
002 电话局	商业建筑
003 中银行西安办事处办公楼	商业建筑
004 易俗社	文化建筑
005 崇道中学	教育建筑
006 广仁医院	医疗建筑
007 南新街礼拜堂	宗教建筑
008 春发生饭店	商业建筑
009 新城黄楼	办公建筑
010 西安饭庄	商业建筑
011 陕西省机器局	工业建筑
012 灾童教养院	福利建筑
013 和众票社	文化建筑
014 杨虎城官邸	居住建筑
015 止园	住宅建筑
016 阿房宫大戏院	文化建筑
017 西京招待所	商业建筑

084

1934
龙海铁路
通至西安

1936
西安事变

1937
抗日战争

1945
解放战争

社会局势动荡

1949
中华人民
共和国成立

走向历史发展的新
篇章

西安工业呈现蓬
勃发展的气象

成为国内战争走
向抗日民族战争
的转折点

沿海沿江的企业内
迁，西安近代工业
得到再次发展

1949

"战乱衰退"的建设停滞期（1945-1949年）

典型建筑5座

此阶段西安社会局势动荡，除少数公共建筑落成，其他建筑活动无
突出的表现，整体上呈现出停滞的状态。

18 民众教育馆	教育建筑			
19 高桂滋公馆	住宅建筑			
20 火车站	交通建筑			
21 西京国货公司	商业建筑			
22 西安长发祥纺织品大楼	商业建筑			
23 中南火柴厂	工业建筑			
24 西京电厂	工业建筑			
25 德发长饺子馆	商业建筑			
26 张学良公馆	住宅建筑			
27 电政大楼	办公建筑			
28 西北眼镜行	商业建筑			
29 大华纱厂	工业建筑	001 民生市场	商业建筑	
30 东北大学礼堂	文化建筑	002 民众剧院	文化建筑	
31 通济坊	住宅建筑	003 锦江饭店	商业建筑	
32 七贤庄	住宅建筑	004 平安电影院	文化建筑	
33 夏声剧院	文化建筑	005 天主教会安多医院	医疗建筑	

陕西地区的城市生活
来源：Mark Kauffman《考夫曼的中国摄影集》
《美国生活杂志（1945–1949年）》

3.1.1 西学东渐：西方建筑体系的渗透（19世纪中叶至20世纪初）

19世纪中叶，经过工业革命而迅速扩张的欧洲列强为获得更大的经济效益，以咄咄逼人的气势进入中国社会的各个领域，并强行移植和输入西方社会价值观念。中西两种文化的剧烈碰撞就此开始，具有现代工业文明特征的西方外来文化处于强势地位，并在冲突中发挥支配作用。

中国被迫进入主动或被动的"现代化"进程，超稳定的农耕宗法社会体系终于被打开缺口，新生事物开始艰难生长。尤其是在上海、天津等沿海开埠城市，社会思想、生活方式、城市风貌、建筑风格都发生了巨大的变化。这些变化首先出现在租界内，并通过租界辐射出去，逐渐扩展到广大的华人社区。

自1845年英国从《上海租界章程规定》中取得第一块租界，至1902年奥匈帝国设立天津租界，前后共有13个城市设有英、日、法、德、俄罗斯、意大利、奥匈帝国、比利时等国的租界。此时，租界内的建筑设计完全由西方人垄断，采用西式城市建设方式，并成为整个城市的重要组成部分。租界内的西方建筑风格由殖民地式转为标准的西方建筑样式，同时西方建筑师事务所开始大量出现。民众在这一时期完成了对西方建筑由抵触到接受的社会心理转变。

这一阶段的新建筑主要包括以下两种：

一是西方殖民者在通商口岸的租借区内建造流行于西方的砖木混合式建筑，外观主要是西方古典式，还有一部分券廊式。

二是当时的洋务派为新创办的企业所建造的房屋，这些房屋建筑大多数采用先前手工作坊形式的木构架，小部分为砖木混合结构。

上海在 20 世纪 40 年代左右建造的建筑钢结构
来源：《哈里森·福尔曼的中国摄影集（第三卷）》
（Between1937and1941）Shanghai（China），construction workers building skyscrapers

3.1.2 民族复兴：中国传统形式的复兴（20世纪初至20世纪50年代）

20世纪前半叶，面对现代工业世界的传统农业中国，社会政局动荡，在多种力量的分崩离析下，呈现复杂混乱的发展状态。新与旧，中与西的矛盾冲突愈加突出，城市和建筑明显地呈现出新旧两大建筑体系并存的局面。20世纪30年代，西方现代建筑的潮流也开始影响中国的建筑发展。沿海开埠城市建设活动繁荣，租界区和华人区的建筑业先后得到发展，大城市的现代格局和风貌初步形成。随着钢和钢筋混凝土结构的传入，现代建筑体系逐步建立，现代结构、空间与传统形式得到了一定的结合，在建筑形式上反应为折中主义的兴起。

20世纪30年代至抗日战争爆发，是中国近代史上建筑活动的高潮，伴随着从海外学成归国的中国建筑师开始参与建筑创作实践，中国现代建筑的发展路径和创作理念开始形成。此时，中国建筑开始了从欧式和中式传统风格向现代建筑的转化，出现了能够代表时代意趣的现代本土建筑形式与建筑文化。这种"转化"仍然是在西方建筑的影响下进行的，但与前期"西方化"不同的是，近代教会建筑的植入，激发了国人的民族自尊心。一种急于摆脱西方束缚，争取独立发展的创作倾向日益明显地体现在建筑上，掀起在新建筑中运用"中国固有形式"的传统复兴浪潮。在这个全民拥趸的浪潮中，建筑形象的政治意味——建筑传统形式作为"国粹"的象征作用被无限地夸大，中国传统文化中"重道轻器"的价值特征，在此时演变成为重"精神"轻建筑的做法，建筑自身发展规律的探索被有意漠视了。从"宫殿式""混合式"到"现代化的中国建筑"，可以看到中国折中主义建筑发展的过程是一条渐进的向现代建筑演化的轨迹。

民国西安街道

民国西安火车站

"一个东方老国的城市，在建筑上，如果完全失掉自己的艺术特性，在文化表现及观瞻方面都是大可痛心的。"

——梁思成《中国建筑史》

3.2 并存：
近代西安建筑演进总览

西安地处西北内陆，传统文化的包袱沉重。近代以来，先后处于清朝、北洋政府和民国政府的统治下，政权更迭、社会动荡，城市虽有所发展，但相比沿海开埠城市还是落后很多。1932年民国陪都地位的确定和1934年陇海铁路的开通，为西安的现代城市建设带来了一定的推动作用，初步具备了工商业城市的雏形。这一时期西方建筑技术的传入，使西安建筑传统的木构架体系被砖墙砖柱所取代，出现中西式结合的建筑造型。20世纪30年代起，开始采用砖混结构、钢筋混凝土结构、钢结构等新技术。

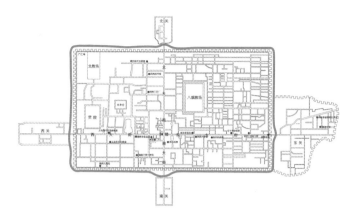

"西方渐进"的新建筑的萌发期（1840-1911年）

西安近代建筑发展阶段划分

萌发期 （1840-1911年）		教会建筑传入，带来西方建筑文化，洋务运动时期建造了西安最早的工业建筑——西安机器局
建设期 （1911-1945年）	发展前期 （1911-1927年）	西方建筑文化的影响进一步扩大，新建筑体系逐渐形成
	发展中期 （1927-1937年）	城市迅速发展，建筑活动进入高潮时期，各类型建筑基本完善
	发展后期 （1937-1945年）	除工业建筑继续发展之外，其他建筑活动无突出的表现
停滞期（1945-1949年）		整体上建筑活动停滞

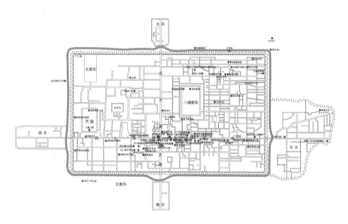

"缓慢发展"的城市建设期（1911-1945年）

3.2.1 近代总览：建筑发展的三个时期

依据对城市发展产生影响的重大事件：武昌起义、西安设市和抗战爆发，可以将西安近代建筑发展划分为三个时期（见上表）。

1840年，西方建筑文化随着帝国主义列强的入侵在东南沿海和长江沿岸的城市传播开来。西安地处内陆，交通闭塞，信息不灵，建筑整体基本保持传统风格，却也出现了一些规模不大的新建筑，揭开了西安建筑事业的新篇。

辛亥革命后，西安建筑业在"现代化"进程中有所发展。1927年西安设市，1929年颁布《西安市建筑管理规划》，尝试对建筑业进行现代生产方式的管理。1934年陇海铁路通至西安后，相继建成西京招待所、西安火车站等一批项目。这些项目代表了近代西安建筑发展的总体方向。

20世纪40年代，西安出现了影响较大的天成建筑股份有限公司、上海建业营造厂西北分厂及由西安市政工务处创办的营造厂等建筑公司，对城市建设发展的作用明显。1945年后，随着战争爆发，西安城市建设基本停滞。

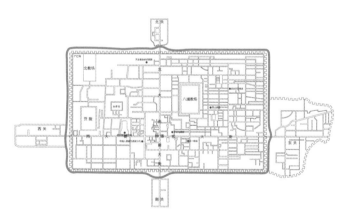

"战乱衰退"的建设停滞期（1945-1949年）

西安明城内近代建筑不同时期分布图
来源：改绘自史煜《西安建筑近代化演变分析》

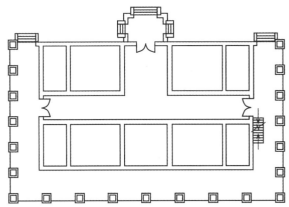

左图：忆使童学堂整体复原图
右图：忆使童学堂一层平面复原图
来源：陈新《19世纪末叶至20世纪中叶西安教会学校与医院建筑研究》，其中右图为作者改绘

3.2.2 探索尝试：新建筑的萌发期（1840-1911年）

近代早期的西安，既不是开放的通商口岸，也没有形成工矿业原料基地，与外界交流较少，封建社会统治力量强大，仍处于封闭的农业经济当中。城市和建筑与过去相比，未有大的发展。直至1869年左宗棠在西安开办"西安机器局"之后，西安的经济才真正开始迈入近代发展阶段。1870年，西安的近代建筑进入"西方化导入"时期，随着外来建筑文化的侵入和中国民族工业的萌发，西安出现近代建筑活动和新的建筑类型。

1. 西方宗教传入与外来宗教建筑的出现

随着"维新""变法"之风的兴起和资本主义生产、生活方式的渗入，西安的建筑业开始了极为缓慢的"西化"过程。与其他城市一样，西方宗教文化的传入催生了新类型建筑，主要包括教堂以及教会兴办的医院和学校。

1625年，比利时天主教神甫金尼阁和葡萄牙天主教神甫鲁德昭等进入西安传教，在北城门里糖坊街修建了一座小教堂（后称北堂），这是西安最早的天主教建设活动。鸦片战争失败后，清政府被迫与西方列强签订了一系列不平等条约。其中，有不少关于保护天主教、基督新教传教自由的条款。

19世纪末开始，各教派大规模进入西安，开始在城内和关厢陆续修建天主教堂、耶稣教堂，基督教文化对西安古城的历史演进带来一定影响。1881年重建的糖坊街天主堂，是天主教在西安城内历史最悠久的教堂，1884年在土地庙十字重建的五星街天主教堂，是西安现存最古老的天主教堂，之后民国初年天主教会在西关正街修建西堂，1929年在西安东关鸡市拐修建东堂等。1876年，英国内地会传教士鲍康宁与金辅仁将基督新教传入西安。1903年，英国浸礼会牧师莫安仁、敦崇礼及邵涤源在西安城东关长乐坊东新巷购地，建立了西安第一座基督新教教堂。教堂是随着西方传教士的传教活动带入西安的新建筑，是西安最早呈现西方建筑风格的建筑类型。

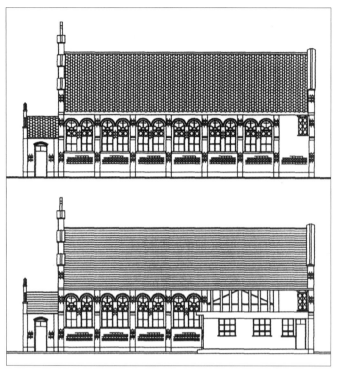

上图：东新巷礼拜堂扩建前北立面

下图：东新巷礼拜堂扩建后北立面

来源：陈新《19世纪末叶至20世纪中叶西安教会学校与医院建筑研究》

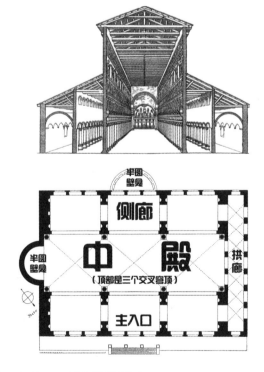

上图：典型巴西利卡教堂剖透

下图：典型巴西利卡教堂平面模式

为了促进基督教事业更快发展，提高教会在中国民众心里的威望，扩大影响，赢得人心，从而吸引更多的民众入教，教会将兴办文化教育、推广医疗卫生和各种慈善事业作为在中国传教的重要方法，"教育、医疗建筑是教会除教堂外建设量最多、规模较大的建筑类型"。这些教会医院和学校大多采用西方的教育和医疗体制，建筑形式多也采用西式风格，在客观上推进了社会的文明进步和西安城市近代化的进程。

光绪十五年（1889年）十一月，英国基督教浸礼会派医学博士姜感恩、医师罗伯逊、荣安居等人来西安，在东木头市街创办了英华医院，这是当时西北地区唯一的一所西医医院，民国5年（1916年），英华医院迁入解放路大差市口新址，更名为广仁医院（即西安市第四人民医院的前身）。英国浸礼会于光绪二十九年（1903年）在西安长乐坊路南东新巷教会礼拜堂南侧创办西安尊德中学（即西安市第三中学的前身），是陕西省最早的西式中等学校。早期的教会医院与教会学校由传教士开办，规模较小，多是利用教堂附近的民居改建而成。

2. 洋务运动与民族工业建筑的萌芽

19世纪60年代至90年代的洋务运动，开启了中国的近代工业化之路。在"师夷长技以制夷"的自强口号下，1869年，钦差大臣督办陕甘军务左宗棠为镇压陕甘回民起义的需要，在西安创办西安机器局。后因1872年左宗棠创设兰州制造局，西安机器局也于此时随迁兰州而发展为兰州制造局。1894年陕西巡抚鹿传霖奏请在西安设立陕西机器局，制造军装、枪弹，修理军械，由此开创了西安近代工业的先河。此后，西安还陆续设立了一些官办和民办工业，如陕西火药局、森林火柴厂、德泰昌火柴公司、陕西

左图：1902年成立的劝工陈列馆（亮宝楼）
右图：中山图书馆（前身为陕西图书馆）

制革厂等。这一时期工业建筑多数利用原有民房改建、扩建而成，仅有少数是采用砖木混合结构的新建厂房。

3. "新政"与教育建筑建设的高潮

清末推行新政以后，旧的教育制度逐步废除，新的教育制度开始确立。光绪二十七年（1901年）九月，清政府就新政发布"兴学诏"，谕令"各省所有书院，于省城均设大学堂"，并规定所有学堂"当以四书五经纲常大义为主，以历代史鉴及中外政治艺学为辅"。

新政提倡和奖励私人资本创办工业，倡导设立西式学堂，提倡出国留学，改革军制等。新政期间的政策，推动了西安近代建筑的发展，出现了一些教育建筑、文化建筑等新的建筑类型。

1902年，陕西巡抚升允创立陕西大学堂，是陕西省第一所近代高校建筑，其后，又相继设立了多个学堂，如陕西师范学堂（1903年）、陕西中等农林学堂（1904年）、陆军中学堂（1904年）、西安府官立中学堂（1905年）、陕西法政学堂（1907年）等。1909年，在西安梁府街设立的陕西图书馆，是陕西省第一个国家图书馆。

新政影响下的一系列大中小学堂的创建，是西安近代教育建筑的第一个高潮建设时期。据资料记载，陕西高等学堂扩建参考了日本东阳校舍和湖北的西式学堂。由此可见，当时的教育建筑开始受西式学堂的影响，不管是在总体布局还是单体形式方面都有所改变。

4. 现代城市功能与公共建筑的萌芽

现代城市功能带来了新的公共建筑类型，这一时期的公共建筑还沿袭传统建筑风格或者由传统建筑改建而成，但是新的使用功能已经带来了建筑空间的变化，这一时期是西安公共建筑发展的萌芽期。

首先，随着资本主义生产方式的逐渐渗透和西方文化的影响，西安的电报、邮电、印刷等近代产业开始出现，并逐渐发展起来。

1890年在南院总督部院东侧成立西安电报局；

1896年陕西布政使樊增祥开办秦中书局；

1902年西安邮政局在马坊门成立；

同年，陕西洋务局在西安成立。

其次，清末新政颁布了一系列工商业规章和奖励实业

上左图：高桂滋公馆东立面图
上右图：高桂滋公馆南立面图
来源：符英《西安近代建筑研究（1840–1949）》

1914年的西安邮政局
来源：符英《西安近代建筑研究（1840–1949）》

民国3年（1914年）成立陕西邮务管理局，英国人罗士在钟楼附近建造西式二层砖、石结构楼房，为陕西第一个办理邮件汇款的邮局。

办法，如定大清商法、商会章程、试办银行章程等，促进了民族工商业和金融业的发展。

1905年，陕西巡抚升允在抚院外雨道左右建造楼房，招商开业，即后来南院门的西安第一市场。

1909年大清银行陕西分行在西安成立。同年，西安陆续出现了惠丰祥、庆丰裕、文盛详等10家"洋货铺"。

此外，为了展示慈禧回京时所留各地供奉的贡品，1902年陕西巡抚在抚院新址（南院）东花园修建一座两层楼房和两厢廊房，称为劝工陈列馆，俗称亮宝楼。

西安在这一时期出现的新的建筑类型主要包括宗教建筑、工业建筑、教育建筑及其他各类公共建筑。在建筑形式上，中国传统建筑在城市风貌中仍占据主要地位，外来形式建筑在宗教建筑和教育建筑上有所体现，并开始对传统建筑造成一定的影响。在建筑材料上，各类建筑基本上沿用本地的砖、木。建筑结构出现了西式砖木结构体系（是以砖墙和木屋架承重结合的结构体系）。

总之，萌芽期是西安近代建筑活动的早期阶段，无论是西方近代建筑的主动输入，还是被动引进，新建筑在类型、数量以及规模上都十分有限，但这一时期传统建筑体系开始动摇，西方建筑体系逐步渗透，新建筑体系在酝酿之中。

易俗社剧场室内

易俗社（1981年）

各校学生列队进入民乐园（1934年）

3.2.3 缓慢发展：城市建设期（1911–1945年）

1911年辛亥革命爆发，占据明城东北片区的满城在战火中消解，西安城市建设迎来了新的发展。北洋军阀统治时期，西安的城市格局重新建立，建筑革故鼎新。西安设市之后，伴随陇海铁路开通和陪都设立，其近代建筑发展迎来高潮，形成了具有一定近现代特征的建筑。抗日战争爆发之后，由于沿海地区企业的内迁，使得西安的近代建筑依然保持着持续发展的态势。1945年，受沿海企业内迁和陪都撤销的影响，西安的近代城市建设和建筑发展基本停顿，呈现出凋零的状态。

1. 商业中心转移与新型文化建筑的兴起

满城拆除后，西安政府开始着手对其进行重新规划和建设，新建设的市区中逐渐出现了一些新的公共建筑类型。1912年，陕西督军张凤翙创办西北大学，利用拆除满城房屋的木料在东大街两侧修盖了高低尺寸和南北距离完全一致的临街商业楼房，整齐划一，甚为壮观，为日后西安城区内商业区的转移奠定了基础。同年，陕西军政府将原满城南部划归西安红什字会医院建院（今西安市中医医院），原满城东南隅官地划归英华医院（今西安市第四医院）。1912年，在东大街北侧靠近钟楼处由英国人罗士修建了两层砖木结构的邮局。另外，西安还出现了公园、影剧院等新型文化娱乐建筑，例如易俗社剧场（1917年）、莲湖公园（1922年）等。

2. 新市区建设与近代城市建筑的发展

民国初年对原满城地区已开始进行开发，但开发重点是沿东大街一线的满城南部地区。1928年起，原满城区被开辟为新市区，这一地区的城市建设步入新的发展时期。1927年2月，为掩埋围城之役中的死难军民，在城东北方负土形成两个高大的墓冢，两冢之间建亭"革命亭"，成为日后革命公园的前身，也是当时新城北部唯一醒目的建筑。同年，陕西省政府从北院门移至八旗教场（明秦王府），改名"新城"，建成中西结合砖木结构的官厅建筑——"黄楼"。1928年，原满城东部建成能容纳

昔日华峰面粉厂粉楼

来源：符英《西安近代建筑研究（1840-1949）》

制粉楼建筑为南北朝向，共4层；南北两跨，跨度3.6米；东西六开间，东边五个开间宽4.8米，最西一个开间宽3.6米；总建筑面积1084.8平方米。建筑从功能上分为东、西两部分：西部为麦间（清麦车间），东部为粉间（制粉车间）。当时西安3层以上的多层建筑凤毛麟角，而面粉厂的粉楼因为生产工艺流程的需要，建了4层。

"以民国时期为例，绝大多数房地产为私人占有。1949年，西安市共有房屋246825间，建筑面积395万平方米，其中私产占82.39%，公产占12.08%，社团产占4.53%，外产占1%。在私产325.37万平方米中，资本主义工商业者占有57.32万平方米，房地产公司占有1.14万平方米，国民党军政人员、地主、富农及一般市民占有266.91万平方米。私人占有房屋1000平方米以上者87户，合计14.8万平方米。公产47.7万平方米，大部分为国民党党、政、军机关办公用房，一部分为铁路、邮电、银行、医院和公立学校使用，少量住宅租用于机关员工和居民住宅，部分商业用房出租给商店使用。社团产179148平方米，其中，市工商联与会馆房屋1900间、30400平方米，社会福利机构房屋2313间、37008平方米，演艺团体房屋554间、8864平方米，寺庙房屋2092间、33484平方米，私立学校校产房屋4337间、69392平方米。外产39264平方米，主要为外国教会房产，包括天主教会房屋847间、13552平方米，基督教会房屋1309间、20944平方米，美国基督教协同会房屋298间、4768平方米。"

——《西安市志》第三卷（经济·上）

数百人的大礼堂，起名"民乐园"，由于当时城东北部人烟稀少，并未立即繁荣起来。1930年，西安市政府成立新市区管理处，负责新市区的建设和管理工作。1934年陇海铁路潼西段通车后，带来了西安城市的全面发展。西安站选址于城北偏东处，周边交通便利，有大片空地可供建设，于是新市区得以在很短的时间内，较为迅速地发展起来，并在区域上扩展到西安城东北郊一带。在随后的近十年间，以火车站为中心，向南、向北发展起来一大批企业。1940年陕西省银行经济研究室统计，在当年较有实力的31家企业中，位于新市区和火车站以北附近的企业就有16家，占总数的52%。涉及机器工业、电气工业、机制面粉业、纺织工业、化学工业、制药工业、玻璃工业、制革业和猪鬃业、烟草业、造纸业等多种门类。

3. 机器工业蓬勃发展与工厂建筑的技术突破

陇海铁路开通，带动了西安近代工业的蓬勃发展，出现了大量的近代机器工业企业。如1934年建成的集成三酸厂，1935年建成的西北化学制药厂、成丰面粉厂，1936年建成的大华纱厂和华峰面粉厂，1937年建成的西京电厂等。现代化的大机器生产方式，对新型工业建筑提出了新的诉求，因此，这一时期的工业建筑在材料、结构等技术方面有了重大突破，出现了大体量、多层的建筑新形象，成为近代西安典型的建筑类型之一。如华峰、成丰面粉厂厂房为砖木混合结构的多层建筑，在西安近代建筑中是极少数的"高大体量"了。

4. 近代城市的发展与近代建筑体系的建立

经济的发展推动城市建设，带来新型商业建筑。这一时期，西安的商业服务、文化娱乐、行政会堂、交通等各种公共建筑得以大量建设，近代公共建筑类型日渐完备。

如西安第一家大型百货商店——西京国货公司（1934年），当时西安最大的百货市场——民主市场和国民市场（1936年），并出现了商业金融建筑，中国银行西安办事处办公楼（1936年），位于尚仁路北段东侧，为西安最早的钢筋混凝土结构大楼。另外，在城区还集中建设了影剧院等文化娱乐

西京招待所今昔对比

平面呈"广"形。东、南部位各2层，中部3层，西北部位1层。室内楼梯、走廊和房间地坪均木作，西式房门，双层西式窗，至今完好。室内天棚阴角，做工精细，条理清晰，棱角分明。室内墙面饰白。外墙面为砖砌勾缝。木构架屋盖，屋顶为多角形。

新城黄楼今昔对比

单层歇山顶回廊式砖木结构，坐北向南，开间7间，进深4间；东西长25.32米，南北宽15.46米，高10米，总建筑面积916.36平方米。中部为200座位会议厅，四角和南、北两侧中部为六角形楼阁。

建筑，如西安最早的影院之一——阿房宫大戏院（1932年），以及民光大戏院、西京大戏院、陪都电影院、新民大戏院等。西安还出现了首家现代化浴池——珍珠泉浴池（1936年），西安最早的现代化旅馆建筑——西京招待所（1932年）等。行政会堂建筑主要是建于南院门和新城的政府建筑，如民乐园会堂（1921年）、新城黄楼（1927年）及民众教育馆会堂（1931年）等。交通建筑包括西安汽车总站（1931年）、西安火车站（1935年）等，其中，西安火车站为当时西安最大的交通建筑。

同时，西安的居住建筑受西方建筑文化影响，出现了新的居住建筑类型。一种是为个人所用的独立式住宅，另一种是集合式的新式住区。独立式住宅主要是为政府中高层官员新建的官邸或公馆，往往采用西式的建筑风格，表现出与传统建筑不同的特征。如青年路的止园（1933年）、建国路的高桂滋公馆（1933年）和张学良公馆（1932年）等。另外一种住宅类型是集合式住宅区，由开发商开发建设，向当地上层人士出租。1936年前后，伴随着新市区的发展，西安北新街一带陆续建起了"一德庄""四皓庄""五福庄""六谷庄"以及"七贤庄"等新式住区，成为当时西安城内最为阔绰的住宅和街坊。

西安中南兴记火柴公司火柴盒

1936年兴办，原名中南火柴厂，是当时西安唯一的火柴制造企业。是西安火柴厂的前身。

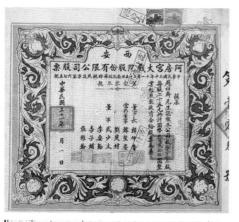

上图：民国31年（1942年）西安阿房宫大戏院股份有限公司股票
下图：易俗社演出海报

3.2.4 战乱衰退：建设停滞期（1945–1949年）

1945年内战爆发，作为国民党进攻围剿陕北革命根据地的据点，西安的社会局势动荡，地方经济也陷于混乱和凋敝的境地，城市的建筑活动呈现出凋零状态。在这样的形势下，西安的城市建设和建筑发展基本停顿，仅有少数文化建筑落成。

1. 沿海工厂回迁与工业企业的减少

抗战后，沿海工厂陆续回迁，据民国西安市政府统计处1947年12月的调查显示：西安共有工业企业69家，涉及翻砂、玻璃、卷烟、碾米、棉纺、面粉、三酸、肥皂、机器、毛纺、印刷、染整、火柴等13个行业，各类制造厂31家。此后的几年，工业企业仍有增加，但数量很少。从1947年8月到1948年6月，新注册的工业企业仅5家，远不及抗战时期。国民政府溃败前，不愿在重要城市增设工厂，建设停滞。临近西安解放时，胡宗南紧急命令大华纱厂等大型工厂企业搬迁，当时的西安市长王友直以无运输车辆为借口，拖延下来。

2. 商业建筑稳定发展与商铺数量的增加

比起工业企业，城内商铺的增加幅度依然居高不下。同一时期内，西安新增各类商铺共225家，虽然多数商铺受当时混乱的财政状况影响，大都入不敷出，但这一趋势并未完全停止。到民国37年（1948年），市内已有商铺8168家，并新增了自行车业、玻璃镜框业、银行业、钱业、浴业、机器业、珐琅证章业、贸易业、杂志业等。投资商业成为当时多数中小资本家的优先选择。

3. 较稳定的社会环境与移民数量的大幅增长

在抗战胜利后的一段时间内，西安的社会环境相对稳定，大量难民流向西安。据1948年民国西安市政府社会科一份档案资料所述："在抗战中，各省逃至本市之难民，胜利后，曾由善后救济总署加以疏散，大多因交通梗塞，未能即时成行……而陆续来者尚未停止。"火车站附近大片空地不仅兴建了不少工厂、民宅，也成为河南、山东、山西、陕北等地难民临时栖身的首选之地，当然也有许多难民散居城内与城郊地区。据民国37年（1948年）4月民国西安市政府户政科统计，新市区此时的人口已占城区人口的1/3，成为西安城人口最为密集的地区，同时因为西安的商业中心也由南院门转移到了今解放路、东大街一带，经商的外来人口在此落户。总体而言，当时西安的非本籍人口远多于本籍人口，所以这一时期的西安是典型的移民城市。

4. 教育事业及新型文化建筑有所发展

　　1940年代末，西安的文化教育事业比起晚清大有改观，尤其是中等教育发展迅速。据1948年民国西安市教育局统计，当年西安市共有公立、私立中学26所，中心国民学校28所，国民学校97所，小学58所，幼稚园3所，其他还有职业学校6所，补习学校16所。西安升级为院辖市后，有关机构还在革命公园、莲湖公园、大学习巷分别设立了民众阅览室。除此以外，市内还设有公共体育场和私立图书馆各一座。

　　到1948年6月，在社会科登记的电影院有6家，分别是阿房宫、民光、明星、星光、新民和平安。上演秦腔、豫剧、晋剧、话剧的剧院有11家。其中，驰名的秦腔剧社有易俗社、三义社、晓钟剧社和尚友社，还有演唱评剧的正音国剧社、演唱豫剧的狮吼剧社、演唱晋剧的庆风剧院。这些娱乐场所的顾客，大多是官吏、资本家或其他上层人士，一般中下层的劳苦大众常去游艺市场、国民市场中的小型剧院，那里以表演清唱、鼓书、相声等节目为主，票价低廉。

　　同时，西安的新闻报纸、杂志社和各类通讯社等新闻传播机构空前繁荣起来。到抗战结束后，不到60万人口的西安市集中着38家报社、28家杂志社和15家通讯社，与北京、上海这些大城市相比，这个比例相当之高。这些报刊多以报道新闻为主，也有文娱、医药、经济、少儿等专门性报刊。

　　总体而言，1940年代后期的西安虽然出现了西餐厅、公共汽车、电影院等近代大都市的新鲜事物，工厂、商店、教育机构也有较大发展，但整个城市基础设施仍旧严重滞后于同期沿海城市。直至解放，西安仍然缺乏自来水和照明设施，市内没有一条完整的柏油马路，无业、失业者和各地难民的生活条件极端贫困。

上图：1970年代的红光电影院
下图：解放电影院海报

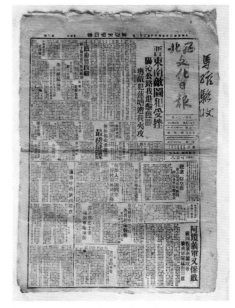

民国时期的《西北文化日报》

民国西安火车站广场

民国西安街道

"以测量绘图摄影各法将各种典型建筑实物作有系统秩序的纪录是必须速做的。……多多采访实例，一方面可以作学术的研究，一方面也可以促社会保护。"

——梁思成《中国建筑史》

3.3 典型：近代西安建筑功能分类谱系

近代城市生产关系和社会生活发生显著变化，西安城市也受到了工业化和城市化过程的影响，并逐步建立了新的建筑体系。西安近代建筑的发展核心表现在建筑类型较之古代丰富了很多，虽然不如沿海开埠城市那么齐备，但从19世纪70年代开始到1949年近80年间，西安新建筑体系在建筑类型上已大体形成了较齐全的近代居住建筑、公共建筑和工业建筑的常规品类。

近代西安建筑

功能

住宅建筑	本土住宅	外来住宅

住宅建筑

2类

住宅建筑是建设数量最多的建筑类型

本土住宅

院落式住宅

中国传统住宅形式的沿袭

外来住宅

新型住宅

西方独立式、集合公寓式住宅的传入

典型建造

传统独院住宅

除少数外国传教士住宅，城市居住建筑大体依然维持着传统的院落形态。安居巷和开通巷现存很多第一种类型的住宅，比较具有代表性的有高培支旧居、西羊市44号民居等。

高培支旧居
西羊市44号民居

联排式集合庭院住宅

在传统四合院的基础上，适应近代城市生活的需要，接受外来建筑的影响进而演进产生的新住宅类型，是中国近代建筑中非常有特点的居住建筑。

七贤庄：八路军西安办事处纪念馆
一德庄、四皓庄、五福庄、六谷庄

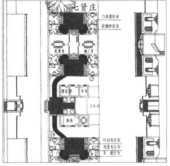

独立式住宅

通常被称为别墅或公馆。西安最早采用这种形式的住宅主要为传教士住宅或国民党政府高级官员的官邸建筑，以及资本家住宅。以庭园包围建筑的方法，将居住功能集中布置。

高桂滋公馆
张学良公馆
止园

止园立面图

低层集合住宅

因城市人口增加，用地紧张出现。投资、大规模建造、多户或分户出租的方式取代传统居民分户分散自用的方式，带来住宅建设的标准化、工业化和集约化。

北大街中段通济坊住宅区
雍村：中国银行员工宿舍
崇耻路的平民住宅

崇耻路的平民住宅平面布局图

总平面图

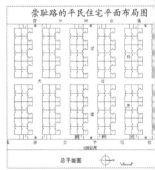

教堂建筑

主要包括天主教和基督教的教堂建筑。天主教和基督新教在近代西安广泛传播，并建造了大量的教堂和礼拜堂。

五星街天主教堂
东新巷礼拜堂
南新街礼拜堂
糖坊街天主教堂

五星街天主教堂

专门商店

这一时期出现了多种类型的业种店，促进了西安地区的零售商业发展，包括服装店、鞋帽店、眼镜店、副食商店、药店等类型。

西安市儿童食品商店
前进鞋帽公司
西北眼镜行
樊记腊汁肉店

旧西安的钟表行

综合商店

近代西安建筑的新类型，以西京中国国货公司为代表。

东大街两层商业楼房
西京中国国货公司

西京中国国货公司

综合市场

是明清西安市场的延续，多以百货为主，同时也有售卖专门内容的市现，配合周边的业种店铺，形成完市的商业体系。

南院门第一市场
西大街粮食市场
民乐园新市场
城隍庙市场

民乐园新市场大门

公共建筑 5类	外来宗教	商业服务	文化娱乐	行政办公	公共设施		工业建筑

西安公共建筑类型得到极大拓展

始于军事工业

天主教和基督教的教堂建筑出现发展

商业服务建筑类型已基本齐备

大量文化教育和公共娱乐建筑

中国传统住宅形式的沿袭

中国传统住宅形式的沿袭

学校、图书馆、浴池、影剧院
文化娱乐建筑出现了诸多前所未有的新类型，以学校、图书馆、影剧院、浴池为典型。

东北大学礼堂
陕西图书馆
大同园浴池
易俗社剧场

易俗社剧场

行政及一般办公建筑
西安的政府衙署建筑主要集中在新城、南院门和北院门一带。

中国银行西安办事处办公楼
新城黄楼
陕西省政府

陕西省政府大门

交通建筑
火车站的出现为城市带来了新的发展契机，火车站、汽车站周边区域迎来了快速发展。

西安火车站
西安汽车站

西安火车站

餐饮酒店
出现当时最大的现代化旅店——西京招待所。在南院门一带集中出现了诸多餐饮小吃店。

西京招待所
西北饭店
德发长饺子馆
五一饭店

西京招待所

一般服务
主要包括医院、电话局、照相馆等服务于基本公共生活的建筑类型。

西安照相馆
电话局
邮政局
西京红十字会医院

西京红十字会医院

工业建筑
早期多利用原有民房改建扩建而成，陇海铁路开通后，才真正形成了西安近代机器工业体系，建造了诸多具有代表性的工业建筑。

西安机器局
华峰面粉厂
大华纱厂
西京电厂

西京电厂发电所基建图

3.3.1 转变初现：典型住宅建筑

居住建筑是建设数量最多的建筑类型，西安的居住建筑在近代以前，大都是中轴对称的庭院式格局，木构架、瓦屋面、上坯墙结构。鸦片战争以后城市居住空间形态开始转变。然而受交通闭塞和经济发展水平较低的影响，西安近代城市居住建筑的转型过程发生得较晚而且相对缓慢，大概有两种类型，一是传统住宅的延续发展，二是从西方国家传入和引进的住宅形式。

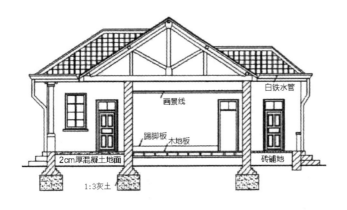

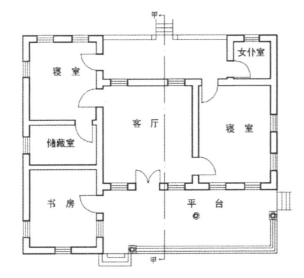

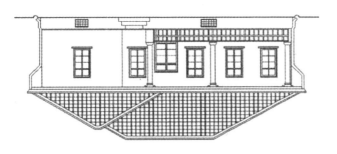

尚德路住宅区标准住宅设计图
来源：陕西省档案馆藏民国档案"西安市政处关于修筑西安市尚德路住宅区工程的标准图样、预算表、改正顶算图样及说明书"，卷宗号：1–8–286

西安市政处于民国32年（1943年）在西安市尚德路规划修建的示范标准住宅也属于独立式住宅，不过占地较小，并且将厕所、厨房、汽车间等辅助房间与主体建筑分开设置了。

1）建筑特点：西安近代居住建筑同古代相比，出现了少量的商品化住宅，住宅类型有所拓展，住宅布局方式、外观形态更加丰富多样，同时建筑材料、结构和设备也有了一定的发展。它反映了近代城市居民生活方式的改变和居住建筑营造方式以及审美倾向的改变，体现了城市居住空间从古至今的过渡，是承上启下的重要阶段。

2）发展状况：同沿海开埠城市相比，西安地处内陆，交通阻滞，近代工商业发展缓慢，同时传统文化观念根深蒂固，对外交流少，思想文化开放程度较低。所以城市居民的居住生活也大体保持着原有的运行机制和建筑格局，绝大多数建筑为私人住宅，为当地工匠设计施工完成。因此，从总体上讲，西安近代居住建筑类型少、规模小，对城市整体空间形态影响小，近代化过程相对缓慢、表现不充分。

张学良公馆测绘图
来源：符英《西安近代建筑研究（1840–1949）》

位于西安市建国路69号（原金家巷1号），建于民国23年（1934年），是由西北通济信托公司投资兴建的一处住宅院落。民国24年（1935年）张学良就任西北"剿共"总司令部副司令，常驻西安，于是租用此处院落作为私宅。西安事变的酝酿、发生与和平解决都在这里进行。1982年，国务院将这里辟为西安事变旧址，建立西安事变纪念馆，列入全国重点文物保护单位。

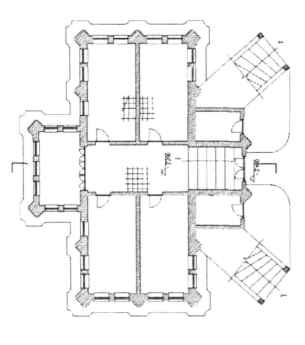

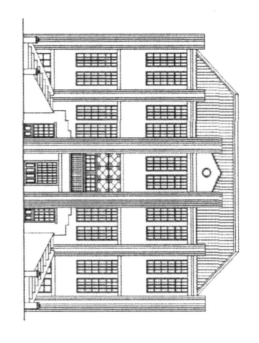

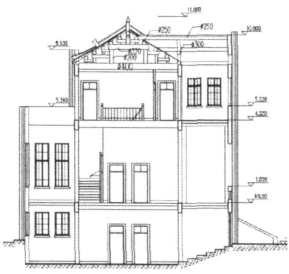

3.3.2 类型拓展：典型公共建筑

相较于古代，公共建筑是西安近代建筑中获得最大发展的建筑类型，其门类、功能、空间得到了极大的拓展，诸如办公、医疗、学校、商店、旅馆、电影院、邮局、火车站、图书馆等现代建筑类型大体齐备。

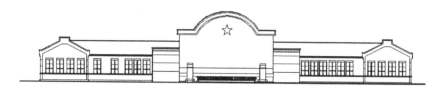

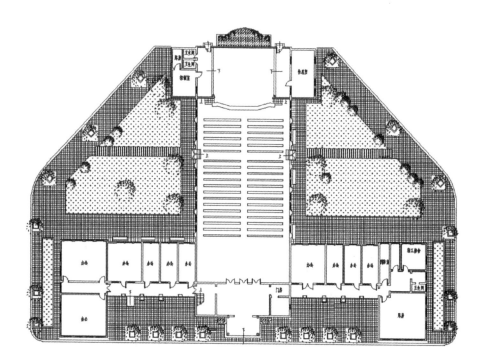

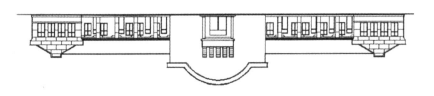

东北大学礼堂测绘图
来源：符英《西安近代建筑研究（1840–1949）》

位于陕西省西安市碑林区太白北路西北大学校园内，是西安地区高校中最古老的建筑物。

1）多为标志性建筑：很多公共建筑都是第一次出现，反映了近代西安城市功能的转变以及居民在文化教育、商业娱乐、交通通信等公共生活方面的变化。这些建筑是西安城市公共活动发生的物质载体，并为日后西安的公共建筑发展奠定了基础。

2）新技术的运用：西安近代公共建筑更多地表现出新的建筑形态、新的建筑结构和机械排风、电照、上下水以及供热、供暖、卫生等先进的建筑设施，规模也比较大，代表了西安近代建筑发展的较高水平。但同近代沿海开埠城市相比，无论从建筑类型、规模、技术方面看，都有明显差距。

3）保留数量较少：功能更新快，保留下来的数量少。公共建筑带有公共性，所以比居住建筑、宗教建筑功能更新快，更明显地受到时代变迁的影响。在西安，近代公共建筑比其他建筑类型更多地被更新改造，保存下来的比例很低，如西安火车站、广仁医院、圣经学院、阿房宫大戏院等西安近代重要的公共建筑，都是在建筑更新过程中被拆毁的。

中正纪念堂设计图
来源：西安市档案馆藏民国档案"陕西省政府关于修筑中正纪念堂设计图表及说明工程预算合同草案呈令文"，卷宗号01–11–11–1

中正纪念堂是由陕西省政府筹资并设计的供市民集会、演出的公共大礼堂。建筑位于革命公园内，包括前部的售票、放映、储藏室，中部的扇形大礼堂，后部的演讲台、休息室、化妆室和布景室等。中华人民共和国成立后，"中正堂"改名为"群众堂"，成为人民群众的集会场所。1953年，建筑被拆除，在原址上修建了人民大厦。

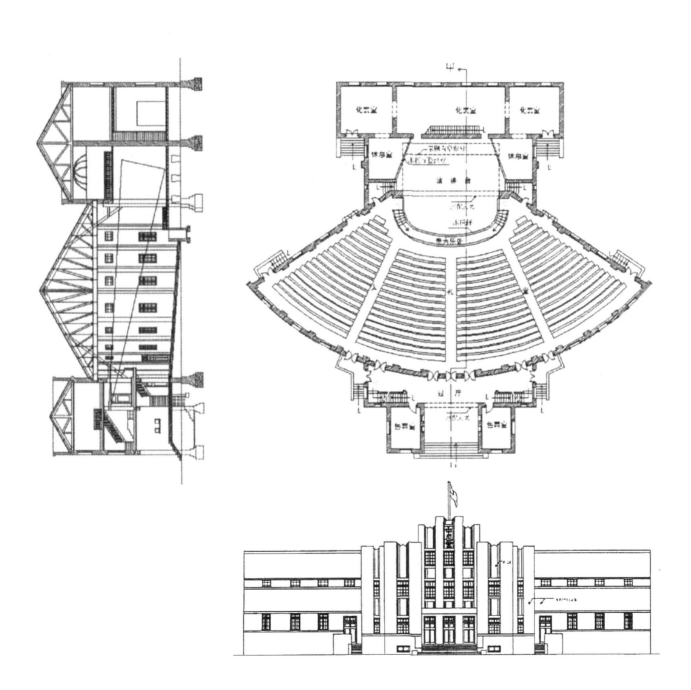

3.3.3 本地演化：典型宗教建筑

　　近代建筑中的宗教建筑主要包括天主教和基督新教的教堂建筑。天主教和基督新教在近代西安广泛传播，并建造了大量的教堂和礼拜堂。五星街天主教堂、南新街礼拜堂、东新巷礼拜堂分别代表了不同时期西安近代教堂建筑的风貌。西安因为地处内陆，所以其近代教堂建筑与沿海开埠城市相比较，除了同样具有中西合璧，中西文化碰撞与交融的特点之外，表现出更多的中国化、地方化和本土化的特点。

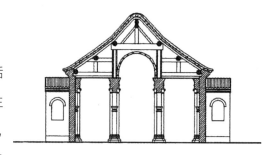
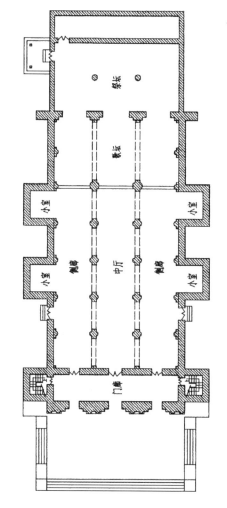
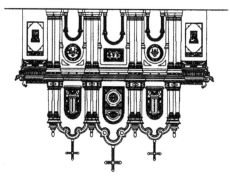

五星街天主教堂平、立、剖面图
来源：符英《西安近代建筑研究（1840–1949）》

约建于1884年，位于西安城内土地庙什字中段路北（现在为西安市莲湖区五星街17号），又称南堂。由陕西主教高一志、助理主教林奇爱主持建造，是西安现存年代最久的天主教堂。该教堂在"文革"期间曾被西安糖果厂占用，1983年归还教会，在1990年和2004年有过两次全面维修，现仍是天主教会的宗教活动场所。

1）建筑平面形制：现存基督教堂的平面形制一般较简单，以纵长方向的矩形为主，受到西方教堂的影响，多采用纵向三排柱列的巴西利卡形式，中间高，两边的侧廊较低。但教堂的朝向有坐北朝南的，也有坐西朝东的。

2）建筑造型：西安近代教堂在建筑造型上的一般特点是将西方建筑的做法与中国传统建筑做法自然贴切地融合在一起，协调而不显生硬。比如西安五星街天主教堂的立面主体是巴洛克风格的，南新街基督教堂主立面两侧高耸的钟塔是哥特式教堂的构图，但是在局部和细节方面更多地表现出中国传统建筑的特点。门窗洞口一般采用西式拱券形式，如半圆券、弧形券和平券，但券的处理一般比较简单，没有复杂的发券形式和过多的装饰。因此出现中、西两种建筑风格相映成趣的现象。西方建筑的拱券、柱式、涡卷、线脚同中国传统建筑的屋顶、脊饰、照壁、挂落、砖雕共存。

东新巷礼拜堂

来源：符英《西安近代建筑研究（1840-1949）》

建于1903年，位于西安市东关长乐坊东新巷，为英国传教士武德逊
主持建造，为基督教浸礼会所有。1966年被西安市起重机厂占用作
为仓库，后1984年经过首次维修后归还教会，2002年再次全面维修，
至今仍是基督教活动场所。

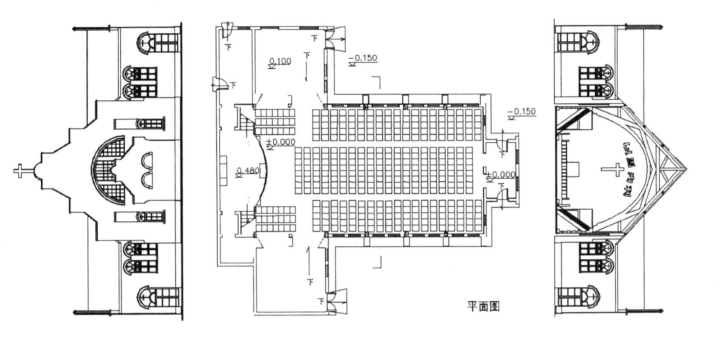

平面图

3）**建筑结构技术**：西安教堂建筑中的结构体系普遍采用了砖墙
木屋架的砖木混合结构。屋架部分的做法大体有两种，一种是中国
传统的抬梁式屋架（如西安五星街天主教堂），一种是西式的三角
形屋架（如西安南新街礼拜堂）或木拱券结构（如西安东新巷礼拜
堂）。拱券结构大多用在门、窗等开洞部位，代替传统的石、木过
梁。教堂的基础部分采用简单经济的砖砌条形基础。

4）**建筑材料**：由于交通不便，材料运输困难，西安的教堂建筑
多采用陕西当地传统的建筑材料，如砖、木、石、瓦、土坯等，很
少采用豪华的、外来的建筑材料。典型的教堂一般屋架为木结构，
墙体为砖墙或土坯砖外贴青砖，屋面为传统的小青瓦或新式机瓦。

5）**建设人员**：这些建筑一般由宗教团体投资，设计师为传教士，
施工则为本地的工匠，因此风格表现并不纯粹，常常既有中国传统
建筑的特点，又杂糅西式建筑风格。非职业建筑师担纲设计建造是
造成西安近代基督教建筑在风格上的中西合璧、做法上的土洋结合
特征的主要因素之一。

肆 物用——功能主义的发展

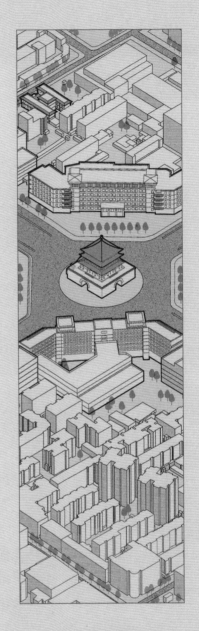

建筑是重要的记忆装置，我们经常通过建筑来得知建造它的时代的社会风俗与文化。作为时代文化产物的建筑，应用其所处时代最合适的建造方法、材料与样式。

——承孝相《改变世界的建筑》

1950年代西安城市建筑群

1960年代西安城市建筑群

1970年代西安城市建筑群

1980年代西安城市建筑群

"任何时期的新建筑都产生处于已存在的城市文化背景之中，根据需求应运而生。因此说，城市文化的多方面都离不开建筑，可以说是仰赖于建筑去塑造、去丰富、去提升。"

——张锦秋《城市文化孕育建筑文化，建筑文化彰显城市特色》

4.1 转辗：
从曲折徘徊到多轨发展

从1840年到1949年，经过了100多年的战乱，半封建半殖民地的旧社会人民生活贫困、经济基础孱弱。面对百废待兴、百业待振的现实局面，中华人民共和国在巩固政权、建立新民主主义政治制度的同时，将恢复和发展生产作为首要任务。"一五"期间，西安被赋予了重要的战略地位进行重点建设，1950年代初制定的第一版城市总体规划明确"西安是以轻型精密机械制造和纺织为主的工业城市"。大量科研院所和工业企业的迁入与建设拉开了新西安的城市骨架，建筑业蓬勃发展。

1958年"大跃进"后，西安同中国大部分其地区一样，发展建设相对停滞。1978年改革开放后，伴随国民经济由计划经济向市场经济的逐步转型，西安城市建设开始全面恢复，明城区也迎来了新的发展时期。

现代西安建筑（明城区内）

1949 西安解放	**1950-1952** 三年国民经 济恢复时期	**1953-1957** "一五"时期		**1958** "大跃进"	**1958-196** "二五"时
西安市建设局成立， 开始大规模建设活动	组建大量建筑工程 公司	西安进入第一次经 济建设大发展时期		受"左"的思潮影响	国民经济主要指 剧烈升降，比例 重失调

1949

探索期：中华人民共和国成立初期，经济恢复阶段　　　　　　　　　　　低潮期：计划经济主导国

建造

民用建筑在这一时期得到
了快速发展，建成了一批
具有浓郁本土风格的公共
建筑。

经历"大跃进"运动及其
后的"文化大革命"，国
民经济进入困难时期，建
设规模大为缩减。

001 止园饭店	商业建筑	
002 解放电影院	文化建筑 全市第一座公营电影院	
003 西安大上海美发厅	商业建筑	老字号理发厅
004 西安市体育场	体育建筑	最早的体育场
005 妇女儿童用品公司	商业建筑	
006 西安解放路饺子馆	商业建筑	
007 原西安市委礼堂	文化建筑	
008 西安人民大厦	商业建筑	
009 西安人民剧院	文化建筑 第一座现代化歌舞剧院	
010 五四剧院	文化建筑	
011 华侨商店	商业建筑	
012 西安百货大楼	商业建筑	
013 西京食品商店	商业建筑	最早一批的食品商店
014 解放百货大楼	商业建筑	第一家国营百货零售
015 新华书店钟楼门市部	商业建筑	
016 西安市十九粮店	商业建筑	
017 西安碑林博物馆	文化建筑	最早的博物馆
018 和平电影院	文化建筑 西北第一家立体声影院	
019 西安东亚饭店	商业建筑	
020 桃李春饭店	商业建筑	

001 解放饭店		
002 民生百货商店		
003 西安市档案馆		
004 西安儿童影剧院		
005 西安邮电大楼		
006 西安报话大楼		
007 西安文物商店		
008 大庆商场		
009 北大街商场		
010 炭市街副食品商场		

66–1976 化大革命"	**1968–1979** 上山下乡	**1978** 改革开放	**1979–1984** 国民经济第二次调整	**1984–1989** 有计划的商品经济发展阶段

从计划经济向社会主义市场经济过渡

安的房屋建设规
度大受影响

西安拆除还是保护
城墙引发争议

全面的社会主义现
代化建设

全面开展城市经济
体制改革

1989

复苏期：计划经济过渡社会主义市场经济阶段

适应经济发展与社会生活
需要，城市建设全面开花，
建筑类型越来越多。

商业建筑	最早一批的食品商店	001 陕西科学技术馆	文化建筑	
商业建筑		002 西安烤鸭店	商业建筑	最早的烤鸭店
文化建筑		003 西安钟楼饭店	商业建筑	
文化建筑		004 骡马市服装专业市场	商业建筑	最繁华的服装市场
办公建筑		005 朱雀贸易大厦	商业建筑	
办公建筑	当时西安的标志性建筑	006 唐城百货大厦	商业建筑	
商业建筑		007 东新街夜市	商业建筑	最大的夜场
商业建筑		008 西安市青少年宫	文化建筑	
商业建筑		009 西安火车站改建	交通建筑	
商业建筑		010 陕西省人民政府办公大楼	办公建筑	西北最大的建筑
		011 秦都酒店	商业建筑	
		012 西安百货大厦	商业建筑	
		013 陕西省妇幼保健院医药楼	医疗建筑	
		014 西安古都大酒店	商业建筑	
		015 第一人民医院门诊楼	医疗建筑	
		016 西安证券公司	办公建筑	
		017 中国银行西京分行	商业建筑	
		018 西安凯悦阿房宫饭店	商业建筑	

建国前后明城区街头景象

4.1.1 工业城市：中华人民共和国成立初期（1949–1957年）

　　三年国民经济恢复期后，中国全面学习苏联模式，初步制定了第一个国民经济发展"五年计划"。西安被列为国家重点建设的城市之一，定位为轻型精密机械制造与纺织工业城市。苏联援建的156个工业项目，有16项落地西安，排位全国第一。规划将工业区及教育新区设置在明城区外围，明城区基本保留老城格局，充分利用既有建筑和公共设施，集中布置行政管理机关，商贸设施沿东、西大街设置。

　　"一五"末，西安城市建成区突破了明城范围，初具工业城市格局，道路与基础设施大为改观，形成了东郊纺织城、西郊电工城和南郊文教区的城市骨架。城市中出现了一批工业建筑、集合住宅以及满足现代城市功能需求的公共建筑。这是西安在中华人民共和国成立后第一次城市建设的大发展时期。

1. 国有土地管理驱动下的住房建设

　　中华人民共和国成立前，"西安市区共有房屋395万平方米，其中住宅231.5平方米，人均居住面积3.32平方米。"①大部分为私产，且官僚资本家占有大量房屋。1949年5月20日西安解放，同年成立公共房产管理处，后更名为西安市人民政府房地局，负责全市公有及代管房地产的调拨、登记、租赁和私有房地产的管理。

　　1949–1952年恢复时期，新增住宅面积达17.1万平方米。1953年大规模国民经济建设开展后，工业的发展带来了居住与工业交织的城市空间格局，住宅建设加快。

　　1956年和1958年先后两次对私有出租房屋进行社会改造，采用公私合营、国家经租和自行经营国家监督三种方式。"一五"末增加住宅面积达287.9万平方米，超过中华人民共和国成立前西安既有住宅面积。这一时期的住房建设有力保障了社会主义工业发展。

①《西安市城建系统志》

"一五"时期西安明城区街头景象

2. 计划经济体制下的商贸建筑

中华人民共和国成立初期，生产力水平不高，社会资源匮乏，国家实施计划经济以保障社会生活正常运转，人们的日常生活消费围绕最基本的衣食住行展开。实行商业网点按行政区划设置，国营、供销合作社商业按城乡和商品分工经营，并且固定供应对象、固定作价扣率、固定供应区域等流通模式。

这一时期的商贸建筑主要满足日常吃喝用度及百货杂物供给，典型建筑包括百货公司、集贸市场、副食品商店、粮油商店等，建筑尺度与体量不大。受到建设条件、消费能力及供给制度等影响，商贸建筑在解放初"业种店"的基础上有所增加，但变化不大，增长缓慢。

3. 意识形态影响下的重点建筑

现代主义建筑在中国开始于20世纪30年代，其后逐渐成为中国建筑创作的主流，1953年随着"民族的形式，社会主义的内容"的提出，现代主义建筑受到批判。国内建筑创作思想同西方现代建筑思潮逐渐脱轨，转向苏联学习。1952年，建筑工程部成立并召开了第一次全国建筑工程会议，在会上提出了："适用、坚固安全、经济，适当照顾外形美观"的建筑设计总方针，为建筑创作规定了方向。西安结合地域历史和社会条件，确定了当代西安建筑与"城市本土和历史文脉"相契合的总体定位。

此间，在国家投资的支持下，立项建成一批重点公共建筑（主要为礼堂、剧院、涉外宾馆、办公楼等），包括西安人民大厦（1952年立项）、西安人民剧院（1953年立项）、新华书店钟楼门市部（1953年立项）等，这些公共建筑在重视功能需求的同时，不断探索创新的建筑艺术风格，在形式上一般采用西方古典构图与中国传统建筑要素（大屋顶或装饰）相结合的设计手法。

"二五"时期及"文革"期间明城区街头景象

4.1.2 建设停滞："大跃进"与"文革"时期（1958–1977年）

"二五"期间，城市建设在"一五"基础上得到一定发展，国家投资的一批大中型建设项目如期完成，为西安建设工业化城市奠定了初步规模。但是，受"左"的思潮影响，实施"边设计、边施工、边投产"的"三边"作法，施工程序被打乱，建筑工程质量难以得到保证，造成极大浪费。1959年，在"国庆工程"影响下，西安也筹划建设城市的"大建筑"，由于财力、物力不足，未能及时上马。1960年经济日渐困难，其后不得不作出调整。西安报话大楼于1960年破土动工，因第一次国民经济调整，1962年压缩停建，1963年恢复，直到1965年才竣工交付使用。

"文化大革命"期间，社会动荡导致政府投资建设规模缩小、速度放慢，而城市人口增加带来居住建筑的迫切需求，造成城市旧城区私搭乱建的情况较为普遍。

4.1.3 快速发展：改革开放后（1978–1989年）

1978年十一届三中全会召开，制定了从单一的计划经济体制逐步转向有计划的商品经济体制的改革战略，市场机制在经济运行中的作用越来越大。1978–1989年期间，西安经济发展动力由二产主导向二三产双轮驱动转变，除工业外，建筑业、批发零售业、交通运输和邮政仓储业、金融业占GDP的比重纷纷超越5%，成为主导产业，经济发展形成多点支撑的局面。西安明城区内的建筑类型开始增多，建筑形式也呈现多元化特征。

1. 房屋建设快速增长

1978–1989年是西安市第二次经济大发展时期，这一时期建成各类房屋面积达2055.6万平方米，与1949–1977年的建设总量2446.84万平方米相差无几。1979–1980年平均每年建房117.45万平方米。"六五"时期（1981–

改革开放后西安明城区街头景象

1985年）随着改革开放和多渠道筹资建房打开，平均每年建设房屋182.4万平方米。1985年前后，房地产开发兴起，每年开发房屋30万~40万平方米。"七五"时期（1986-1990年），房屋建设数量更多，平均每年建造房屋206.44万平方米。

2. 建筑类型逐渐增多

经济制度的调整对城市日常生活水平的提高具有积极的推动作用，伴随城市职能的扩展和居民生活的丰富，各类公共设施建设如雨后春笋一般，且多为"高、大、新、精、尖"项目，为古城注入新的活力。这一时期，新建西安宾馆、金花大酒店、建国饭店、三唐工程、古都文化大酒店、神州假日酒店、凯悦阿房宫饭店等酒店建筑，新建唐城百货大厦、西都大厦、西安百货大厦、民生百货大楼等商贸建筑；此外还有各种公共服务类建筑，涉及行政办公、文化娱乐、科技展览等内容，包括陕西省体育馆、陕西省人民政府办公大楼、西安火车站、西安市青少年宫、陕西电视发射塔、陕西历史博物馆等。这些建筑在结构、造型、选材、工艺、功能、装饰、体量以及建筑风格等方面均与时代发展紧密结合，形成西安城市建设的新气象。

3. 建造技术的进步

伴随建筑类型、功能的完善，建筑空间、平面的多元，建筑造型、风格的创新，建筑技术得到长足进步，建筑选材彻底突破了几千年来沿用的土、木、砖、石等局限。在钢筋混凝土结构普遍使用与大力推动下，大跨度、悬挑、轻型、耐火等新结构应运而生，防水材料、陶瓷面砖地砖、玻璃幕墙、建筑五金、天然石料、铝合金、不锈钢等新型装饰装修材料也得到广泛应用。

通过新技术、新工艺、新材料的实践应用，大中型建筑施工企业的管理水平与施工水平获得很大的提高，整体建设水平提升。

1980年代典型筒子楼居住单元

"'安得广厦千万间，大庇天下寒士俱欢颜'，房子于中国人来说，从来就有着不同寻常的意义。从农村到城镇，从平房到楼房，从福利房到商品房，人们的居住空间和生活方式也得到了巨大改善"。

——中国经济网李方"70年来，中国人的'家'发生了哪些变化"

4.2 居住：从标准配给到多轨并行

传统居住建造活动是一个依赖手工匠人，技术发展缓慢的小规模手工业。进入现代社会以来，工业化带来城市人口激增，对居住建筑的需求量大幅度提高，加上材料科学与建造技术的快速发展，极大地推动了大规模、体系化居住建筑建造的开展。

中华人民共和国成立后，各类集体宿舍伴随工厂、政府机构的建设兴起，城市居民住进单位公房，私人建房明显减少。改革开放后，经济建设得到全面发展，单位福利分房制度导致的住房供给不足矛盾非常突出。1978年邓小平在讲话中指出"解决住房问题能不能路子宽些，譬如允许私人建房或者私建公助"，打破了单一供给制住房分配模式。1980年，住房制度改革出台，开始形成多轨并行的住宅开发建设模式，商品住宅逐渐登上历史舞台。

上左图：1970年代公共供水设施
上中图：1970年代家属院院门
上右图：1980年代顺城巷周边多层住宅

下左图：中华人民共和国成立后街道两侧传统建筑
下右图：1980年代南门内外城市景象

4.2.1 各得其所：住房建设模式的演进

中华人民共和国成立伊始，西安基本保持传统城市的历史风貌，以合院式木构居住建筑为主体，是城市初步发展阶段，大量城市居民进入集体企业或者国有企业成为产业工人，私有住房被政府收为国有，由单位或房管局管理。1950年10月成立西安市人民政府房地局后，迅即拨款建造劳动人民住宅工人新村，分配给无房产户、棚户、拥挤户居住。这一时期，居住空间的变化主要体现在明城区内填补空地、旧房改造或增加建筑密度。

"一五"期间，西安以明城区为中心向外辐射扩散，建设厂房、学校等设施，同时，建造了大量的职工生活福利区，形成西郊工业区、东郊工业区、南郊文教区等典型现代城市功能片区。在明城外围，出现了"工作—居住"的职住一体化居住模式。1953年大规模国民经济建设开展后，快速工业化发展引发住房供给不足，"居者有其屋"成为当时重要的政治任务之一。但受到社会经济条件的限制，城市建设速度难以匹配实际需要。在"一人一张床"的目标引导下，原有明城区院落式私人住宅经过公有化改造后，内部房间被分配给多个居民居住，形成多户杂居的格局，厨卫空间为几户共用。新建建筑按照"摒弃一切室内外装饰"的原则，采用砖混集合式住宅的建造方式，将原本传统屋檐和坡屋顶变成了平屋顶，省略阳台，淘汰拱门。其结果是建成了大量外表毫无装饰的集合住宅，这是"先生产，再生活"这一口号的物化表现。

之后，"大跃进"与"文化大革命"运动延缓了城市建设的脚步，建设投资减少，房屋建设长期滞后。这也暴露了长期积累的体制矛盾，政府统包解决住房建设资金，导致无法通过实行有偿分配和低租金的政策保证资金回笼，建设资金日益困难，成为城市建设中的"老、大、难"问题。尽管政府取缔、停办私房买卖，但私下的买卖、转移一直没有停止。

改革开放后，逐步推行住房商品化，房地产开发应运而生。1984年西安房地部门在原房屋交换站的基础上成立综合房屋服务所，后建立房地产市场，规范委托、买卖、收购、租房等行为。1988年，全国房地产市场讨论研在西安召开，认为西安开办房地产综合市场是房地产改革的新尝试，促进了城市由单一的换房市场向房地产综合市场的发展。

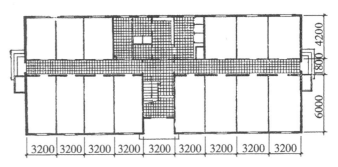

公共宿舍底层平面
来源：城市建设总局规划设计局《全国标准设计评选会议对选出方案的意见和单元介绍》建筑学报，1956（2）：72.

左图：今天留存的3层苏式住宅建筑
右图：苏式住宅平面图

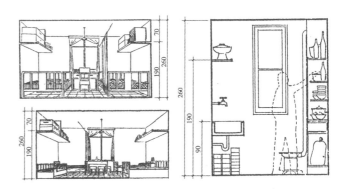

1950年代公寓式住宅楼单元内部

以上单元为公用模式，设有两套包括厨房、卫生间和起居室在内的公共设施，每三户共用一套公共设施
来源：叶祖贵，叶洲独建《关于小面积住宅设计的进一步探讨》建筑学报，1958（2）：30-31

4.2.2 按需扩容：居住生活空间的变化

应对现代工业城市发展需要的第一个"五年计划"，使得居住建筑的建设原则和形式都发生了巨变。传统合院式住宅的自组织生长已不再合宜，取代它们的是大规模的集合住宅，3~4层的住宅体块被有序地组织在单位大院里，这些新型的居住建筑成为社会主义社会的建设主体。面对严峻的经济形势，居住建筑的人均面积从苏联顾问建议的9平方米骤减到4平方米，70%的住户只能拥有一间房间，而多房间的公寓只占到房间总数的20%，2~3户合用一个厨房，4~5户合用一个卫生间。

受到苏联标准化设计的影响，居住建筑建设的基本原则聚焦于建造过程的经济性、简单化和工业化。基本模式主要有两种：集体宿舍模式和公寓模式，前者由开向长走廊的单元房间组成，公用卫生间、盥洗、烹饪设施；后者按照单元设计，每个单元由一系列公寓和公用的一个门厅、楼梯间组成，每套公寓由两个以上房间组成独立户型。

1960-1970年代城市发展缓慢，在"一户一套房"的指标引导下，住宅面积比起以往数量有所增加，但出于节地的考虑，在套型设计的面宽和进深标准上，有着严格的控制。住宅中的空间配置基本能满足当时人们的生活需要，部分套型出现了独立小方厅即餐厅，初步做到"餐寝分离"。

改革开放之后，城市进入高速发展阶段，人民的生活水平有了明显提高，对于居住的需求也不断提高。为满足居住要求，套型面积有所扩大，各功能空间也作了相应调整，起居室开始独立出来，做到了"居寝分离"。随着商品房开发的热潮，城市住宅形式大为改观。之后，商品住宅逐渐成为居住建筑主流，套型设计呈现多样化趋势，单套住宅的数量开始迅速增加。

厅的演变

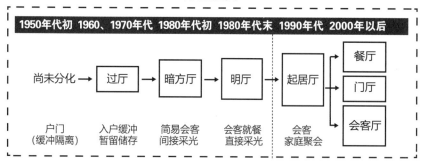

居室的演变

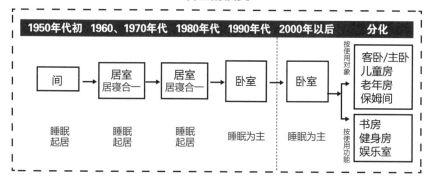

厨房的演变

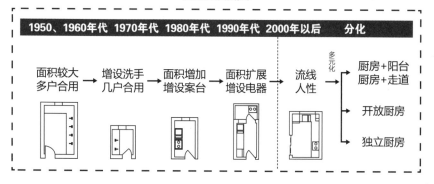

卫生间的演变

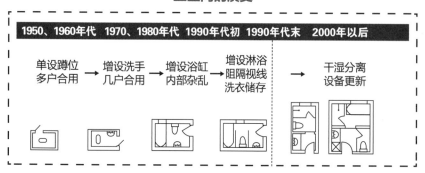

私建住宅

1949年西安解放初期，全市有私房面积325.37万平方米，占全市房屋面积的82.17%。第一个五年计划期间，随着工厂学校住宅大量修建，许多职工市民住进公房，私人建房明显减少。此后，由于对私人建房采取限制政策，私人营建住宅受土地、材料、劳力等种种制约，基本趋于绝迹。据1980年统计，全市仅有私房149.1万平方米，占房屋总面积的5.83%。中共十一届三中全会后，随着改革开放政策贯彻落实，私建住宅受到鼓励，在城市与农村交接边缘区和城内传统住宅区翻建或新建私人住宅逐渐增多，私建住宅多为砖混结构平房，也有2层楼房。

公建住宅

1949-1980年新增住宅多属公建，包括由房地部门营建的直管公房住宅和各单位营建的自管房住宅。由于城市用地日趋紧张，从这时起新建居民住宅开始发展楼房，但同时因资金有限，学习推广大庆"干打垒"经验，所建住宅楼标准较低，多为外廊式，水厕不进户，每层设一公用厕所、一个取水点，仅1964年建于莲湖路的4幢单元宅楼独门独户，水、厕进户，有阳台设施。

商品住宅

1979年，国家城建总局从补助城市住宅建设投资中拨给西安市100万元资金和材料，建成住宅后出售给私人试点，共售出商品住宅房72套、3500平方米，收回投资40余万元。同年西安市房地局成立住宅统一建设办公室（简称"统建办"），采取集资统建办法，动员企事业单位的资金、材料统一建造职工住宅。签订协议参加统建的房屋，由市住宅统一建设办公室按照城市建设总体规划，统一负责住宅建设的征地、拆迁、三通一平、设计和施工。1981年8月，住宅统一建设办公室从房地局划出，改名西安市城市建设开发公司，成为全市第一家房地产综合开发企业，业务拓展为主要采取接受委托代建商品房和自建商品房的办法，开发建设住宅商品房。

1950-2000年住宅内部功能空间演变

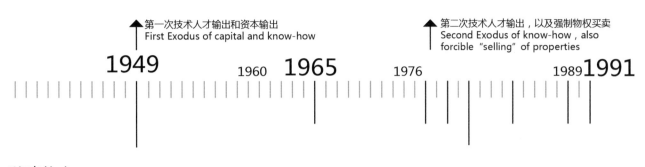

第一次技术人才输出和资本输出
First Exodus of capital and know-how

第二次技术人才输出，以及强制物权买卖
Second Exodus of know-how , also
forcible "selling" of properties

1949   1960   **1965**   1976   1989 **1991**

私建住宅

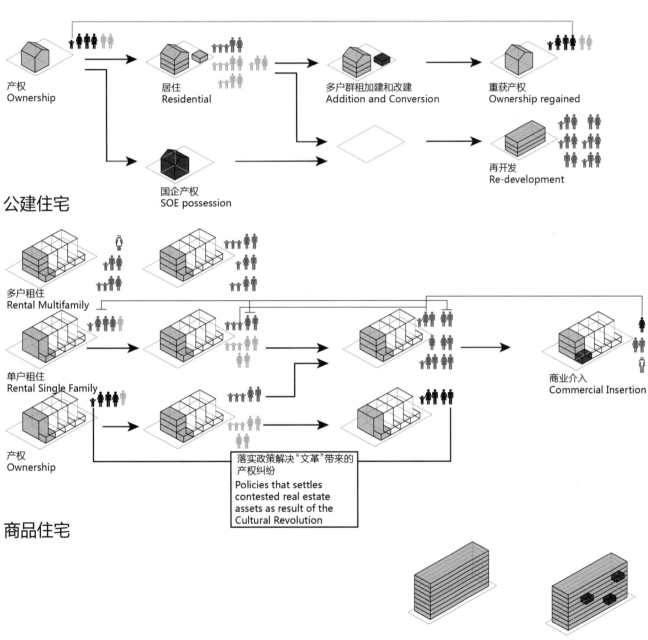

产权
Ownership

居住
Residential

多户群租加建和改建
Addition and Conversion

重获产权
Ownership regained

国企产权
SOE possession

再开发
Re-development

公建住宅

多户租住
Rental Multifamily

单户租住
Rental Single Family

产权
Ownership

落实政策解决"文革"带来的
产权纠纷
Policies that settles
contested real estate
assets as result of the
Cultural Revolution

商业介入
Commercial Insertion

商品住宅

住宅建筑类型变迁
来源：《城市中国》（第36期）. 拥挤：混乱背后的逻辑

4.2.3 点板成矩：居住建筑形态的变化

中华人民共和国成立后的居住建筑标准主要针对单位统建集合住宅的规范要求，包括两个方面。其一是对住宅的建筑层数、层高、设施等进行约束，其二是对住宅标准进行划分，主要是根据职工职业及职称来对住宅面积及基础设施进行分类规定。从建筑基本的形态特征来看，主要有以下5个部分的变化。

第一，基底面积。

1960、1970年代的住宅单体基底面积相比于1950年代有所减少，由平均500平方米减少到400平方米，之后一直呈逐渐增加的趋势，1980年代恢复到500平方米，1990年代继续增加，平均值接近700平方米。

第二，建筑面积。

1970年代以前单栋住宅建筑面积在2000平方米左右。1980年代3000平方米以上的单栋住宅占绝大部分，1990年代基本接近5000平方米，2000年后平均值为9000平方米。

第三，建筑高度。

建筑高度也不断增长。1980年代以前，高度基本都在18米以下，1990年代普遍为20米以上。2000年后高层数量增多，出现30米以上。

第四，建筑面宽。

传统院落民居的建筑正房、厅房面宽一般为8~12米，厢房的面宽在4~13米之间。中华人民共和国成立后明城区内新建集合住宅单体的面宽变化不大，从1960年代到1990年代基本保持在50米左右的宽度。2000年后建造的可达95米。

第五，建筑进深。

1950-1980年代住宅进深变化较少，浮动在10米左右，1990年代进深有了较大增加，接近15米的住宅增多，2000年后进深继续增加涨幅不大，平均值接近17米。

院落：明城区内的院落式低层住宅以自建为主，现状分布多集中在两大片区和一些零散地块。以回坊、三学街、顺城巷、尚德路与尚勤路之间为代表。目前留存的自建住宅最早可追溯至明清时期，且在其原有地块范围内进行自我更新建设。因此其空间的历时性特征明显，呈现不同建筑年代遗存高度复合的状态，甚至叠加在同一幢建筑或同一个院落当中。自建住宅的建设由于受到建设标准和技术的制约，二维方向的空间拓展比高度的增加更明显。建筑高度基本在1~3层，但平面上院落空间被缩减。位于集中自建住宅片区的院落更新速度相对于孤立的自建地块而言更为缓慢。

板状：此类建筑形态大多建于1950年代之后，这一时期住宅建设标准相对较低，由于受到地块尺度的制约，在局促的地块内获取最大的住宅面积是首要因素，因此宅间环境被广泛忽略。这一时期建设的住宅地块在此后的三四十年间出现了自建房屋，更减少了宅间的空间，包括车棚、简易住房、管理用房和活动用房等。由于新的建设方式和标准差异，形态的构成和组合方式都和私房形成鲜明对比。比较典型的板式形态有一字形和L形两类。

点状：1976年之后，在住房体制改革的带动下，住宅建设也在短时间内突飞猛进。我国在节约用地、使用功能、环境设计等方面都开始对住区规划和住宅设计提出客观要求。1980年代也是西安住宅房地产开始的前十年。在当时的时代背景下，住宅建设开始了适应中国本土化标准的探索。随着城市化水平的提高，人口膨胀，城市建设用地也更加紧张。在居住地块的规划设计中，开始出现全方位的探索。涉及住宅的层数、进深、群体布置形式等，包括行列式、高低搭配、点条结合、前后错落、东西向布置、拐角单元、斜向布置等。1990开始是西安明城更新建设的高峰期，这一时期，明城区全面的从原有传统院落尺度向现代主义尺度转变。大量的点状住栋出现，板点结合的住宅小区也逐渐产生。

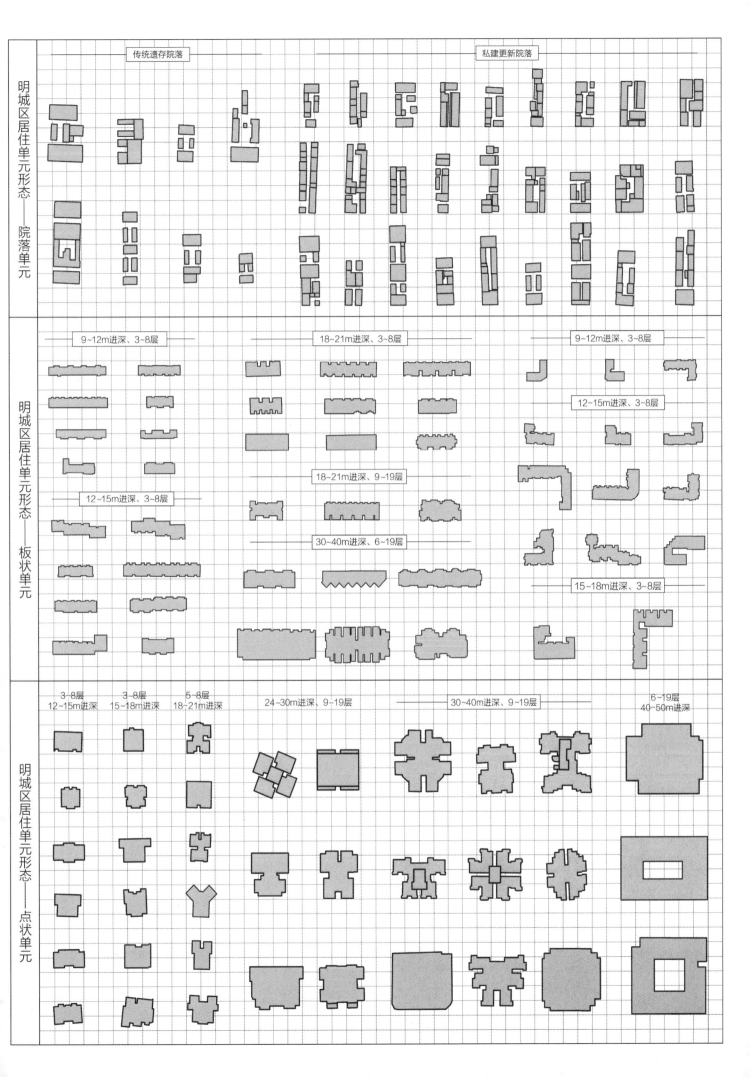

明城区居住单元形态——院落单元

传统遗存院落　　　　　　　　　　　　私建更新院落

明城区居住单元形态——板状单元

9~12m进深、3~8层　　　18~21m进深、3~8层　　　9~12m进深、3~8层

12~15m进深、3~8层

18~21m进深、9~19层

12~15m进深、3~8层

30~40m进深、6~19层

15~18m进深、3~8层

明城区居住单元形态——点状单元

3~8层　　3~8层　　5~8层
12~15m进深　15~18m进深　18~21m进深

24~30m进深、9~19层　　　30~40m进深、9~19层

6~19层
40~50m进深

整机

20世纪80年代海燕电视机生产线（刘一摄）

"学界对于票证的起端，公认的时间是1955年，是以发行第一套全国通用粮票为标志。之后食用油票、布票相继面世。全国2000多个市、县分别发放和使用各种商品票证，进行计划供应。"

——陈煜《中国生活记忆——建国60年民生往事》

4.3 商贸：
从国营计划到多元并存

中华人民共和国成立前多种所有制并存，1953年通过没收官僚资本建立起国有经济，对私营工商业的改造逐渐开始，对商品实行有计划收购、计划供应，将私营小批发商和私营零售商逐步改造为各种形式的国有资本商业。

"大跃进"与"文革"时期，西安商贸业经历了艰难曲折的发展道路，集市贸易一度被关闭取消，一些名店老字号的招牌被强行砸毁，个体商贩受到歧视和排挤。在长达二十余年的计划经济时期，物资短缺，商业凋敝。并未实现全社会有计划的发展，人民生活必需品始终凭票供应。

改革开放后，建立了开放式商品流通市场，市场供应转入正常，出现繁荣兴旺景象。多种经济成分的商业迅速发展，初步改变国营商业独家经营的局面。长期以来群众吃饭难、住店难、理发难、买东西难等问题得到缓解。

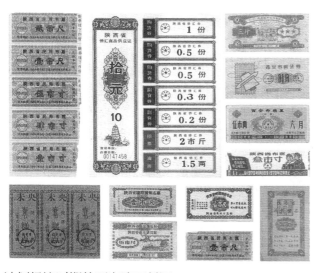

计划经济时期的西安购买凭证
来源：西安市地方志办公室《西安六十年图志》

1970年代市民在门市部排队购买计划供应的粮油
来源：西安市地方志办公室《西安六十年图志》

4.3.1 应时而变：商贸发展模式的演化

新中国成立初期，商业凋敝，西安市人民政府依据中央"发展生产，繁荣经济，公私兼顾，劳资两利"方针，努力恢复和发展生产、安定社会、繁荣经济，揭开西安市商业建筑发展历史新的一页。

1950年代初，原有市场的商户、摊贩经过社会主义改造，多数走上了公私合营的合作化道路，市场随之消失。之后，由于实行"左"的政策，集市贸易被作为打击、取缔的对象，长期禁止发展。在1957-1978年间，除"困难时期"的1960-1962年以外，所有农副产品集贸市场全部取消。中共十一届三中全会后，城乡经济体制实行改革，集市贸易得到迅速恢复和发展。城区内先后开放了五味什字、东门盘道、炭市街等农副产品交易市场。

计划经济体制下，以"百货商场"为代表的商业建筑成为主体。1950年代后又产生了许多新的商贸建筑类型，如电影院、剧院、大型书店等，包括目前仍在使用

的文化建筑，如和平电影院和西安人民剧院。和平电影院1955年正式开业，1958年被改造为全西安市第一家宽屏银幕电影院，1964年再次改进更新设备，成为全西安市第一家立体声、宽屏银幕电影院。西安人民剧院是西安市在中华人民共和国成立后，由西北建筑设计公司设计的市内第一座专业现代化歌舞剧院建筑，于1954年建成使用。这一时期出现的新建筑类型反映了西安人民商贸生活日益多样化特征。

十一届三中全会后，在《关于经济体制改革的初步意见》草案中提出"我国现阶段的社会主义经济是生产资料公有制占优势、多种经济成分并存的商品经济"，"我国经济改革的原则与方向应当是，在坚持生产资料公有制占优势的条件下，按照发展商品经济的要求，自觉运用价值规律，把单一的计划调节改为在计划指导下，充分发挥市场调节的作用"。改革开放推动市场经济的建立，充分发挥市场机制的调节作用，使得经济发展出现新的生机。丰富多样的城市个体经济、私营经济与外资经济，形成了适应

市场经济要求的微观经济主体，不断创造和开拓市场，充实完善了社会主义市场经济体系。市场竞争也促进了人们对新的零售方式和建筑类型的探索。

改革开放后市场经济体制比重逐渐扩大，市民的购物方式也逐渐走向"现代化"，多种消费需求催生各类型的综合商业建筑，尤其在钟楼——端履门商圈，大量的商贸建筑持续发生变化。

1984年9月，西安唐城百货大厦建成。1987年10月骡马市服装商业市场开始营业，联同东大街路南的解放市场、西北眼镜行、大上海美发厅、西安照相馆、人民服装店、前进鞋帽店、中华甜食店、大同园浴池、大光明理发店、五一饭店、外文书店、西北电影院、华侨商店等，共同形成1990年代西安城市的商贸核心区域，唐城百货大厦与位于钟楼东南角的解放百货大厦、位于西大街的朱雀贸易大厦，成为明城区内的消费目的地，是这一时期明城区内最具有代表性的商业建筑群。

上左图：1950年代城墙下的露天蔬菜集市
上右图：1950年代西大街沿街小百货商店
下左图：1950年代东大街新华书店
下右图：1950年代东大街华侨商店

中国古代最常见的商业形式，是马克思所论及的"贩运商业"，在古代文献中称为"行坐古商"。到了中世纪，"坐商"诞生，有了固定的商业店铺，这种店铺基本是卖一种或一类产品，即我们现在所说的"业种店"。在漫长的中国封建社会制度中，"业种店"一直是商业零售业的主要方式，即市场就是按所卖商品的类别划分的，像米市、菜市、牛羊市等。近代以来，市民商业生活已经开始从"市场"转向"商场"。建国初期计划经济体制下，以"百货商场"为代表的商业业态成为主体类型。

1980年代大众日常生活及消费的典型场景　刘一（摄）

4.3.2 商品多元：大众消费需求的转变

　　1950年代，城市居民除少数生活水平较高以外，大都粗茶淡饭，只求温饱；居民着装以棉为主，单调简朴，样式雷同，且多为购买面料自己缝制或找裁缝缝制；一般家庭日常用品仅有搪瓷面盆、搪瓷口杯、热水瓶等，当时被称为"四大件"的自行车、手表、缝纫机、收音机在一般家庭中鲜少出现，大众购买力很低。

　　1960-1970年代居民消费生活虽有变化，但不甚明显。

　　1980年代后，随着生产力的解放和市场的繁荣，城市居民粮食供应有所好转，人们开始追求食物的品质，讲求鲜、嫩、精、活以及可口、美味、营养。主要表现在主食下降、副食增多，高热量、高蛋白食品增多。人们的穿戴特点发生明显变化，注重款式和剪裁，穿着合身的西服套装、长短大衣、羽绒服、夹克、风衣等多种类型，讲究穿戴舒适、大方、美观。随着居民收入增长和市场日用品的丰富，人们在满足吃穿的基础上，转向对日用品的添置更新，家庭摆设用品由三斗桌、大立柜、木板床转向沙发、写字台、组合柜、席梦思床等，居室美化成为人们生活中不可缺少的组成部分，新的"六大件"（电视机、电冰箱、洗衣机、录音机、照相机、电风扇）也入户各家。

　　1990年代初，票证配给制度取消，消费者面向市场自由选购商品和服务成为消费需求实现的主要形式。城乡居民消费需求大幅度增长，引发改革开放以来也是新中国成立后最为深刻的城乡居民第一次消费革命，揭开了中国人消费生活的新篇章。居民消费逐步实现了从较低层次向较高层次的转变，从满足基本物质需求转向满足精神文化需求，并开始注重消费的多样性。

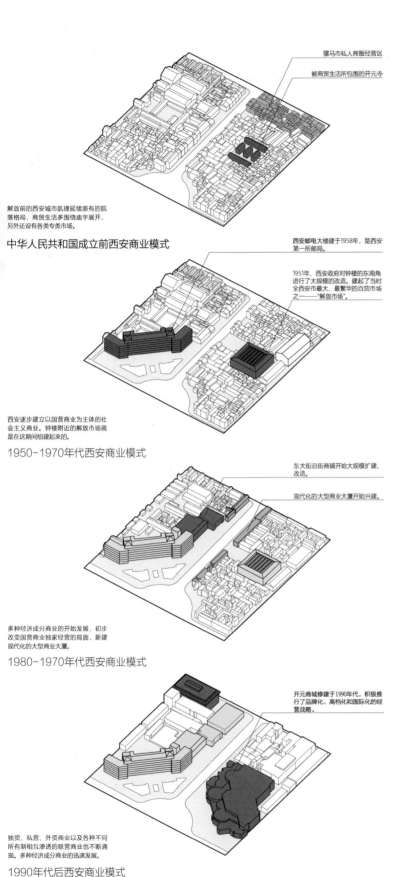

骡马市私人商贩经营区

被商贸生活所包围的开元寺

解放前的西安城市肌理延续原有的院
落格局，商贸生活多围绕庙宇展开，
另外还设有各类专类市场。

中华人民共和国成立前西安商业模式

西安邮电大楼建于1958年，是西安
第一所邮局。

1951年，西安政府对钟楼的东南角
进行了大规模的改造。建起了当时
全西安最大、最繁华的百货市场之
一——"解放市场"。

西安逐步建立以国营商业为主体的社
会主义商业。钟楼附近的解放市场就
是在这期间组建起来的。

1950-1970年代西安商业模式

东大街沿街商铺开始大规模扩建、
改造。

现代化的大型商业大厦开始兴建。

多种经济成分商业的开始发展，初步
改变国营商业独家经营的局面，新建
现代化的大型商业大厦。

1980-1970年代西安商业模式

开元商城修建于1990年代，积极推
行了品牌化、高档化和国际化的经
营战略。

独资、私营、外资商业以及各种不同
所有制相互渗透的联营商业也不断涌
现。多种经济成分商业的迅速发展。

1990年代后西安商业模式

中华人民共和国成立前：1949年以前，西安城市延续了以传统合院式住宅为基底的低层高密度特征，城市中的标志性建筑为钟鼓楼，以及各类寺庙；商贸生活多围绕庙宇展开，另外还设有各种专类市场，例如竹笆市、骡马市等，均为私人小商贩经营，空间单元与居住差异不大。

1950-1970年代计划经济：1949-1978年，西安逐步建立以国营商业为主体的社会主义商业。民生、解放、平安、城隍庙等4大合作商店，就是在此期间组建起来的。三年经济困难时期，物资匮乏，粮食紧缺。为渡过难关，国家实行计划供应棉布、棉絮，主要针织品实行凭票供应，对人民日常生活必需的粮食、煤炭、煤油、火柴、肥皂、食盐、蔬菜、肉类食品、食糖、糕点、卷烟等实行登记、定量凭票供应；对货源少且非人民生活必需的高档商品，如呢绒、绸缎、自行车、手表等实行凭专用票供应，对既不能按人定量供应，又不能敞开销售的紧张商品，试行凭"购货券"选购的办法，陆续对糕点、糖果、部分食品、自行车、手表、部分针织品等几种特定商品，实行高价供应政策。

1980-1990年代市场经济开放：1978年中共十一届三中全会后，西安市各级商业部门拨乱反正，正本清源，把"促进生产，发展商品流通，繁荣城乡经济，为人民日益增长的物质文化需要和社会主义建设服务"作为商业工作的基本任务，多种经济成分的商业迅速发展，初步改变国营商业独家经营的局面。1984年，西安市扩建老商店，新建现代化的大型商业大厦，在城郊建设档次较高、规模较大的集贸市场，包括唐城百货大厦、朱雀贸易大厦、炭市街副食品市场等。康复路工业品批发市场以及太华路、韩森寨、红庙坡农副产品交易市场先后建成开业。

1990年后多种商贸模式并存：独资、私营、外资商业以及各种不同所有制相互渗透的联营商业不断涌现。多种经济成分商业的迅速发展，初步改变国营商业独家经营的局面，对于扩大商品流通，方便人民生活起到很大作用。

上图：1980年代初老童家牛羊肉专卖店　　上图：1980年代钟楼电影院　　　　　上图：1980年代末华侨商店街景
下图：1980年代初炭市街副食品交易市场　下图：1980年代唐城百货大厦　　　　下图：1980年代末和平电影院入口

4.3.3　由小变大：商贸建筑形态的变化

中华人民共和国成立后，我国提出集中统一的计划经济体制，国家专营各类工商业，西安出现了有计划的小型国营商店网络和大型百货商场。其中，小型国营商店的建筑尺度基本上是传统作坊的延续，建筑通常沿街布置；大型百货商场一般采用多层集中式的现代建筑形式，主要以柜台销售为主，满足城市居民的商品购买要求，功能和空间都较为单一。总体来说，这一时期的商贸建筑反映了在经济欠发达背景下，为解决居民基本生活需求，建筑通过政府的统一调配所具有的集体主义特征。

在这些商贸建筑当中，西安人民大厦、北大街人民剧院、钟楼新华书店、和平电影院、东大街中山大楼（华侨商店）、解放路民生百货大楼六座建筑被列入1950年代"西安十大建筑"的名单之中，具有较高的建筑艺术价值与时代意义，成为西安明城区内的标志性建筑。

中华人民共和国成立初期，明城内的商贸建筑低于钟楼基座的基本尺度8.6米。改革开放后，建筑高度开始增

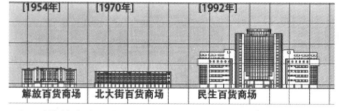

不同时代的商贸建筑尺度差异
来源：车通《建国后西安明城区内新建建筑体量变迁动因研究》

中华人民共和国成立初期，最大的建筑规模都在20000平方米左右。其中北大街百货商场为10600平方米。到了改革开放后，项目建筑面积迅速增大，开元商城建筑面积10.3万平方米。

加，各类商贸建筑呈现规模增大的趋势，导致历史城市传统街巷尺度关系消解，城市历史风貌被完全改变。建筑体量的增加，一方面满足了城市居民日益增长的物质文化需求，另一方面体现出城市发展过程中旧城改造的商业运作逻辑，通过在明城区增加植入高利润回报的商业项目，减轻投入成本与建造成本的双重压力。这种商业的聚集带来了1990年代明城区内的繁荣，特别是"东大街-解放路"商圈的形成，节假日里在东大街逛街购物的城市居民摩肩接踵，成为当时明城区典型的城市风景。

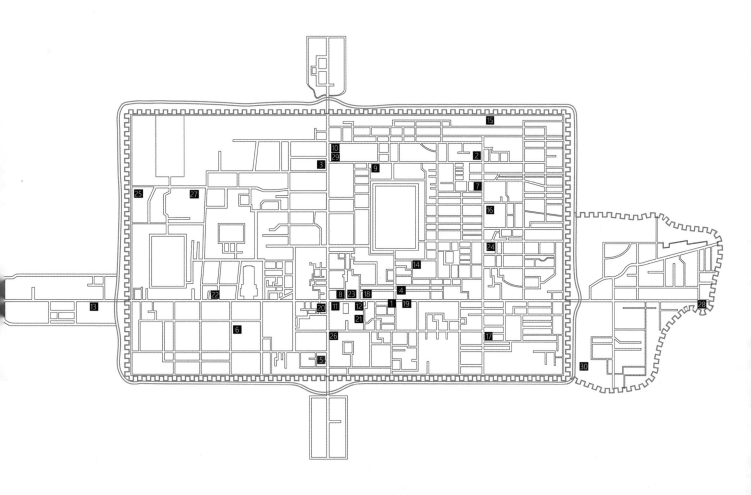

序号	建筑名称 / 建设年代	类别	序号	建筑名称 / 建设年代	类别
1	西安大上海美发厅 1950	消费	16	民生百货商店 1959	消费
2	西安解放路饺子馆 1952	消费	17	西安儿童影剧院 1959	非营利
3	五四剧场 1954	非营利	18	西安文物商店 1965	消费
4	华侨商店 1954	消费	19	西安烤鸭店 1980	消费
5	光明电影院 1954	非营利	20	西安钟楼饭店 1982	消费
6	西京食品商店 1954	消费	21	骡马市服装专业市场 1983	消费
7	解放百货大楼 1954	消费	22	朱雀贸易大厦 1984	消费
8	新华书店钟楼门市部 1955	消费	23	唐城百货大厦 1984	消费
9	西安市十九粮店 1955	消费	24	东新街夜市 1985	消费
10	和平电影院 1955	非营利	25	秦都酒店 1986	消费
11	西安解放百货商场 1956	消费	26	西安百货大厦 1987	消费
12	西安东亚饭店 1956	消费	27	西安古都大酒店 1988	消费
13	桃李春饭店 1956	消费	28	建国饭店 1989	消费
14	炭市街蔬菜副食大楼 1956	消费	29	秋林百货公司 1989	消费
15	解放饭店 1958	消费	30	神州假日酒店 1989	消费

西安明城区内典型商贸建筑分布（1949–1989年）

陕西省政府大院及周边城市区域鸟瞰

"空间一词有着严格的几何学意义……
人们普遍认为空间是一个基本的数学
概念。若谈起‘社会空间’就会令人
很奇怪。"

——亨利·列斐伏尔

4.4 单位：从集体意志到城市建造

中华人民共和国成立后，为了避免市场经济以及残留的资本主义的影响，"单位"以及与之相匹配的一套社会制度逐渐形成，创造了一个以"单位"为基本单元的政治、经济和社会结构，被国家同时赋予了经济和行政权力，成为国家的替身。在这样的组织机构下，个人完全依附于单位，城市中的生产者——人通过单位与生产空间捆绑在一起，无法从单位体制外获得资源。

单位的内涵从城市党政军机关、企事业单位，深入到农村的生产队和公社等组织。单位的计划性直接渗透至每一个家庭内部，影响个人生活的方方面面。单位不仅是就业的公共场所，而且也是单位成员及其家属居住和生活的场所，单位建筑群或者说单位大院成为这一时期最典型的建筑类型。改革开放后，各类生产资料逐渐资本化，单位福利制度不断瓦解，其所控制的封闭大院空间也逐渐打开，成为隶属于城市、服务于居民的各类公共机构。

左上图：1970年代北大街街景　　左下图：1950年代西京医院
右上图：1950年代西安报话大楼　左下图：1980年代关中书院
中图：1960年代西安邮电大楼前　右下图：1950年代市人民体育场

4.4.1 标准单元：单位建设模式的演化

　　1953年起，大规模的工业化建设开始了，当时国力有限，人力、物力和财力集中用于工业发展，城市建设的总方针是"围绕工业化有重点地建设城市"。工业外的其他房屋建设被认为是耗费资源的非生产性建设投资。

　　将单位定为城市生活基本单元是中华人民共和国成立后最具特色的中国社会主义建设模式。1960年代，一家国有企事业单位会为它的员工建造以下设施：学校、食堂、门诊室、幼儿园、公共浴室、热水锅炉、冷饮部、理发店、综合商店、实习生宿舍和几幢已婚员工的公寓式住宅楼。"文化大革命"期间，工厂没有新添任何设施，到了1970年代后半期，工厂新增了招待所，扩建了学校和幼儿园并新建了更多员工宿舍。而在改革开放的最初十年（1979-1989年），工厂新增了更多住宅楼，进一步扩建学校，并新建了一个商业中心——经营食品、服装、家用电器及其他日常生活必需品。生产与日常生活的空间联系是以单位为核心展开的。

　　1980年代中期，随着单位的服务范围和规模的扩大，工厂成立了生活服务公司，专门分管这一领域。随后，这些服务业的员工从单位总体员工的10%上升到了20%，且一直持续到1990年代。直到经济体制改革最终获得了发展的足够动力，新的社会供给关系逐渐替代了单位，新的社会空间模式取代了单位大院。依托城市公共服务需求建设的医院、学校以及企事业单位大院成为计划经济时代在当代城市空间中留下的历史印记。

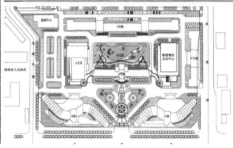

今日人民大厦

4.4.2 服务特征：内向单位服务与城市公共服务的并置

中华人民共和国成立初期城市建设质量较低，道路市政等基础设施落后，以传统合院式住宅为主，缺少文化娱乐、商业服务等城市公共空间和公共设施。1950年代中后期，西安出现了一批现代主义风格的公共建筑，建筑造型简洁大方，体现出了较高的设计和建造水平。1980年代随着经济发展和大众生活水平的提高，计划经济逐渐让位于市场经济，满足各类生活需求的城市公共建筑开始涌现，呈现出内容多样，形式丰富的发展特点。

1990年代，明城区内的公共服务机构按照其职能差异可分为依托单位组织模式的内向型办公与学校机构以及围绕城市生活展开服务全体市民的外向型城市公共服务机构。

内向型办公与学校机构常常以大院的形式存在——包括党政军机关单位大院（如省委、省政府、市委、市政府、军区等）、一般行政单位大院（如交通厅、广电厅、冶金厅、建设厅等）、事业单位大院以及一些企业单位大院、大中专院校和中小学校等。

众多的单位大院是中华人民共和国成立后人们日常生活的重要载体，无论哪种类型的单位，其院内建筑单体建设均持守一个基本原则——"主要建筑单体位于轴线的最前方，并强调中轴对称的基本格局"。这些被称为"主楼"的建筑物，象征着集体主义的向心性以及其单位权力在日常生活中的领导地位。主楼前形成一个类似于广场的礼仪性空间，服务类和居住类建筑分布于办公建筑的两侧和后部。有两栋以上办公建筑的单位大院，其办公建筑往往集中布置在入口礼仪性广场周边，且常形成围合状。

外向型城市公共服务机构包括医院、车站、博物馆、纪念馆、图书馆、金融机构、体育场等社会公共服务建筑。此类建筑单元的实体空间可以依托单独的建筑形成，也可依托院落进行空间组织，其主体建筑为一栋以上对外提供服务的公共性建筑，其建筑形式和功能布局具有较强的专业特征与审美意识，由专业建筑师主持完成，具有较为鲜明的个性与地域特征。

上图：1980年代省政府办公大楼
下图：1980年代改建西安火车站

1980年代中建成的陕西省人民政府办公楼
1988年荣获中国建筑业联合会授予"建筑
工程鲁班奖"；1980年代末建成的西安火车
站被评为陕西省1980年代十大建筑之一。

4.4.3 典型建造：现代建筑营建的演变

　　1950-1960年代初，是西安现代建筑发展的高潮时期，产生了许多具有代表性的现代主义建筑，且一直沿用至今。三年经济恢复时期，大多数建筑基于当时的社会经济状况，采用现代主义的建筑风格，建筑多为平屋顶，少装饰或无装饰。从"一五"开始，受苏联建筑文化的影响，中国开始了继1930年代之后又一次民族形式的探索。西安的现代建筑发展也不可避免地受其推动，出现了一批具有民族形式的代表性建筑。这一时期西安曾评比出"十大建筑"，包括西安邮电大楼、西华门报话大楼、西安人民大厦、北大街人民剧院、东大街中国建设银行、钟楼新华书店、和平电影院、西安老火车站主楼、东大街中山大楼（华侨商店）、解放路民生百货大楼。这些建筑的境遇各有不同，有些已消逝不见，存留下来的至今仍为经典。

　　改革开放后，新的技术与材料不断涌现。运用钢筋混凝土结构建造的传统建筑大屋顶，成功地以现代材料与构造技术取代传统的木结构，通过简化传统木构建筑的构造方式，使其传统意象更具现代特色，较好地融入周边环境。运用隐喻的设计手法，在建筑中表达古典园林的空间意象，甚至还有一些建筑完全采用大面积的玻璃幕墙外表皮，这些都为古都西安带来现代化的城市景象。此时也涌现了规模更为宏大，功能日趋复合的各类公共建筑，如1985年建成的西安市青少年宫，1986年建成的西北最大的建筑——陕西省人民政府办公大楼等，这些建筑从功能使用到空间设计都有了质的飞跃。

　　随着时间的推移，城市化进程加剧，明城区的建设活动由单体的建筑建造逐渐转向群体建筑的形态控制，城市空间形态、建筑高度和尺度随着城市的发展不断发生改变。新的发展形势下，1986年批准了《西安市控制市区建筑高度的规定》，1988年1月召开"西安城墙遗址保护研讨会"，两者均强调对于明城区内建筑物的体量、数量、密度、外形及色调予以控制。以明城墙、钟楼、鼓楼等主要古建筑及传统居民区为保护主体，建筑高度按保护范围和实际情况实行分区控制。"从明城墙向市中心依次分为平房、九米、十二米、十五米、十八米、二十一米、二十四米、二十八米、三十六米，九个级次。整体控制高度以钟楼宝顶三十六米为限。"

140

西安 1950 年代十大建筑一览表

人民大厦
西安人民大厦主楼建于1953年，其设计受到民族形式的影响，功能为宾馆

西安邮电大楼
位于钟楼盘道的西安邮电大楼，始建于1958年，由苏联援建，老建筑仍在

中国建设银行
东大街的中国建设银行，苏联援建，今为饮食服务公司的皇城医院，老建筑仍在

和平电影院
位于北门里的和平电影院，为一座苏式风格建筑，现正在进行改造

新华书店
位于东大街的新华书店，由苏联援建，老建筑仍在，目前为闲置状态

民生百货大楼
位于解放路的民生百货大楼，由苏联援建，老建筑已不复存在

报话大楼
位于西新街的西安报话大楼，1959年动工，由苏联援建，老建筑仍在

中山大楼
位于东大街的中山大楼，1953年开业，由苏联援建，老建筑已被改造

人民剧院
位于北大街的人民剧院，1954年开业，1990年进行改造后兼放映电影

西安老火车站
老火车站，1952年恢复为西安车站，如今仍是西安火车站，老建筑已不复存在

伍 文兴——当代创作的探索

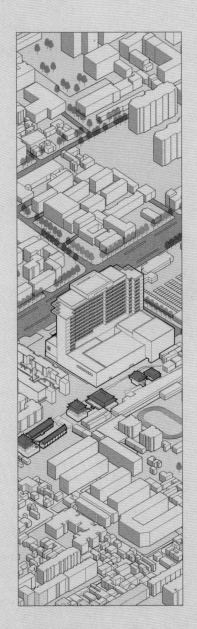

西部历史悠久，地域辽阔，民族众多，不同地区建筑师的反应和追求也不同。既有弃西就东的随从，也有不论东西只分良莠的选择，还有向文化中心地努力的企图。

——刘克成《东张西望》

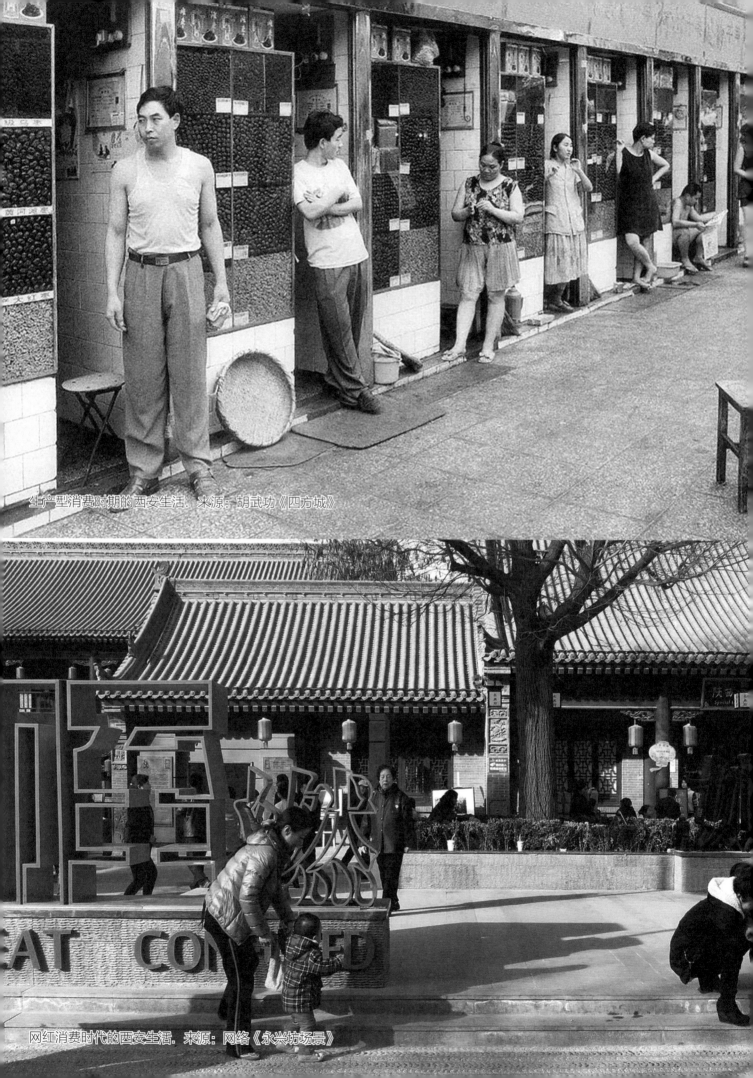

生产型消费时期的西安生活．来源：胡武功《四方城》

网红消费时代的西安生活．来源：网络《永兴坊场景》

"它因历史的积淀，全方位地保留着中国真正的传统文化，使它具有了浑然的厚重的苍凉的独特风格，正是这样的灵魂支撑着它，氤氲笼绕着它，散发着魅力，强迫得天下人为之瞩目。"

——贾平凹《老西安》

5.1 社会：转型与变革

1990年代初期，计划经济伴随票证时代彻底退出历史舞台，市场经济体制的建立促使中国社会发生显著变化，西安围绕外向型城市发展目标，大力推进基础设施建设。进入21世纪，面对国内外日益开放的全球化发展局势，西安积极响应国家"一带一路"和"西部大开发"战略，全面开展经济、社会、文化、生态及城市建设，构建"大西安"总体发展格局，进一步完善城市各项基础职能，通过战略合作提升对外影响力与对内融资力，结合自身资源优势条件，积极探索历史城市的现代化发展路径。

当代西安建筑

1990 经济转轨	1991 北院门街改造开工	1991 书院门街改造开工	1992 大规模低洼地改造	1993 明城墙改造完成	1995 德福巷改造动工	1995 钟鼓楼广场动工	1999 通过第三轮规划
西安处于稳步发展阶段	打造西安特色文化商业街	西安仿古风格街道的代表	到1992年底相继完成40多个低洼地区改造	形成墙、林、河为一体的多层次公园	将传统民居保护区改为明清风旅游商业街	由下沉式广场与商贸街共同组成	国务院批准安市总体规（1995-2010）》

1990

建造

仿古建筑

对传统建筑形式进行原真性的复原和模仿，尽可能保留建筑古代时期的符号特征，同时又与现代功能进行结合，满足当代人们的空间使用需求。

顺城巷

001 湘子门青年旅社	商业建筑
002 永宁国际美术馆	文化建筑

永兴坊

003 永兴坊陕南楼	商业建筑
004 永兴坊陕北楼	商业建筑
005 永兴坊关中楼	商业建筑

北院门

006 桥梓口贾永信	商业建筑
007 贾三灌汤包	商业建筑
008 老米家泡馍	商业建筑

书院门

009 于右任故居	文化建筑
010 关中书院	文化建筑

折中主义

将传统建筑的符号要素通过抽取、模仿、隐喻、变形、演绎等手法加以利用或创新，用更为简化现代的方式诠释建筑的地域文化特性。

北大街

001 交通银行	商业建筑
002 华山国际酒店	商业建筑

南大街

003 中国工商银行	商业建筑
004 博水商务大厦	办公建筑
005 豪华购物中心	商业建筑

西大街

006 西京国际饭店	商业建筑
007 百盛购物中心	商业建筑
008 民生百货	商业建筑

东大街

009 东方国际中心	商业建筑
010 东门美博城	商业建筑

功能主义

从功能角度出发考虑建筑的营造方式，摒弃传统建筑繁复多样的表现形式，建筑造型回归朴素简约，注重不同功能的复合及人的使用体验。

北大街

001 新世界百货
002 凯爱大厦

南大街

003 中国建设银行
004 中大国际

东大街

005 群光广场
006 新长安国际妇产医

民乐园

007 民乐园万达

新城广场

008 皇城大厦
009 索菲特大酒店

2000 全球化时代	**2001** 西大街综合改造开始	**2003** 护城河、环城公园整治	**2004** 顺城巷综合整治	**2006** 北大街环境综合整治	**2014** 出台《城市设计导则》	**2019** 后城市化发展阶段
安城市发展步入新阶段						西安进入高速发展的重要时期
	解决交通堵塞，改变西大街整体风貌	护城河、环城林带和城墙一体化的立体公园	以顺城巷为纽带营造特色街区	对沿街建筑的外立面进行改造提升	制定了一系列管控城市空间风貌的规范	

2019

地域主义

在充分尊重、回应场地自然条件与场所文脉的前提下，将本土材料、营造方式与当代建构手段进行融合，创造符合在地人群需求及审美特征的建筑。

自建民宅

居民出于生活的现实诉求，自发性地对传统居住建筑进行修复、改造、翻新或加建，包括居住空间外延、居住建筑功能转型、小规模的更新改造等。

商业建筑

办公建筑

商业建筑

商业建筑

三学街	
001 府学巷 7 号院	居住建筑
002 长安学巷 23 号院	居住建筑
003 长安学巷 6 号院	居住建筑

商业建筑

医疗建筑

北院门	
004 小学习西巷 21 号	居住建筑
005 小学习巷 42 号	居住建筑
006 小学习巷 85 号	居住建筑

商业建筑

办公建筑

001 锦园五洲风情	商业建筑	007 北广济街 172 号	居住建筑

商业建筑

002 钟楼星巴克	商业建筑	008 庙后街 14 号	居住建筑

1990-2000年西安的城市生活
来源：刘一，赵利文，射虎《西安40年（1978-2018）》

5.1.1 消费初现：体制转型时期（1990-2000年）

　　1990年代初，确立了社会主义市场经济体制的基本框架和战略部署，虽然在当时引发通货膨胀、土地开发热等诸多问题，但总体上依然有效推动了国民经济的转型与发展。以"消费"为导向的社会形态逐渐显现，成为一种普遍的价值取向和日常实践，追求多样化、品质化的"消费者时代"正式来临。社会消费需求的转变和市场机制的快速扩张促使城市建设全面展开，大规模的改造与建设运动席卷全国，各地相继进行了中心城区的危旧房屋改造、基础设施的更新完善以及公共空间的开发建设。不过由于改造规模过大、速度过快，缺乏对改建地段的深入研究，致使城市中心区空间结构形态发生急剧变化，破坏城市历史文脉的现象较为普遍。

　　这一时期的西安，处于稳步发展阶段。经济建设进入良性循环轨道，在1990-2000年的十年间，西安市城镇居民人均可支配收入年均增长13.5%，城市化率从37.3%提高到42.7%，建成区面积扩大至200平方千米，城乡居民生活水平和城市面貌发生历史性变化。城市性质由发展轻纺、机械工业为主体转向以科技、旅游、商贸为主体，积极建设社会主义外向型城市，将高新技术、装备制造、现代服务、旅游和文化产业作为五大主导产业予以协同发展，产业结构呈现"二、三、一"的新格局。为适应新环境下的城市发展目标，西安市政府相继出台《西安市城市建设总体规划（1995—2010年）》和《西安市建设外向型城市战略纲要》，提出保护古城、降低密度、改善中心、发展组团、基础先行、优化环境的规划建设宗旨。总体规划的制定和实施，促使西安基础设施建设成效显著，旅游设施开发建设得到大力推进，旧城改造和低洼地区改造基本完成，居民居住条件获得明显提升。

1998年西安城市俯瞰
来源：刘一，赵利文，射虎《西安40年（1978–2018）》

5.1.2 西部开发：世纪交替时期（2000–2010年）

　　进入21世纪，伴随整个人类社会的发展变革，中国社会经济生活发生了巨大变化。2001年12月11日，中国正式加入WTO，开始全面迈进全球化时代。经济、信息、竞争、观念的全球化和当代高科技产业的蓬勃发展促使我国整体经济实力显著提升，人均收入水平持续增长，社会消费结构中教育、医疗、旅游、文化等发展型消费比重不断增加。消费方式的转变引发城市空间发生重大变革，早期简单、粗放、功能形态单一的城市空间建设开始走向多元化、精致化、主题化的新发展阶段，以城市广场、绿地公园、综合商业街区为代表的公共空间建设持续增加，人居空间环境品质改善明显。然而，国家政策总体上倚重经济发展，以追求数量为导向的快速建设方式也引发了能源消耗过度、生态环境破坏、资源浪费严重、空间品质参差不齐等一系列问题。

　　2000年以后，伴随西部大开发战略的全面实施，西安城市发展步入快速、协调、可持续的崭新阶段。在"建经济强市、创西部最佳"的目标带动

消费时代特征"我消费故我在"
来源：摄影家Barbara Kruger作品

中国消费观念变迁（1980-2010年）

消费阶段	温饱型消费 1980-2000 年	发展型消费 2000-2010 年
代表事件	家电入户，百货满足消费需求	淘宝出现并迅速崛起
代表业态	百货店	大型超市、购物商场、淘宝等
人均 GDP	800 美元以下	800 ~ 3000 美元

2000-2010年西安的城市生活

下，全市生产总值由2000年的643.26亿元增长至2010年的3241.49亿元，产业结构改革持续推进，以科技进步为动力，做大做强高新技术产业，同时大力发展现代服务业和旅游业，通过文化建设提升城市对外影响力和吸引力，在招商引资、社会事业、区域经济发展等方面均取得较大突破。城市建设成效显著，公路、铁路、航空、市政等基础设施日益完善，在西安市第四轮城市建设总体规划（2008-2020年）的指导下，主城区已初步形成"九宫格局"，各片区发展定位逐渐明晰。积极开展历史文化名城保护工作，对文物古迹、历史街区、城市格局等进行了全面的保护与更新。同时，生态环境建设得到重视，通过建设城市小广场、小绿地形成遍布全城的绿地斑块系统，凸显古城的生态特色。

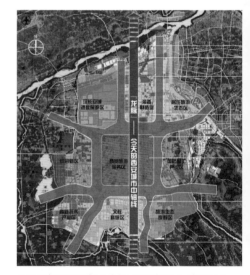

2000年后西安主城区形成的九宫格局

西安市第四轮总体规划确定中心城区的空间发展模式为"九宫格局，棋盘路网，轴线突出，一城多心"。"九宫格局"即城市中部的商贸旅游服务区、综合新区及国防军工产业区，北部的经济开发区、汉长安遗址保护区及居住旅游生态区，南部的文教科研区、高新技术产业区及旅游生态度假区。

2000-2010年西安城市公共设施建设大事记

时间	城建大事记
2000 年	西安图书馆开馆，当年即被列为西安市政府为市民所办"十件好事"之一
2007 年	西安博物院开馆，是集博物馆、名胜古迹、城市公园为一体的历史文化休闲场所
2008 年	陕西自然博物馆开馆，是西北地区唯一的大型综合类自然博物馆
2010 年	大唐西市博物馆开馆，是全国首家遗址类民办博物馆

150

2010–2019年西安的城市生活

5.1.3 国际都市：后城市化时期（2010–2019年）

2010年以后，面对世界经济复苏乏力、局部冲突和动荡频发、全球性问题加剧的外部环境，中国始终坚持稳中求进的总体基调，持续推进社会主义现代化建设。国民经济发展步入稳定增长期，由"规模速度型"转向"质量效率型"，城市建设方式也由"增量扩张型"转向"存量优化型"，进入以"存量优化、品质提升"为核心的后城市化发展阶段。一方面，继续完善城市基础设施和公共服务体系建设，严格控制新建项目数量，创造更多高品质、复合型、特色化的城市空间场所；另一方面，重新梳理、整合、修补城市空间结构及形态肌理，通过持续渐进的城市更新激活处于衰退困境中的消极空间，挖掘文化内涵、重塑场所特质、提升环境品质，更好地满足人们日益增长的美好生活需求。

近十年是西安高速发展的重要时期，"一带一路"倡议和西部大开发战略的全面推进，为大西安建设、国家中心城市建设、国际化大都市建设提供了良好契机，促使经济、社会、文化、城建等各方面实现跨越式发展。积极推动关中城镇群区域一体化建设，集中资源建设国家重点科研中心、高新技术产业基地、区域商贸物流会展中心及国际一流旅游目的地。此外，以文化建设引领城市发展，挖掘、展示历史古都及丝绸之路文化内涵，搭建欧亚交流合作平台，推动国际性事物发展，提升对外竞争实力。在城市建设方面，进一步完善道路交通体系建设，构筑通达国际、辐射区域的综合性交通运输网络，不断引入国内外新兴商业模式及知名餐饮酒店品牌，提升城市休闲娱乐体验度和旅游服务质量，在继续保护传承古城风貌的同时，依托各类历史文化资源大力发展具有地域特色的城市旅游项目，塑造更为年轻、时尚、独特的国际化大都市形象。

明城区中心钟楼片区

明城区新城广场片区

明城区西北居住片区

明城区特色回坊片区

"城市建设是一个历史范畴，任何一座城市在营造自己的文化环境时，都需要在原有城市文化的基础上进行再创造，使城市形象独具特色。城市文化环境的营造应是长期型的建设，而不是突击式的装潢。"

——张锦秋《城市文化环境的营造》

5.2 内城：改造与建设

从1990—2019年的三十年间，明城区经历了建国以来最为显著的改变，若干次旧城改造运动将一个具有典型历史风貌的文化聚集区转变为杂糅复合的符号拼贴区。面对快速发展的城市建设成果，有必要重新审视"建成遗产""历史环境"与"当代生活""现代化进程"之间的相互协调关系。在尊重历史文化资源、关照当下发展需求、梳理城市空间本底的基础上，明确明城区的自身价值与发展目标，营造一个叠合历史文化厚度，承载多元生活样态的城市核心片区。

5.2.1 改造进程：明城区城建大事记

事件	1991–1993年 北院门、书院门改造	1992–2001年 低洼棚户区改造	1995–1998年 钟鼓楼广场改造	2001–2005年 西大街改造	2004–2008年 顺城巷改造
建设内容	北院门街道改造以街景提升和沿街房屋翻修为主，改造后仍保持了明清时代的建筑风貌。书院门街道改造以路面整修和建筑翻新为主，改造后建筑面积较之前增加三倍，成为西安市第一条书画文玩主题的仿古文化街。	对包括明城区在内的47处低洼地区及棚户区进行改造，拆迁2.1万户，拆除各类危旧房屋134万平方米，新建房屋230万平方米。明城区内10余万居民的人均居住面积由3.2平方米提升至10平方米。	改造工程集城市地下空间开发与利用、城市改造、人防工程、文物保护、商贸流通等多种功能于一体，拆除钟楼、鼓楼之间的杂乱建筑，建设与地下通道相连接的下沉广场、地面绿化广场、地下商贸城及停车场，总占地面积约2.18公顷，建筑总面积44343平方米。	改造范围为竹笆市至安定门长达2000米的街道空间，对沿街建筑进行以唐代风格为主的建筑形式改造，涉及建筑外立面改造17座，沿街新建建筑20座，拓宽道路宽度至30米，新建绿地广场3个。	对顺城巷的传统街格局及尺度进行保护对古城空间肌理和统建筑风格进行修复对城墙内外景观环进行整治提升，全共拆除各类房屋19平方米，整治沿线有建筑立面共26.2方米。2018年，顺巷北段改造项目再启动，目前尚处于迁摸底阶段。
影响	 书院门改造 北院门和书院门至今仍是西安代表明清建筑风貌特色的、最受游客青睐的街道。	 竹笆市民居拆迁 居民生活条件有所改善，但同时，相当一部分传统风貌的明清老房屋也在大拆大建中荡然无存。	 钟鼓楼广场改造 有效连通了钟楼、鼓楼两大历史古迹，成为西安市中心地标性的"城市客厅"。	 西大街改造拆除 改造后成为国内罕见的全仿唐建筑一条街，但过于单调的街道风貌在一定程度上影响了商业街的活力。	 顺城巷改造 改造后的街区面貌到较大改善，但自而下的改造方式和乏在地适宜性的改造手法却并未真正唤街区的整体活力。
现状	 改造后的书院门	 改造后的竹笆市	 改造后的钟鼓楼广场	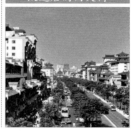 改造后的西大街	 改造后的顺城巷

006–2010年 大街改造	**2008年至今** 东大街改造	**2008–2011年** 解放路改造	**2007–2014年** 永兴坊开发	**2007年至今** 地铁开发建设

拆除沿街违章临时建筑300余平方米，进行建筑外立面改造13座、整治28建筑物的300余处沿街广告及门头牌匾、建设北门里广场3300平方米、新建景观长廊720平方米。

2008年改造工程启动，陆续进行了东门里、大华饭店、马厂子、大差市东北角等九个地块的征地拆迁，新建东门商贸中心、万达新天地等商业项目。2012年，对街道两侧建筑高度进行严格控制，形成50米宽通视走廊连通钟楼至东门，规定建筑主色调为灰色和土黄色。2018年，东大街振兴方案持续进行，引进行业旗舰店，重建老字号商家。

改造内容涉及棚户区拆迁建设、部分建筑立面改造以及城市功能配套的升级改造，三年内，解放路上投资兴建了西安民乐万达广场、西安新玛特购物广场（已退出）、裕华大厦等十三个商业项目。

项目总占地15亩，以关中传统民居仿古建筑群形成古代"坊肆"格局，以陕西各地特色美食资源为依托，塑造兼具历史空间特征与地方民俗文化于一体的休闲旅游目的地。

目前已完成2号线、1号线、3号线、4号线的建设工作并投入使用，6号线正在建设之中，除3号线以外，其余四条线路均穿越明城区内。因设置地铁出入口需要对既有建筑进行拆除或改造，对路面大型树木进行移植，地铁沿线将出现新的商圈或居住区。

北大街改造拆除	东大街改造拆除	解放路商业改造	永兴坊建成	地铁2号线开通

改造后整体风貌较之前更为和谐统一，但由于街道尺度拓宽、沿街多个特色商业建筑拆除，使北大街的整体商业氛围受到较大影响。

目前东大街仍处于更新改造之中，商业业态的反复变更、传统老字号的撤出及发展模式的局限使得原本充满活力的商业氛围日渐衰退。

改造后的解放路更具现代时尚感，成为明城区内商业综合体最为集中的休闲娱乐商业街区。

项目在生动还原地方传统空间的基础上，较好融入了时下流行的休闲文化旅游元素，成为明城区新晋的特色名片。

对地铁沿线的街道景观及商圈布局带来较大影响。2008年地铁2号线建设时，因设立北大街换乘站而对北大街十字进行改造。

改造后的北大街	改造后的东大街	改造后的解放路	永兴坊现状	建设中的地铁6号线

1990-2019年明城区内的建筑

由上到下依次为：
1990年春节期间的炭市街副食市场，在当时荣获"全国文明市场"称号，2008年搬迁拆除；1998年北大街照相器材店，巨大的招牌成为当时建筑立面的代表特征；2008年钟楼电影院，是西安市最早的多功能电影院，于2010年东大街改造时被拆除；2014年西安维景国际大酒店，是当时明城区内少有的五星级酒店之一，现被改造为妇幼医院继续使用。

5.2.2 保护三问：明城区旧城改造的反思

西安明城区是中国历史城市核心区的典型代表。1990年代，在全国"旧城改造"的旗号下，经历"改造低洼地段及棚户区"的大规模拆建，明城区面貌发生巨变，此后，经过若干次"建设性破坏"与"保护性破坏"的共同作用，造成了历史城市的尴尬现实。明城区以千篇一律的现代建筑为主体，局部片区采用"传统风貌"式建筑，真正的历史建筑以碎片化状态残留其间。单纯考虑城市形象与开发效益的建设活动使得城市历史片区遭受整体性破坏，而以保护为目标的渐进式破坏将历史地段置于更大的险境，突出表现为"见物不见人"的标本式保护、"见屋不见境"的孤岛式保护以及"存此不存彼"的风貌式保护。

第一，"见物不见人"的标本式保护。过于关注建筑"物"的文化属性，忽视基本的人居职能。历史建筑与人的生活脱离，原本充满活力的生活场所成了生机不足的文化展示场，仅能供人参观缅怀；原本真实的场地、建筑与生活的关联被肢解，原住民出入相友、守望相助的市井气息被游客摩肩接踵、喧嚣热闹的商业氛围取代，传统积淀的文化底蕴和人情风俗随之衰退，仅留下空的形式外壳。

第二，"见屋不见境"的孤岛式保护。过于关注建筑"体"的单一存在，忽视共时的环境场所属性。历史建筑与周边环境相对脱离，原本完整的场所信息被割裂，历史空间的原生环境受到不同程度的破坏。历史建筑散落在现代尺度的巨大建筑面前，如同古代的文人玩具，丧失了原有的环境本底，成为一个个散落现代都市中的文化孤岛。城市文脉缺乏精神气质上的联系和空间关系上的持续性，城市特色缺少了基本的支撑。

第三，"存此不存彼"的风貌式保护。过于注重建筑"形"的风格标签，忽视历史的多元价值。历史建筑被贴上特定时代的标签，在保护的旗号下，拆除不符合标签的、真实的历史建筑，取而代之同标签的仿古建筑。对历史资源的片段化认知造成西安明城区的时间片段化和空间片段化，影响了城市持续生长的生命特征，文化被孤立地当作一个个牌位列于城市当中，损害了文化的生命价值。

2019年8月作者拍摄的明城区整体风貌

5.2.3 整体风貌：当下的明城区

今天，明城区的整体风貌依然处于动态、持续的演变之中，传统与现代的建筑语汇在这里不断交织碰撞，勾勒出具有西安地域风土特征的城市景象。

以庄严恢宏的明代古迹钟楼为中心地标，向东、南、西、北四个方向辐射十字型街道轴线，南大街两侧以折中风格的商贸建筑为主，掺杂部分现代风格的办公建筑，形成中式坡屋顶、欧式线脚、现代立面相互混搭的街道风貌。北大街两侧以欧式折中和现代风格的商贸、公寓建筑为主，并置少量的中式折中建筑，穿插多座建国后不同时期的典型建筑，展现出本土建筑创作的时代特征。西大街两侧以仿唐风格的商贸、酒店建筑为主，是明城区内最具标识性的街道。东大街目前仍处于更新改造阶段，尚存建筑以现代风格的商业建筑为主，反映出新商业模式冲击下城市空间的适应与调整。以两条轴线划分所形成的四个片区也呈现出不尽相同的区域风貌，西北片区的建筑密度最高，以回坊为典型代表，是明城区内唯一沿承历史肌理和尺度的区域，其余区域以1980年代至今各时期杂糅的居住建筑及配套服务设施为主。东北片区作为老火车站和曾经的行政中心所在地，区域内建筑形态及风格较为多样，包括解放路沿线连续的现代风格商业综合体，民乐园万达街区的餐饮娱乐建筑、新城广场区域折中风格的行政、文化建筑以及1990年代后建设的现代居住建筑。西南片区主要为1990年至2000年建设的居住建筑，以多层住宅和基础服务设施为主，沿顺城巷的明清仿古建筑近年来开展了自下而上的更新活化，与居民日常生活的需求贴合紧密，且进行了一定的地域性设计探索。东南片区以1980年至2000年建设的居住建筑为主，保留了少量民国时期和五六十年代的民居，拥有明清仿古风格的书院门历史文化街和结合现代时尚元素的顺城巷酒吧餐饮文化街，整体风貌较西南片区更为复杂。

明城区内折中主义与现代主义建筑

明城区内多样的现代主义建筑

明城区内仿古建筑与居民自建住宅

明城区内多样的居民自建住宅

"说到底西部建筑学是在全球化语境下，一种或几种地域建筑学的探讨，是建筑师对西部的人、西部历史、西部文化和西部发展的一种自觉或不自觉的反应。"

——刘克成《东张西望》

5.3 样态：
多元与拼贴

1990年代开始，在"解放思想、繁荣建筑创作"的建设方针指引下，西安本土建筑创作呈现多元化发展趋势。明清仿古风格是1990年代初期明城历史街区改造采用的主要手法，以此为基础衍生出融合传统元素与当代语汇的折中主义建筑。同时，开始出现境外建筑师参与的创作案例，这些作品在不同程度上反映出现代主义建筑的典型特征。进入21世纪，西安建筑创作表现出多元并存的现实特征。部分建筑师跳脱以往对于传统建筑形制的模仿借鉴，积极探索地域性的设计方法路径；部分具有特定文化主题的新仿古建筑陆续建成，回应西安作为历史文化旅游城市的发展需求，还有一批具有功能主义特征的现代风格建筑出现在明城区，试图演绎西安"国际化大都市"的当代特征。

上图：书院门仿明清风格建筑群
下图：明城区三学街碑林博物馆

书院门因其中的关中书院而得名，1990年政府对书院门进行大规模改造，恢复街道的明清建筑风貌。
碑林博物馆是一组北方传统庭院式历史建筑群，主要包括孔庙和碑林两大部分，孔庙部分建筑大多属于明清时期，碑林部分建筑大多属于民国时期。

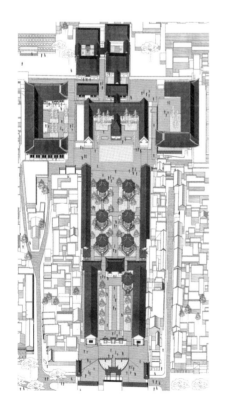

5.3.1 复原再现：仿古建筑

十三朝古都的历史身份、时间层积的各类古迹遗存以及关中地区特有的传统建筑形式，成为西安当代建筑创作面临的巨大挑战，"传承"还是"创新"是一道永恒的选择题。在城市历史片区的特定语境中，适度的仿古建筑具有一定的积极意义，有利于强化片区的整体风貌。仿古建筑创作的初衷和原则在于对传统建筑形式的原真性复原、模仿和再现，尽可能保留建筑古代时期的符号特征，尊重并延续传统风貌，同时又在特定的文化环境和时空语境下与现代功能进行结合，满足当代人们的空间使用需求。

西安明城区内的仿古建筑以城市的显性历史基因——"明清"风格为主，先后改造修建了书院门仿古文化街、北院门休闲文化街及永兴坊。1990年代初，书院门和北院门相继进行改造，书院门依托碑林、三学街、关中书院等保存较好的历史环境本底，以书画为主题进行步行街建设，沿街建筑采用朴素浑厚的明清样式，青砖灰瓦与层叠的屋顶、飞檐、门窗、入口相互映衬，结合各类店铺牌匾设计，营造书香古韵的整体氛围。北院门依托鼓楼和回坊历史片区，根据休闲文化旅游需求，打造特色餐饮文化街。2007年，城墙中山门内北侧顺城巷建成"永兴坊"，项目依托城墙深厚的历史文化底蕴，以明清仿古建筑群、牌楼、广场、内街等组合形成"坊肆"格局，集美食体验、民俗休闲、观光旅游、非遗博物馆等多项功能于一体，成为展示古城传统街坊形态与特色民俗生活的主题型文化旅游街区。

西安明城区仿古建筑典型实例：

明清风格仿古建筑——于右任故居纪念馆（书院门52号）

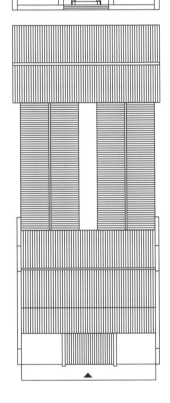

于右任故居纪念馆始建于19世纪末20世纪初，至今已有100多年的历史。1937年，于右任先生将其妻、女送至这里定居，他每次回西安时便在此居住，后来于右任去往台湾，其妻女一直在此生活。

2002年，在中央及省市领导和社会各界的大力支持下，开始了故居的筹备复建。于右任先生之侄于隆、张英夫妇二人投资千万余元，至2009年，故居复建工程完成，作为博物馆对外开放。馆内除展示于右任的生平经历及其诗词、书法艺术作品外，还不定期举办国内外各类书画作品展览。

1）空间布局：建筑具有陕西关中传统民居的典型特征，呈院落式空间布局，由门房、花园、厅房、上房、后院组成。整个院落面宽3间，进深80米，占地面积800余平方米，建筑面积500平方米，共有地上3层，地下1层，分别展示于右任先生的生平事迹、书法诗词作品及其他主题展览。

2）建构特征：建筑较好地还原了明清时期关中传统民居的结构和材料特征。采用砖木混合结构，屋顶以木结构为主建造，沿用明清民居建筑的传统屋顶形式，屋身以统一的青砖进行建造，配合典雅的木质雕花门窗和细部装饰，体现建筑的古典雅致文人特质。建筑外立面以中国传统宅院的对称式构图呈现，古朴稳重，纵向设计采用层层退进的方式，在丰富立面层次的同时，又削弱了建筑体量，使其与周边环境形成良好的融合关系。

仿古，传承还是固守？

上图：位于明城区北大街的欧式折中风格建筑和西大街的中式折中风格建筑

下图：明城区各类中式折中建筑的拼贴并置

明城区内的欧式折中风格建筑主要包括位于南、北大街的大型银行写字楼、酒店以及一些1990年代建造的百货商场。在"唐皇城复兴计划"政策影响下，西大街中式折中风格建筑数量庞大，仿唐屋顶随处可见。

5.3.2 调和并置：折中建筑

受到改革开放之后思想意识解禁、经济快速发展以及被重新引入的西方建筑理论影响，1990年代后的西安出现了大量的折中主义建筑创作。建筑师们尝试把现代设计语汇融入传统建筑意象之中，塑造满足当下审美与使用需求的"新经典"范式。折中建筑的创作特点是将传统建筑的符号要素通过抽取、模仿、隐喻、变形、演绎等手法加以利用、改造或创新，用更为简化、现代的方式诠释建筑的地域文化特性，探讨"传统"与"现代"建造之间的共存关系。

"新唐风"建筑是当代西安折中主义创作的典型代表，集中在西大街片区，源于"皇城复兴计划"，以大型商业与公共建筑为主，将唐代建筑的屋顶、斗栱、柱式、门窗等形式符号与现代公共建筑融合，通过不同尺度、规格的唐代大屋顶结合现代的立面设计手法进行呈现，回应西大街作为唐长安皇城"天街"的历史意象。此外，在南、北大街和一些早期的房地产开发项目中，也出现了一批欧式折中风格建筑，将欧洲传统建筑的线脚、柱式、门窗形制与现代建筑语汇混搭，形成所谓"简约欧式"风格，如北大街西华门十字的交通银行大厦，南大街西侧的豪华购物中心等。不过，在历史地段中肆意运用欧式风格符号的建造方式也引来不少质疑和诟病，例如1997年对于德福巷的街道改造便定位为"欧罗巴风情一条街"，夸张而缺乏内涵的文化消费符号在一时兴起之后便渐渐被人遗忘。

西安明城区折中建筑典型实例：

中式折中主义建筑——中国工商银行（南大街50号）

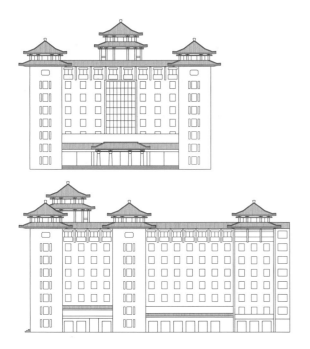

中国工商银行（南大街支行）营业楼建成于1990年年初，由陕西省建筑设计研究院建筑师王铮设计，陕西省第三建筑工程公司承建。

工商银行的建设属于1980－2000年西安市城市总体规划中的大型项目，也是城市中轴线南大街两侧具有代表性的中式折中建筑之一，具有1990年代初期西安本土建筑创作的典型特征：建筑造型采取三段式构图，屋顶及细部借鉴唐、明代传统建筑元素，与现代建筑立面处理手法进行结合，塑造庄重、大气的整体外部形象。

1）建筑造型： 建筑外观呈左右对称，中部体量最大，有大面积玻璃窗，两侧体量较小，开窗较小，形成较强的立面虚实对比，以突出中部体块。三段屋身之上均为黄色琉璃瓦的重檐攒尖屋顶，凸显建筑特色与气势。建筑主入口设于立面正中，入口顶棚采用仿唐庑殿顶屋檐，但没有传统古建的大挑檐或起翘，造型处理较为简约。入口屋檐与屋身连接处通过窗的变形以及地方传统建筑形式语言的融入来形成过渡。

2）建构特征： 建筑整体色彩以土黄色、赭石色为主，色相由深及浅，形成丰富层次，同时也表达了对于城市传统风貌的尊重。建筑屋顶采用黄色琉璃瓦，屋身大部分采用米黄色瓷砖贴面及茶色玻璃，基座部分采用土黄色石材贴面。

折中，传统与现代博弈

163

上图：明城区现代建筑代表——凯爱大厦，索菲特大酒店，中大国际购物广场

下图：明城区南大街中大国际购物广场室内空间

明城区内现有的现代功能主义建筑多为商业购物中心、大型酒店、高层住宅公寓、银行等。这类建筑的外部造型通常简洁明快，以玻璃幕墙、石材、金属板材等现代材料构型，内部空间组织以功能布局为核心，具有清晰的流线和分区。

5.3.3 标准建造：现代功能主义建筑

新中国成立后，"快速建造房屋供人使用"成为城市建设的主要目标，摒弃传统建筑繁复多样的表现形式，完全从功能使用角度出发考虑建筑的营造方式，节约时间与人力成本以创造更多的经济价值是现代功能主义建筑设计的核心思想，这既可能成为建筑创作回归朴素简约、注重人的使用体验的探索尝试，也可能造就"快餐式"消费背后批量生产的同质化产品。

目前，明城区内大多数现代功能主义建筑的品质较为一般，典型代表是近年来在核心商业街建造的多所大型商业综合体，清一色的玻璃盒子或简单粉饰让人很难感受到购物主题或消费特色，加之内部空间设计的局限与雷同，使得明城区内整体商业活力不断下降。此外，1990年代后期开始蓬勃发展的房地产行业也促使明城区内出现不少现代风格的居住建筑，这些建筑的立面往往没有过多的设计或装饰，呈现简单的开窗形式和相似的材质色彩，成为俯瞰明城区整体风貌时自动退后的"背景"。当然，也有一些品质较高的现代主义建筑展示着不同功能类型的建筑形式特点，如南大街的中大国际、北大街的凯爱大厦等，通过利用建筑材料的混搭、对比、统一等设计手法，较好地诠释了高品质商业、商贸建筑的现代风格创作路径。进入21世纪，全球化、社会转型、国家中心城市、国际化大都市接踵而至，明城区内外也相继出现一大批现代主义风格的新建筑，在大众不断变化的城市空间需求与现代建造技术快速发展的共同影响下，呈现出多元化的发展趋势。

西安明城区现代主义建筑典型实例：

现代功能主义建筑——凯爱大厦（西华门大街1号）

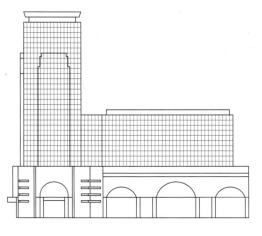

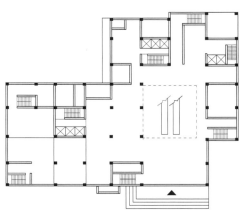

凯爱大厦建于1997年，是由建筑师张锦秋设计的一座商业写字楼，总建筑面积57741平方米。

1990年代初，张锦秋在对北大街地段进行城市设计时，提出在西华门十字东北、西北二角各建一座高层建筑，形成门阙之势，以加强城市中轴线。位于西北角的凯爱大厦由此诞生，其设计摆脱了传统符号的堆砌和模仿，形成西安现代主义建筑的代表性风格。

1）建筑造型： 凯爱大厦由主楼和辅楼两部分组成，主楼地上部分19层，辅楼地上部分12层，其中四层以下为商铺。建筑立面采用三段式构图，由提取传统元素进行现代演绎的四角屋顶、全玻璃幕墙的屋身以及带有拱券造型的石材基座共同构成，整体造型简练大气、层次分明。建筑屋身的转角部位和各面上的凹凸处理削弱了庞大的体量感，通过玻璃表面几道上下贯通的银灰色亮框增强竖向构图，突出建筑的现代气息。

2）建构特征： 建筑顶部采用银灰色金属材质，与屋身在结构上脱开，削弱厚重感的同时又增加了整体层次。屋身通体为灰色玻璃幕墙，伴随光线变化可呈现不同的视觉效果。基座采用米黄色石材，突出敦实之感，其上拱券造型使用了层层渐收的叠涩做法，在稳健之中又不失精巧细节。

现代，实用主义价值回归

上图：明城区地域主义建筑探索——钟楼星巴克，锦园五洲风情，含光门里民宿

下图：明城区莲湖路锦园五洲风情建筑内庭场景

锦园五洲风情由建筑师屈培青设计，是一个集餐饮、休闲、文化、展览于一体的复合性建筑群。整体布局以层层渐进的"宅院式"为主，将关中地区传统民居的语言、肌理、脉络整合到新的建筑之中，是地域主义建筑设计的典型案例。

5.3.4 在地营建：现代地域主义建筑

1990年代后期，"批判地域主义"思想传入中国，国内建筑界开始重新思考建筑创作的发展方向。2000年以后，在全球化浪潮的急剧冲击之下，建筑界对于"现代化"的反思批判、本土建筑"地域性"的探索实践变得愈加频繁和迫切，设计的价值取开始由"仿古建造"逐渐转向"在地营造"，既不一味追求传统建筑符号的复刻再现，也不刻意排斥现代化建造技术的应用推广，在充分尊重、回应场地自然条件与场所文脉的前提下，将本土材料、营造方式与当代建构手段进行融合，创造符合在地人群需求及审美习性的地域主义建筑。

西安明城区内的地域主义建筑实践于2005年之后逐渐兴起，以2005年建成的"锦园五洲风情"和2007年建成的"钟楼星巴克"最具代表。锦园五洲风情对关中地区传统建筑的语汇逻辑进行挖掘、提炼，将其重新整合到当代建筑的创作之中，运用符合在地气质的材料和色彩进行呈现，从建筑内部的形构方式诠释了"地域性"的内涵；而钟楼星巴克则通过突破大胆的建筑造型及可塑性极强的现代材料表达对于场地文脉及周边环境的态度，从建筑与外部的关系层面解释了对于"地域性"的理解。由于明城区内绝大多数的建设项目以更新改造性质为主，因此，近几年的地域主义建筑实践开始呈现"既有建筑的地域化更新"趋势，主要表现为对遗存的历史性建筑进行功能重构、立面活化及空间调整，在延续其生命的同时，赋予新的活力与价值。

西安明城区地域主义建筑典型实例:

地域主义建筑——钟楼星巴克（西大街1号）

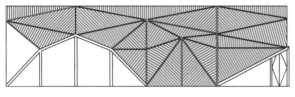

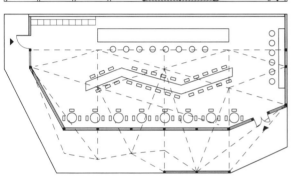

位于钟鼓楼广场的星巴克咖啡店是明城区极具代表性的地域主义建筑，建于2006年，由建筑师刘克成设计，总建筑面积225平方米。

造型独特的建筑位于下沉广场与钟楼地下通道的连接口处，成为人们走入广场的视觉焦点。建筑采用"文脉抽象"的创新建构手法，对周边环境中的钟楼、鼓楼、商业骑楼、广场等进行回应，通过新的结构、新的材料、新的品味探索多重历史信息叠合语境中的地域建筑设计方法。

1）建筑造型：为了处理星巴克店铺与背景大体量骑楼之间的关系，设计师通过模数定位从骑楼的框架体系中拉出基准点和延伸线，固定建筑的大致轮廓，而后消减细节，形成一个由多样三角形屋面立体拼接而成的格构体。由于建筑体量较小，因此没有采用传统的三段式造型，以浑然一体又富有变化的不规则异形构建独特的"场域"特征。

2）建构特征：设计师采用灵活性高又易于施工安装的钢结构体系，钢节点大概有74种类型，均采用焊接，以满足建筑的形体变化。以内含保温层的复合压型钢板作为三角形屋面材料，保证建筑良好的保温隔热性能。外部材料采用疏密有致的钢制格栅结合整面玻璃，在增强建筑整体性和律动性的同时，也为室内带来丰富的光影变化。整体建筑色彩呈现低调统一的深灰色，更凸显其格调与品质。

上图：明城区回坊片区多样的居民自建住宅

下图：明城区麦苋街76号民宿

回坊与三学街是明城区内自建民宅最为集中的历史型生活街区。回坊片区保留了高密度的传统民居肌理，出于生活需求，居民对大部分建筑都进行了不同程度的改造和加建。三学街片区目前尚有民居院落140座，居民在院落内部通过拆除重建、垂直加建、水平增建等方式对居住空间持续进行拓展。

5.3.5 自下而上：自建民宅

城市空间的发展演进同时受到自上而下的规划管控与自下而上的自组织建造的双重影响。自上而下的规划管控以"宏大叙事"为着眼点，强调城市外在的效益、效率及形象，表现为由精英阶层引导的"范本式"建设。自下而上的自组织建造以"日常生活"为着眼点，强调城市内在的人本属性及场所价值，表现为平民阶层自发的"非正规"建设，代表了社会不同群体对于城市空间的认知与诉求，应当受到同等的关注及尊重。尤其对于内城空间而言，其良性发展更应依赖于自下而上的自组织更新机制，在延续城市文脉、保护空间历史厚度的前提下开展小规模、渐进式的更新活化，使城市更加贴近生活于其中的人们，更加注重空间的适用性和人们自我价值的实现。

目前，明城区内仅有回坊、三学街及顺城巷片区保留了一定的传统居住建筑，这些建筑在承载一代又一代居民日常生活的同时，也在不断经历着民众自发性的调整与改变，变化主要源自居民现代生活日益增长的物质文化需求和既有居住空间之间的不平衡、不匹配，具体表现为在原有建筑基础上的修复、改造、翻新、加建等，一方面暂时应对了现实的生活诉求，另一方面也因缺乏资金、技术以及合理的建设引导而使街区整体面貌呈现出良莠不齐、异质破碎的现实状态。此外，一些沿街布置的传统居住建筑也在自下而上的更新过程中被赋予了新的功能与活力，如改为民宿、私房菜馆、小型画廊等，成为明城区内传统民宅自组织更新的发展趋向。

西安明城区自建民宅典型实例：

自建民宅——三学街府学巷宅院（府学巷7号院）

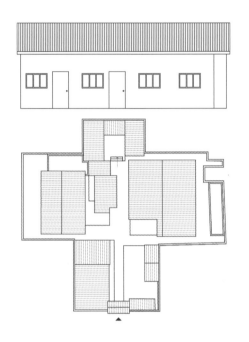

府学巷7号院建于1980年代，为教育局权属下的单位家属院，院落占地面积705平方米，民居总建筑面积400平方米。

院内目前共居住26人，分为9户，其中，单位职工居住5户，艺术家工作室1户，出租客3户。院落内小部分房屋已转为出租性质，入口北侧一户是艺术家工作室，南侧将原有建筑改造为烧烤摊，其余更新改造均为院内居民为提升生活品质而进行的自组织小规模加建，经过十余年的发展，院落逐渐演变为集单位职工居住、租户居住、办公及商业功能于一体的复合型空间。

自建，生活诉求的真实表达

1）空间布局： 院落由不同年代的居住建筑围合而成，呈"十字形"布局，临街面宽约14米，进深约32米。经过十余年的自组织更新，庭院空间及多处房屋间隙都被小规模加建所占据。加建的空间功能多为居住拓展空间或生活需求补给空间，如简易厨房、储藏间等。虽然院内出现多处小规模加建行为，但建筑覆盖率及容积率依然保持在适宜水平，有利于居民日常生活行为的开展。

2）建筑材料： 院内原有建筑为传统形制的砖砌坡屋顶民居，建筑质量多为中等水平。后期院内加建建筑多为简易砖房，由于居民经济能力和施工技术有限，建筑质量较差，居住生活品质也相应降低，因未进行统一引导，各类型小规模加建不断叠合，使得院落风貌杂乱无章。不过，庭院入口及南侧建筑的改造也为院落更新提供了正向引导。

陆 层积——留存的营建

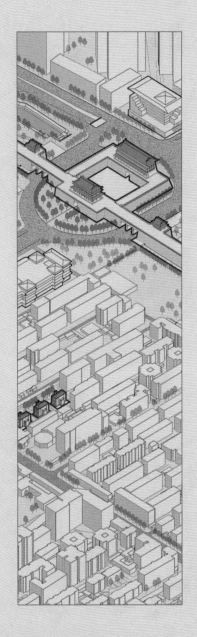

传达着本土气息的建筑见证
着世代相传的品味与情感，见
证着公共事件与个人戏剧，以
及新旧事物的周而复始，它们
是我们难以割舍的、生长与发
育的土壤。

——童明《何谓本土》

西安明城区永宁门片区

"城市体现了自然环境人化以及人文遗产自然化的最大限度的可能性。城市赋予前者以人文形态，而又以永恒的、集体形态使得后者物化或者外化。"

——刘易斯·芒福德《城市文化》

6.1 片区：
明城区的十个鸟瞰

　　明城区由不同时期的历史遗存层积叠加，呈现多元复合的空间形态，从日常生活、公共生活、社会生活等多个角度构成了异质而杂糅的城市核心区。我们选取十个代表性片区展示并置的历史、现实、公共与日常。

　　明城中心——钟楼片区；

　　城南边界——永宁门片区；

　　城北边界——安远门片区；

　　城西边界——安定门片区；

　　城东边界——长乐门片区；

　　行政中心——新城广场片区；

　　商业集聚——民乐园片区；

　　本土市井——回坊片区；

　　城内日常——洒金桥片区；

　　墙下日常——含光门片区。

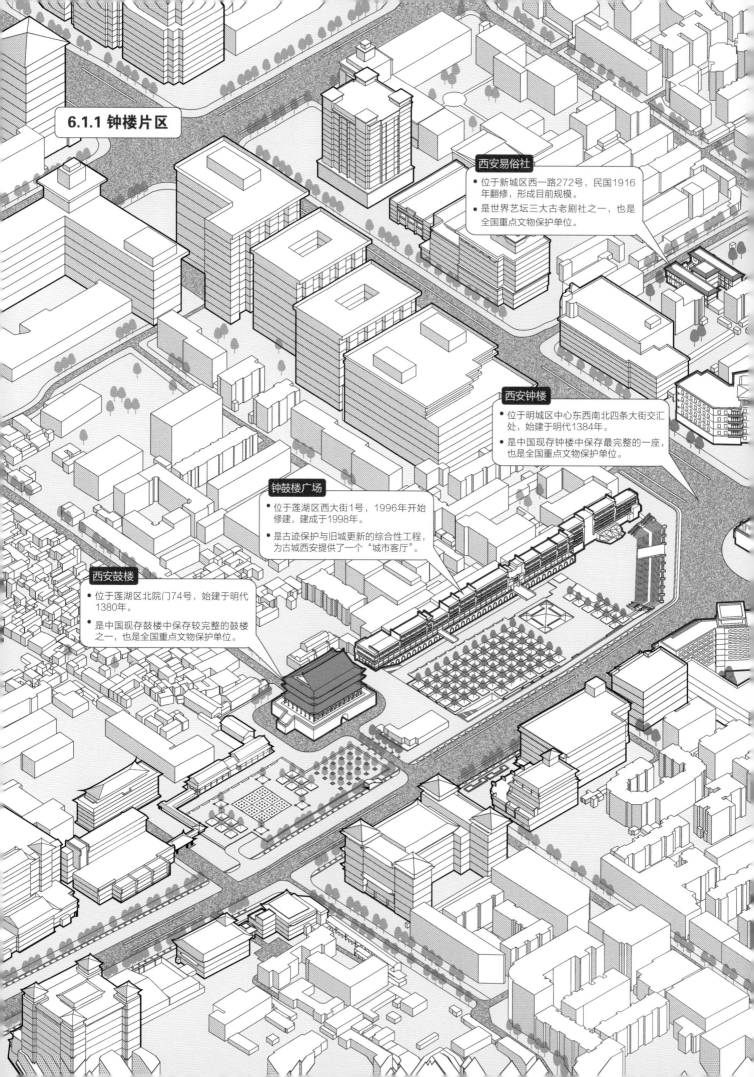

6.1.1 钟楼片区

西安易俗社
- 位于新城区西一路272号，民国1916年翻修，形成目前规模。
- 是世界艺坛三大古老剧社之一，也是全国重点文物保护单位。

西安钟楼
- 位于明城区中心东西南北四条大街交汇处，始建于明代1384年。
- 是中国现存钟楼中保存最完整的一座，也是全国重点文物保护单位。

钟鼓楼广场
- 位于莲湖区西大街1号，1996年开始修建，建成于1998年。
- 是古迹保护与旧城更新的综合性工程，为古城西安提供了一个"城市客厅"。

西安鼓楼
- 位于莲湖区北院门74号，始建于明代1380年。
- 是中国现存鼓楼中保存较完整的鼓楼之一，也是全国重点文物保护单位。

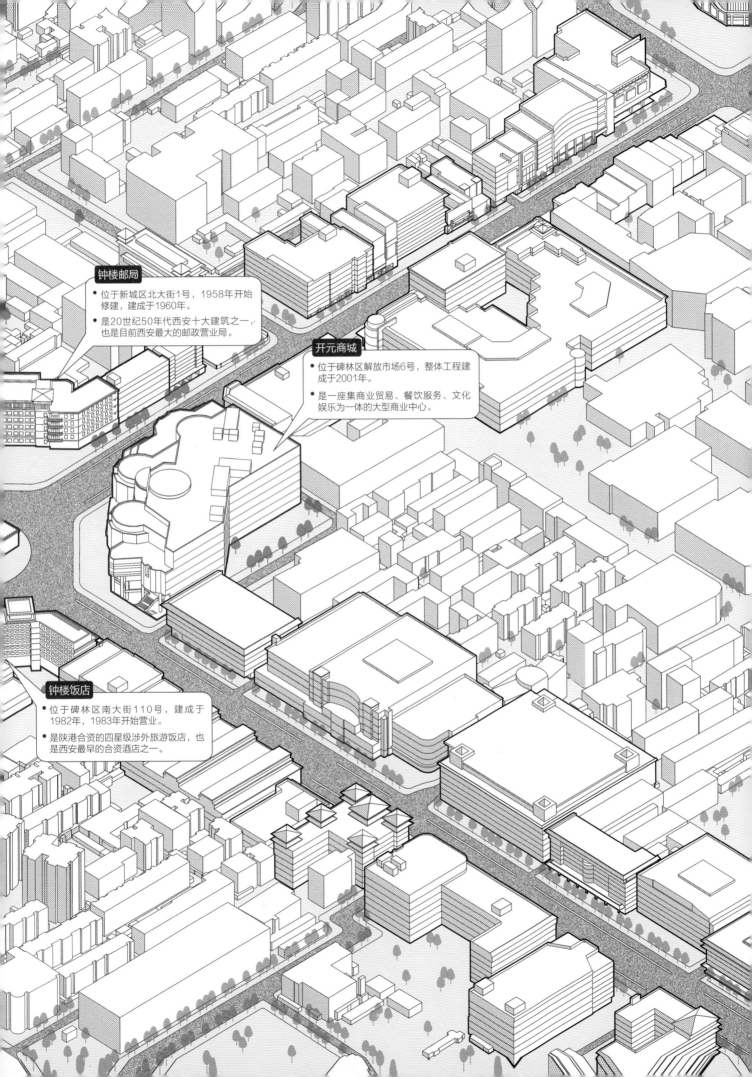

钟楼邮局

- 位于新城区北大街1号，1958年开始修建，建成于1960年。
- 是20世纪50年代西安十大建筑之一，也是目前西安最大的邮政营业局。

开元商城

- 位于碑林区解放市场6号，整体工程建成于2001年。
- 是一座集商业贸易、餐饮服务、文化娱乐为一体的大型商业中心。

钟楼饭店

- 位于碑林区南大街110号，建成于1982年，1983年开始营业。
- 是陕港合资的四星级涉外旅游饭店，也是西安最早的合资酒店之一。

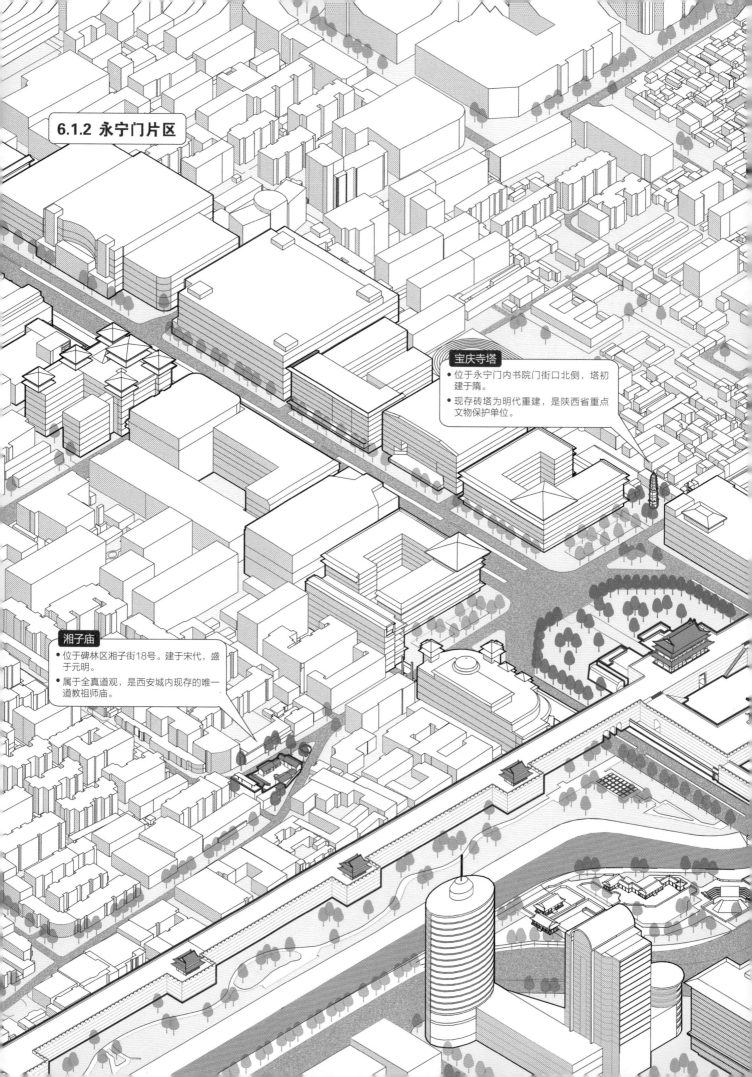

6.1.2 永宁门片区

宝庆寺塔
- 位于永宁门内书院门街口北侧，塔初建于隋。
- 现存砖塔为明代重建，是陕西省重点文物保护单位。

湘子庙
- 位于碑林区湘子街18号。建于宋代，盛于元明。
- 属于全真道观，是西安城内现存的唯一道教祖师庙。

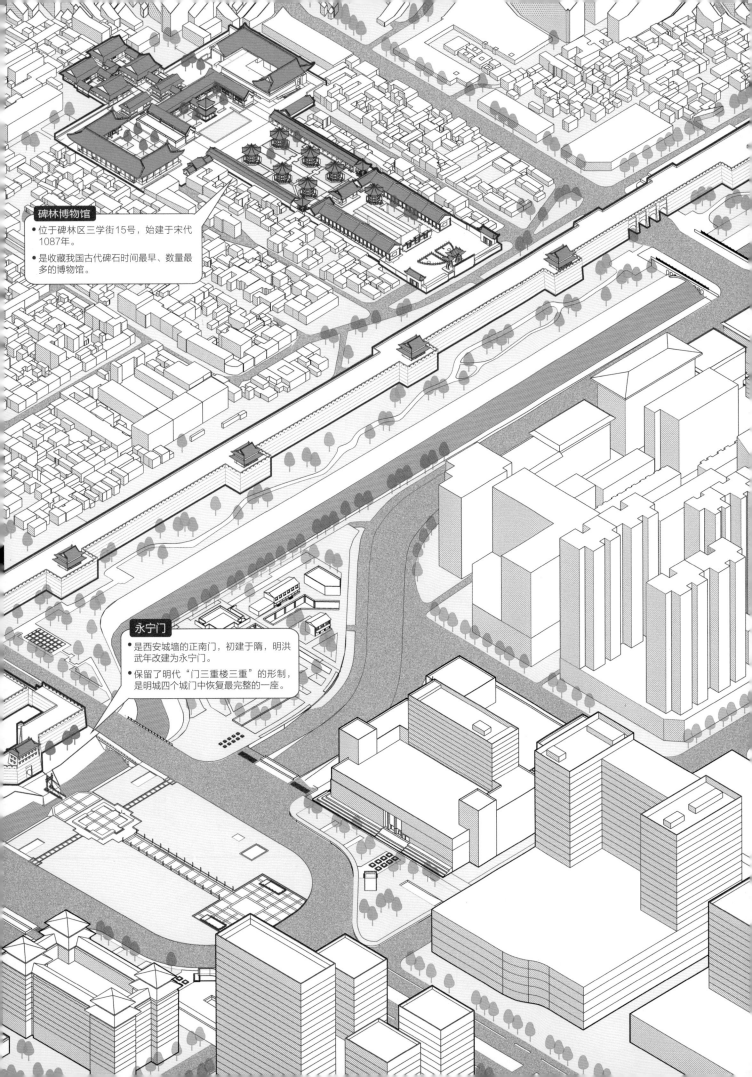

碑林博物馆
- 位于碑林区三学街15号，始建于宋代1087年。
- 是收藏我国古代碑石时间最早、数量最多的博物馆。

永宁门
- 是西安城墙的正南门，初建于隋，明洪武年改建为永宁门。
- 保留了明代"门三重楼三重"的形制，是明城四个城门中恢复最完整的一座。

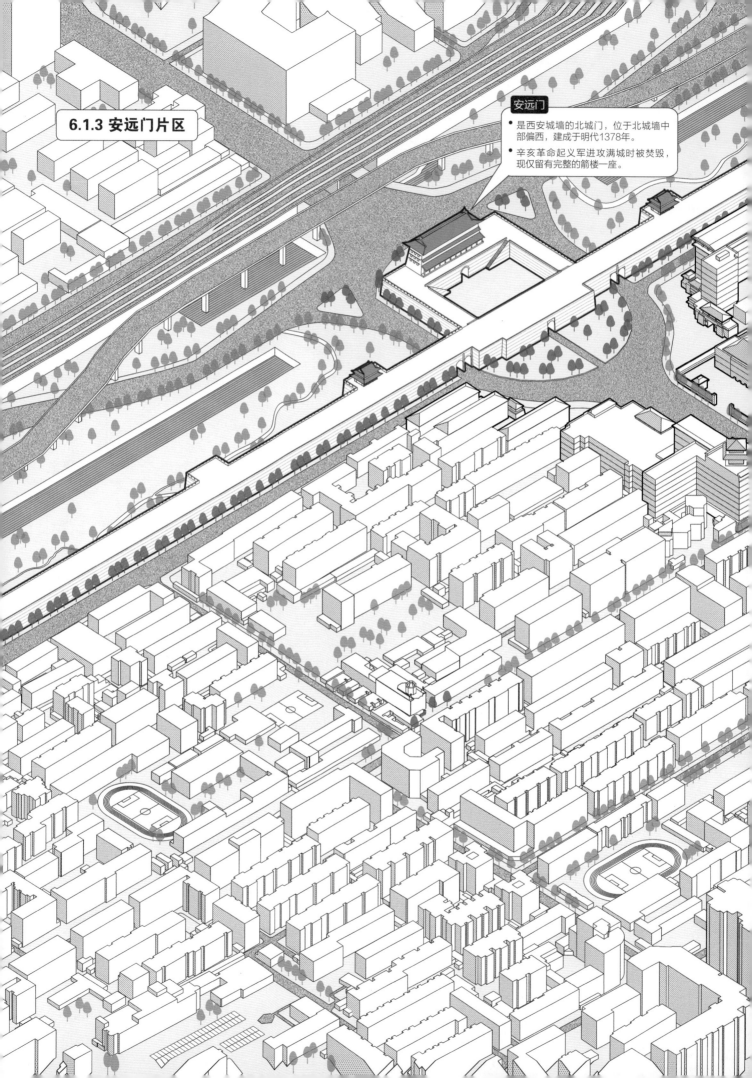

6.1.3 安远门片区

安远门

- 是西安城墙的北城门，位于北城墙中部偏西，建成于明代1378年。
- 辛亥革命起义军进攻满城时被焚毁，现仅留有完整的箭楼一座。

安远门

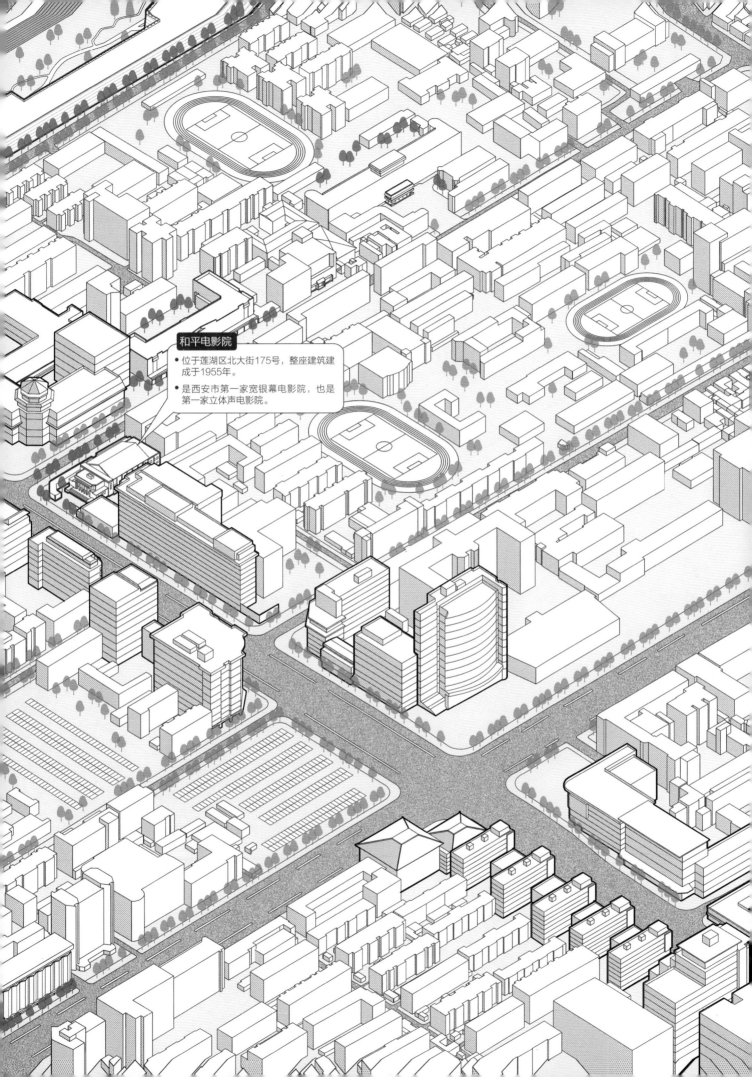

和平电影院

- 位于莲湖区北大街175号，整座建筑建成于1955年。
- 是西安市第一家宽银幕电影院，也是第一家立体声电影院。

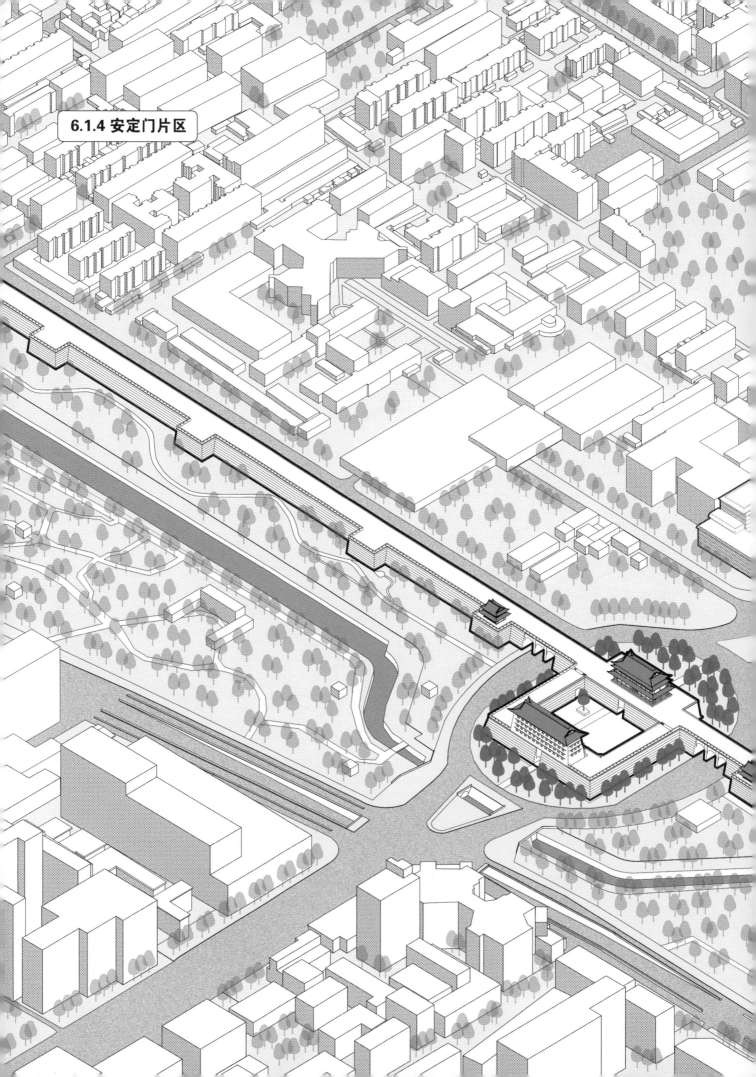

6.1.4 安定门片区

安定门
是西安城墙的正西门，曾是唐长安皇城西面中门。

明代扩建城墙时位置略向南偏移，取名为"安定门"，寓意边疆安泰稳定。

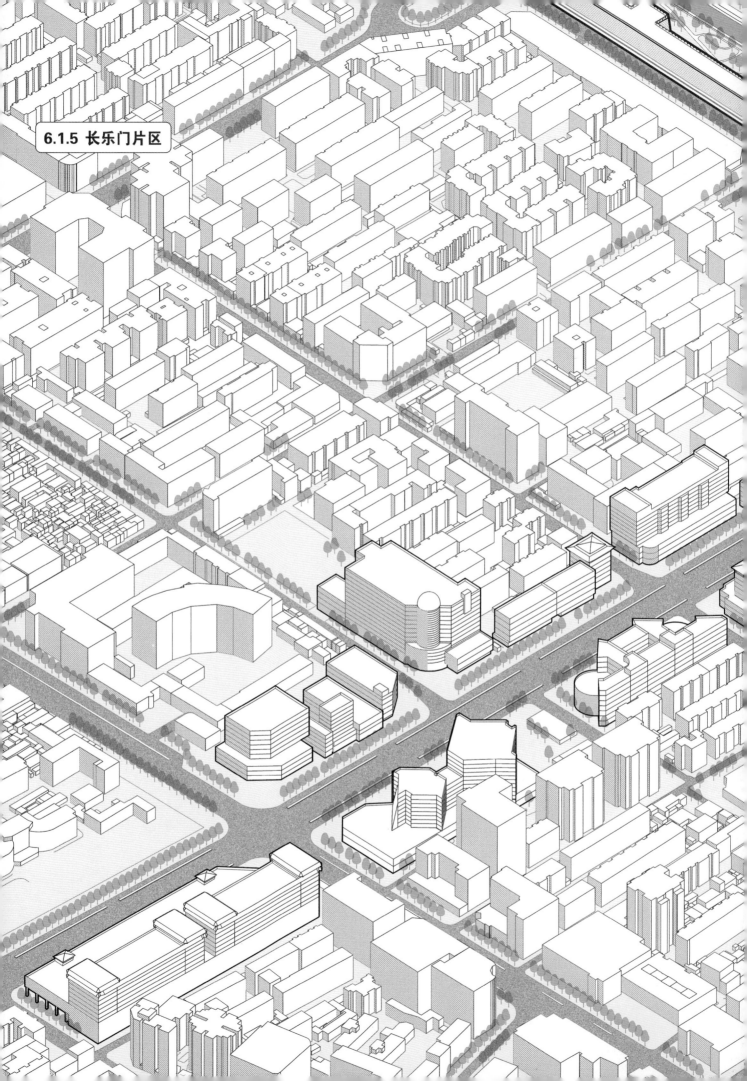

6.1.5 长乐门片区

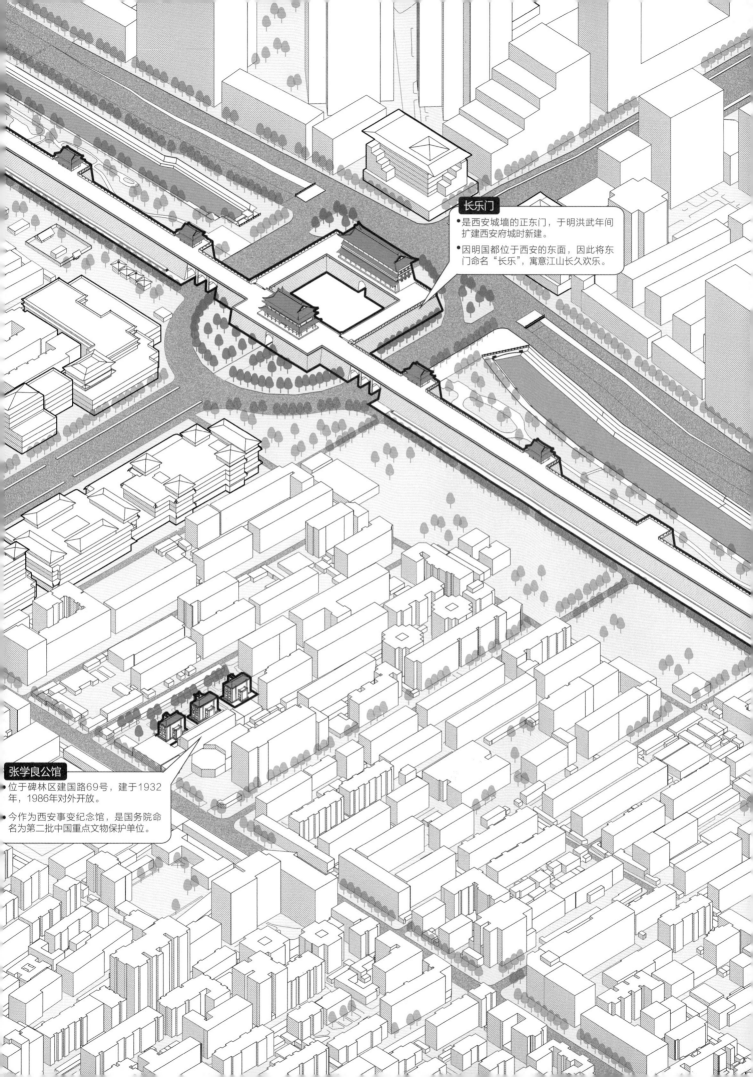

长乐门

- 是西安城墙的正东门，于明洪武年间扩建西安府城时新建。

- 因明国都位于西安的东面，因此将东门命名"长乐"，寓意江山长久欢乐。

张学良公馆

- 位于碑林区建国路69号，建于1932年，1986年对外开放。

- 今作为西安事变纪念馆，是国务院命名为第二批中国重点文物保护单位。

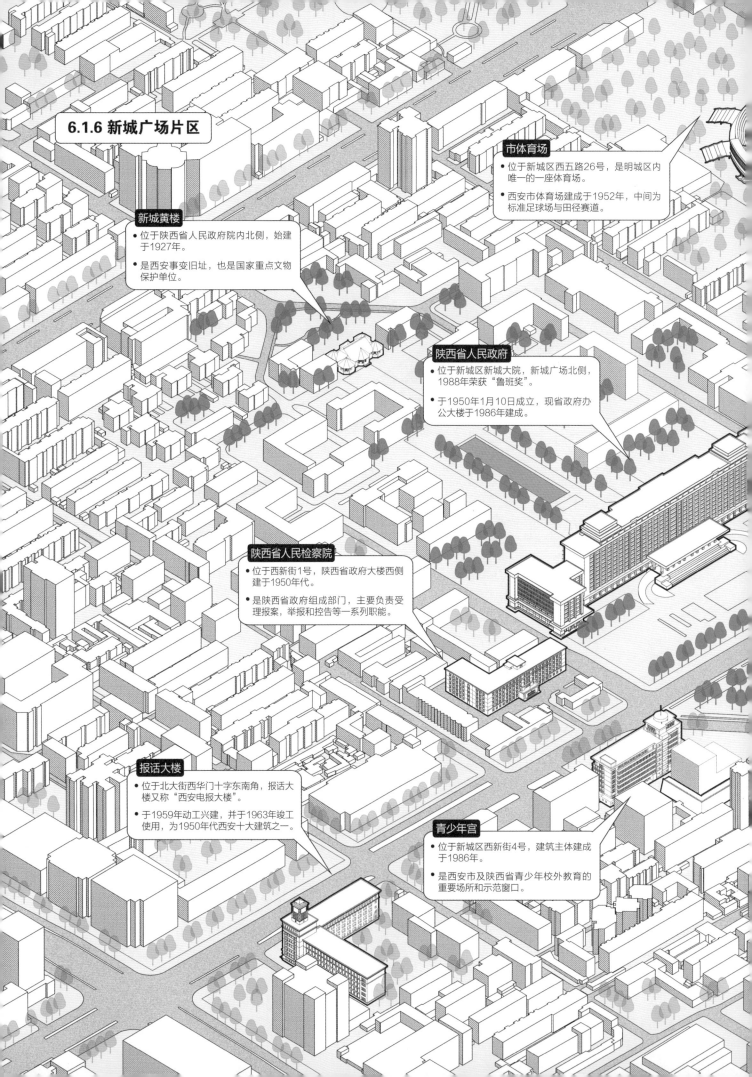

6.1.6 新城广场片区

市体育场
- 位于新城区西五路26号，是明城区内唯一的一座体育场。
- 西安市体育场建成于1952年，中间为标准足球场与田径赛道。

新城黄楼
- 位于陕西省人民政府院内北侧，始建于1927年。
- 是西安事变旧址，也是国家重点文物保护单位。

陕西省人民政府
- 位于新城区新城大院，新城广场北侧，1988年荣获"鲁班奖"。
- 于1950年1月10日成立，现省政府办公大楼于1986年建成。

陕西省人民检察院
- 位于西新街1号，陕西省政府大楼西侧建于1950年代。
- 是陕西省政府组成部门，主要负责受理报案，举报和控告等一系列职能。

报话大楼
- 位于北大街西华门十字东南角，报话大楼又称"西安电报大楼"。
- 于1959年动工兴建，并于1963年竣工使用，为1950年代西安十大建筑之一。

青少年宫
- 位于新城区西新街4号，建筑主体建成于1986年。
- 是西安市及陕西省青少年校外教育的重要场所和示范窗口。

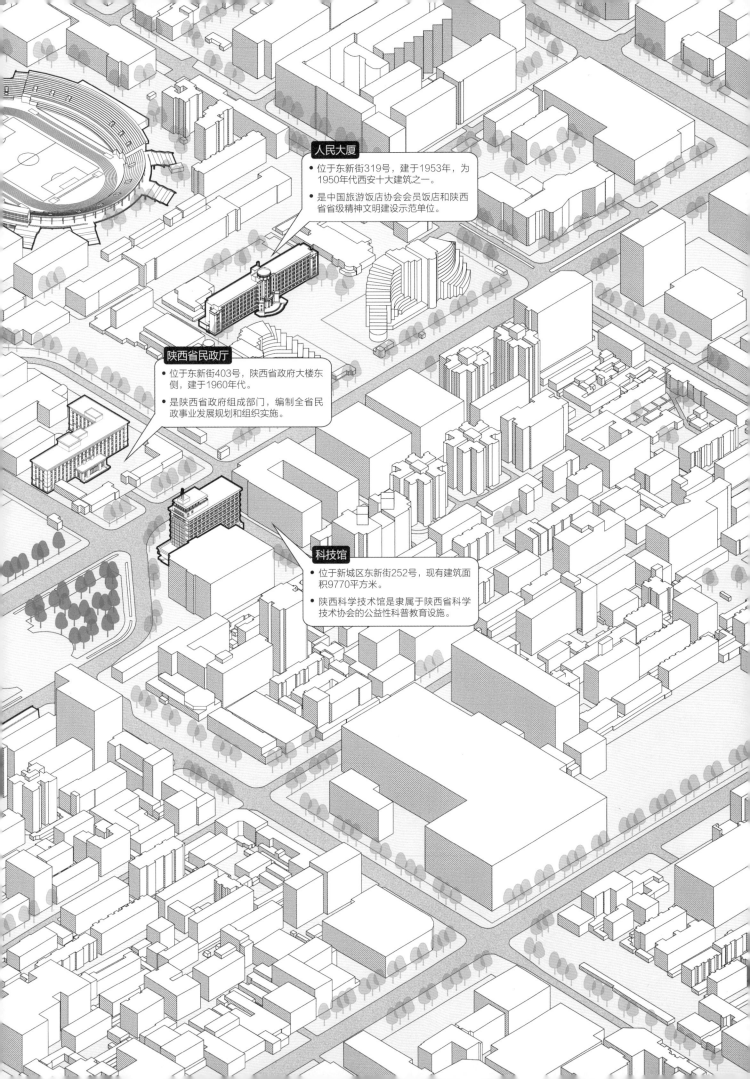

人民大厦

- 位于东新街319号，建于1953年，为1950年代西安十大建筑之一。

- 是中国旅游饭店协会会员饭店和陕西省省级精神文明建设示范单位。

陕西省民政厅

- 位于东新街403号，陕西省政府大楼东侧，建于1960年代。

- 是陕西省政府组成部门，编制全省民政事业发展规划和组织实施。

科技馆

- 位于新城区东新街252号，现有建筑面积9770平方米。

- 陕西科学技术馆是隶属于陕西省科学技术协会的公益性科普教育设施。

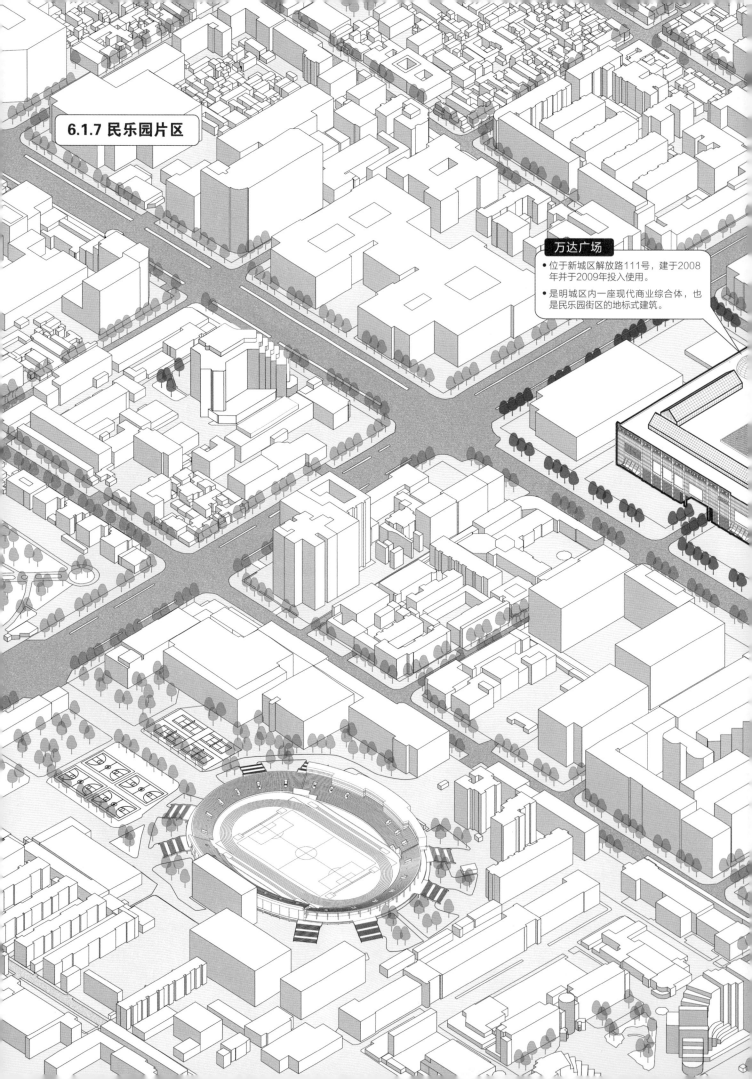

6.1.7 民乐园片区

万达广场

- 位于新城区解放路111号,建于2008年并于2009年投入使用。
- 是明城区内一座现代商业综合体,也是民乐园街区的地标式建筑。

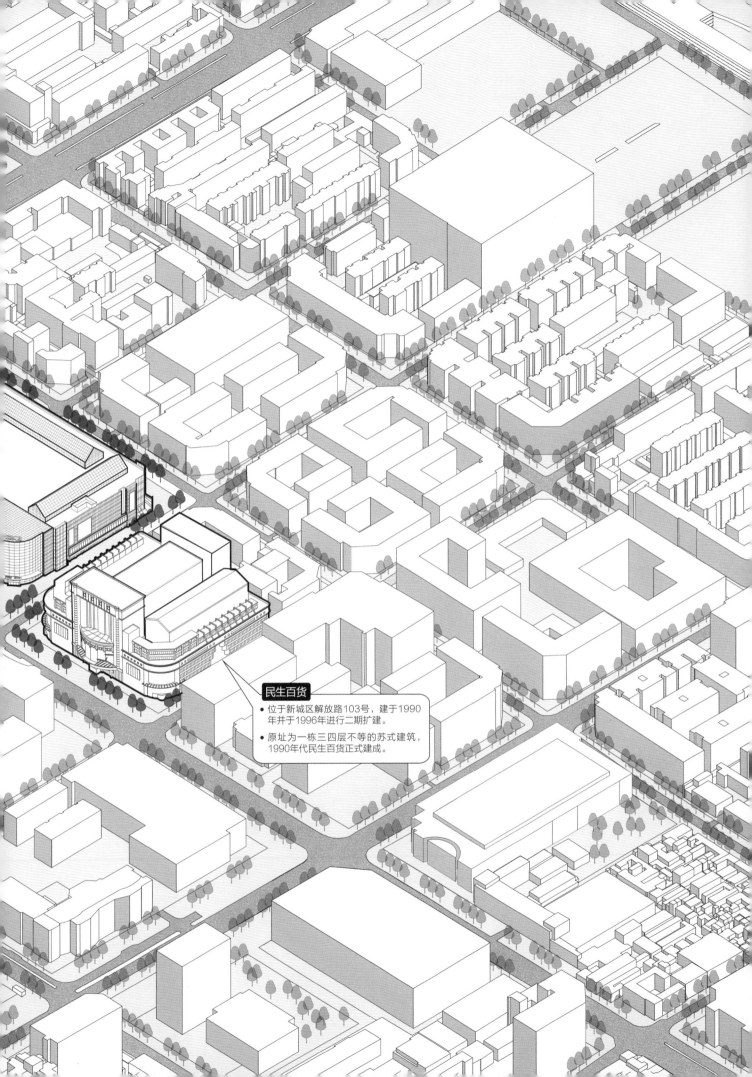

民生百货

- 位于新城区解放路103号，建于1990年并于1996年进行二期扩建。

- 原址为一栋三四层不等的苏式建筑，1990年代民生百货正式建成。

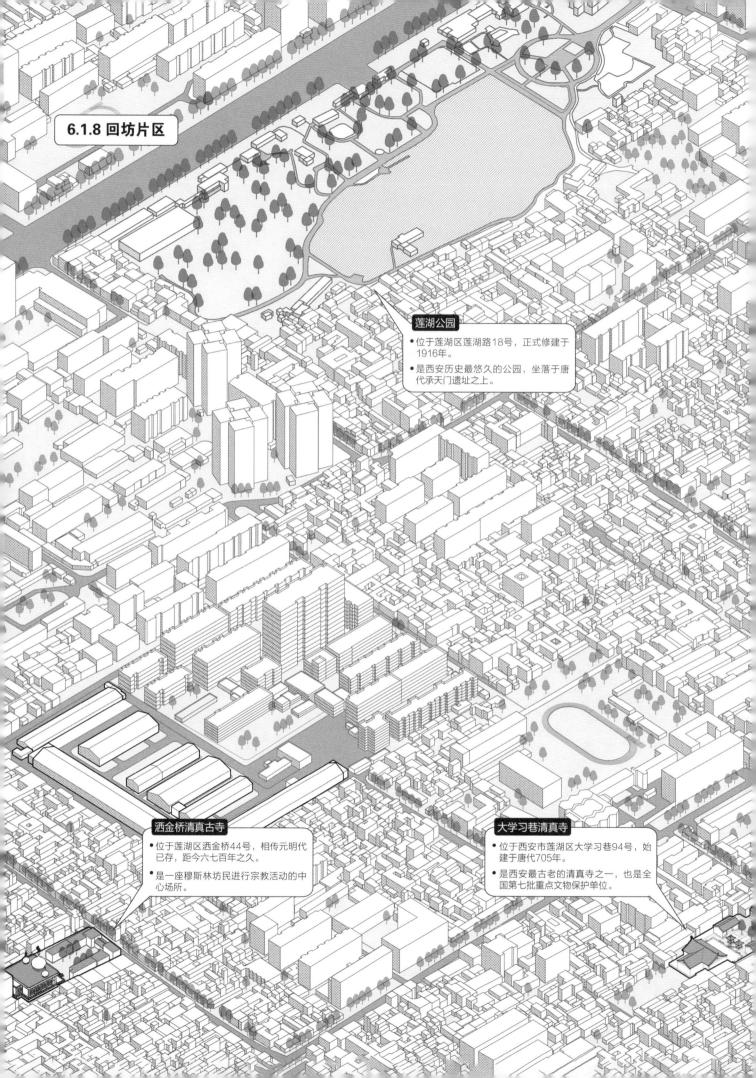

6.1.8 回坊片区

莲湖公园
- 位于莲湖区莲湖路18号，正式修建于1916年。
- 是西安历史最悠久的公园，坐落于唐代承天门遗址之上。

洒金桥清真古寺
- 位于莲湖区洒金桥44号，相传元明代已存，距今六七百年之久。
- 是一座穆斯林坊民进行宗教活动的中心场所。

大学习巷清真寺
- 位于西安市莲湖区大学习巷94号，始建于唐代705年。
- 是西安最古老的清真寺之一，也是全国第七批重点文物保护单位。

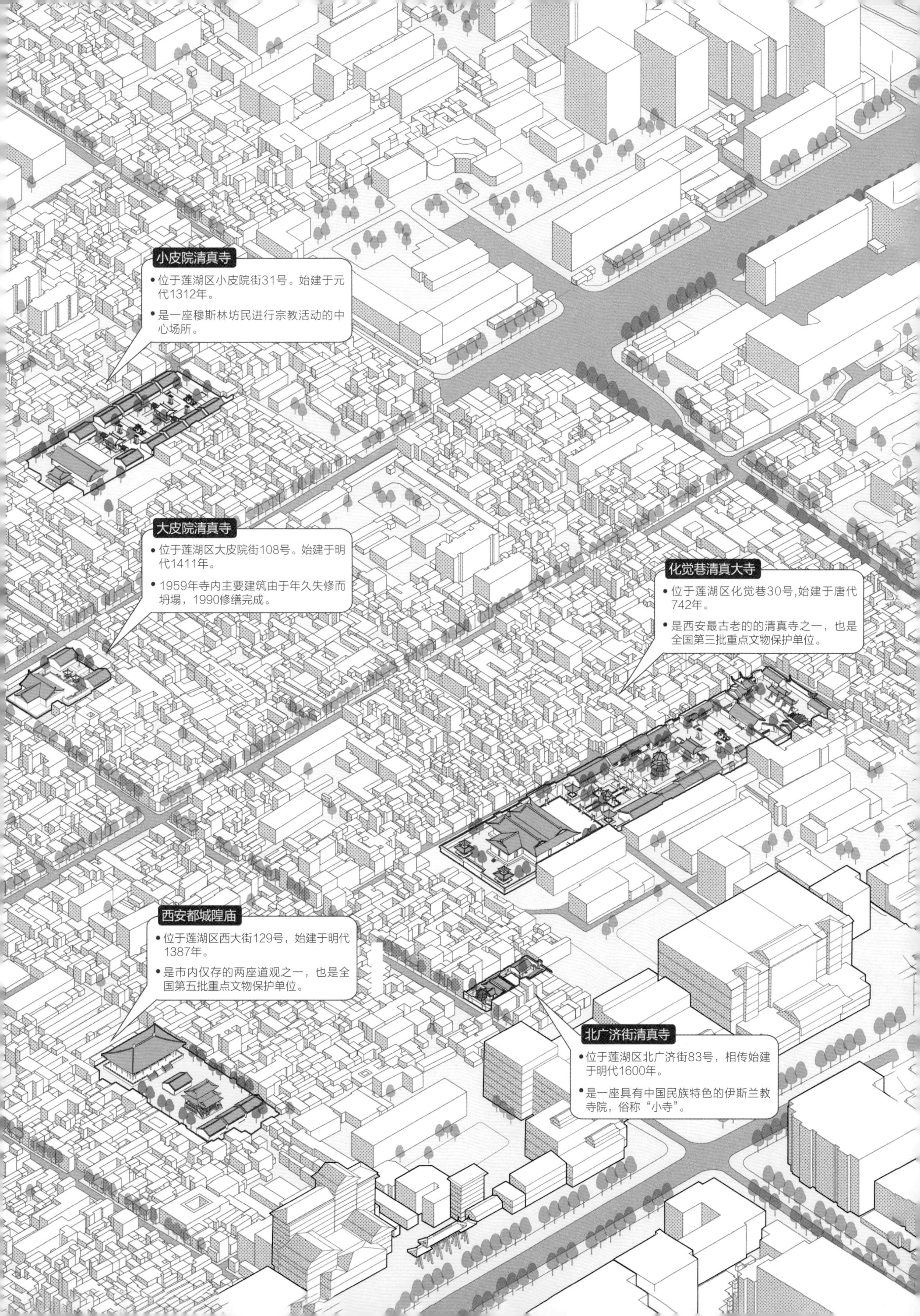

小皮院清真寺

- 位于莲湖区小皮院街31号。始建于元代1312年。
- 是一座穆斯林坊民进行宗教活动的中心场所。

大皮院清真寺

- 位于莲湖区大皮院街108号。始建于明代1411年。
- 1959年寺内主要建筑由于年久失修而坍塌，1990修缮完成。

化觉巷清真大寺

- 位于莲湖区化觉巷30号,始建于唐代742年。
- 是西安最古老的的清真寺之一，也是全国第三批重点文物保护单位。

西安都城隍庙

- 位于莲湖区西大街129号，始建于明代1387年。
- 是市内仅存的两座道观之一，也是全国第五批重点文物保护单位。

北广济街清真寺

- 位于莲湖区北广济街83号，相传始建于明代1600年。
- 是一座具有中国民族特色的伊斯兰教寺院，俗称"小寺"。

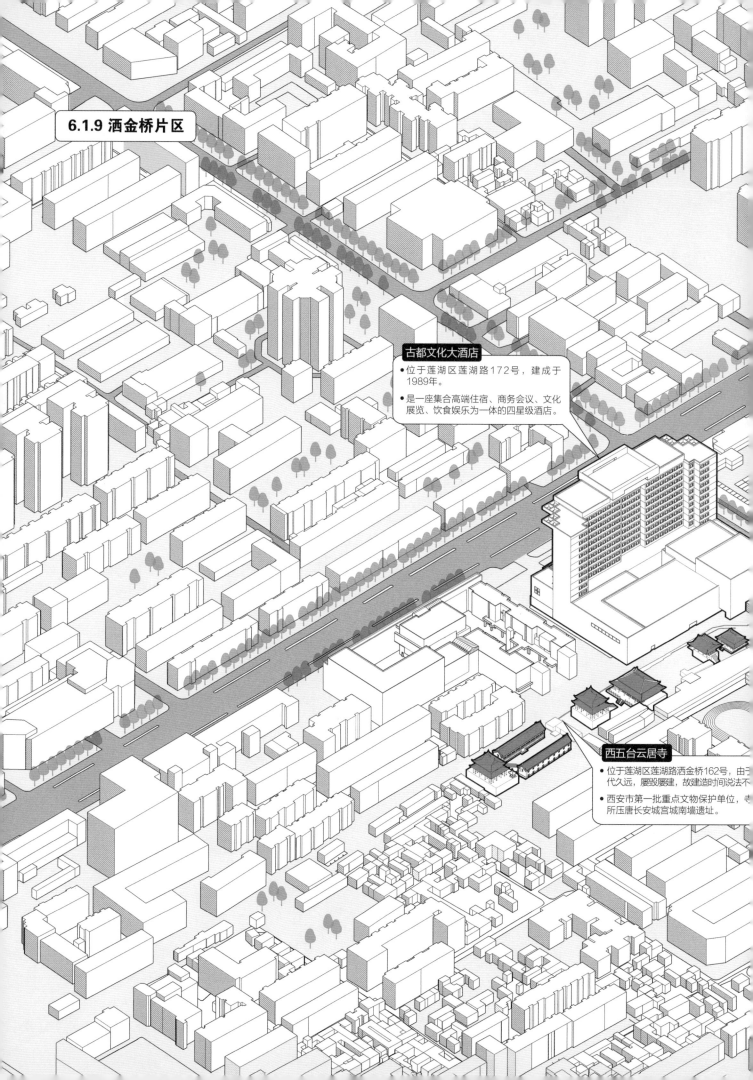

6.1.9 洒金桥片区

古都文化大酒店

• 位于莲湖区莲湖路172号，建成于1989年。

• 是一座集合高端住宿、商务会议、文化展览、饮食娱乐为一体的四星级酒店。

西五台云居寺

• 位于莲湖区莲湖路洒金桥162号，由于代久远，屡毁屡建，故建造时间说法不

• 西安市第一批重点文物保护单位，寺所压唐长安城宫城南墙遗址。

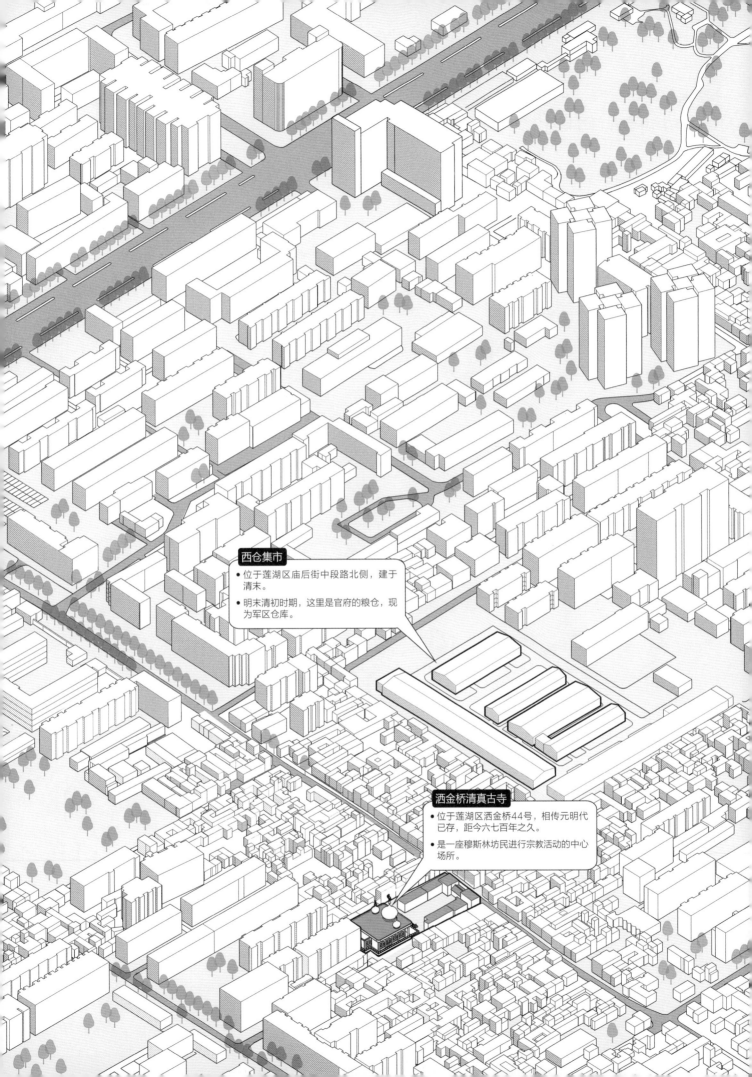

西仓集市

- 位于莲湖区庙后街中段路北侧，建于清末。
- 明末清初时期，这里是官府的粮仓，现为军区仓库。

洒金桥清真古寺

- 位于莲湖区洒金桥44号，相传元明代已存，距今六七百年之久。
- 是一座穆斯林坊民进行宗教活动的中心场所。

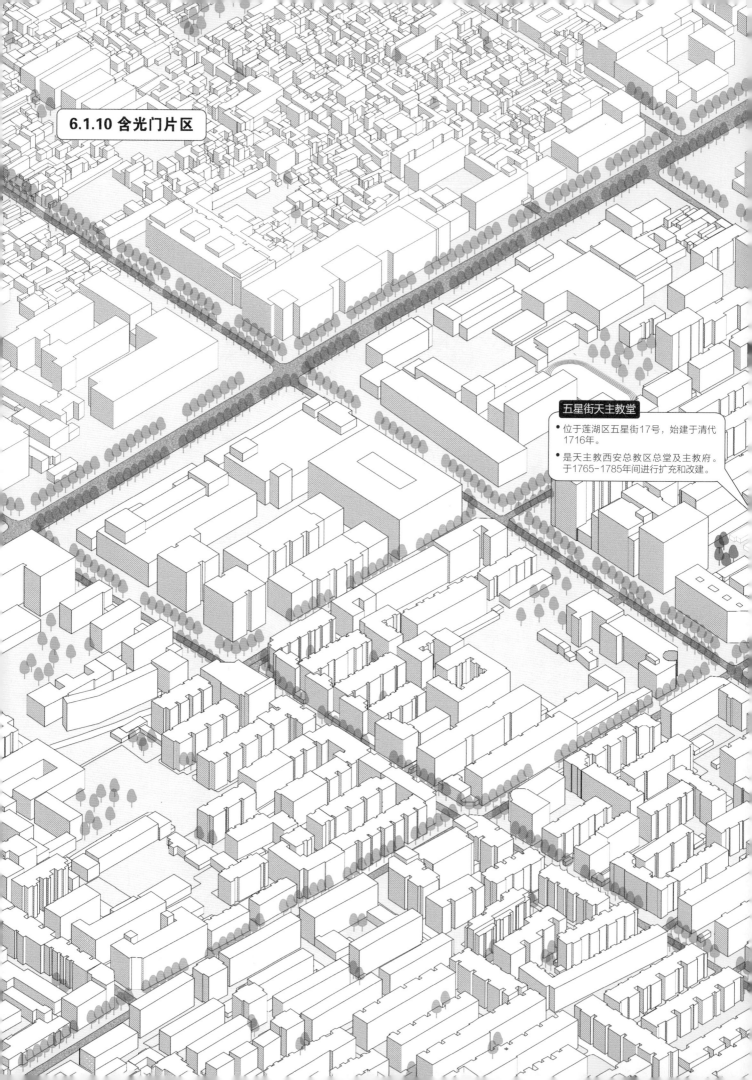

6.1.10 含光门片区

五星街天主教堂
- 位于莲湖区五星街17号，始建于清代1716年。
- 是天主教西安总教区总堂及主教府。于1765-1785年间进行扩充和改建。

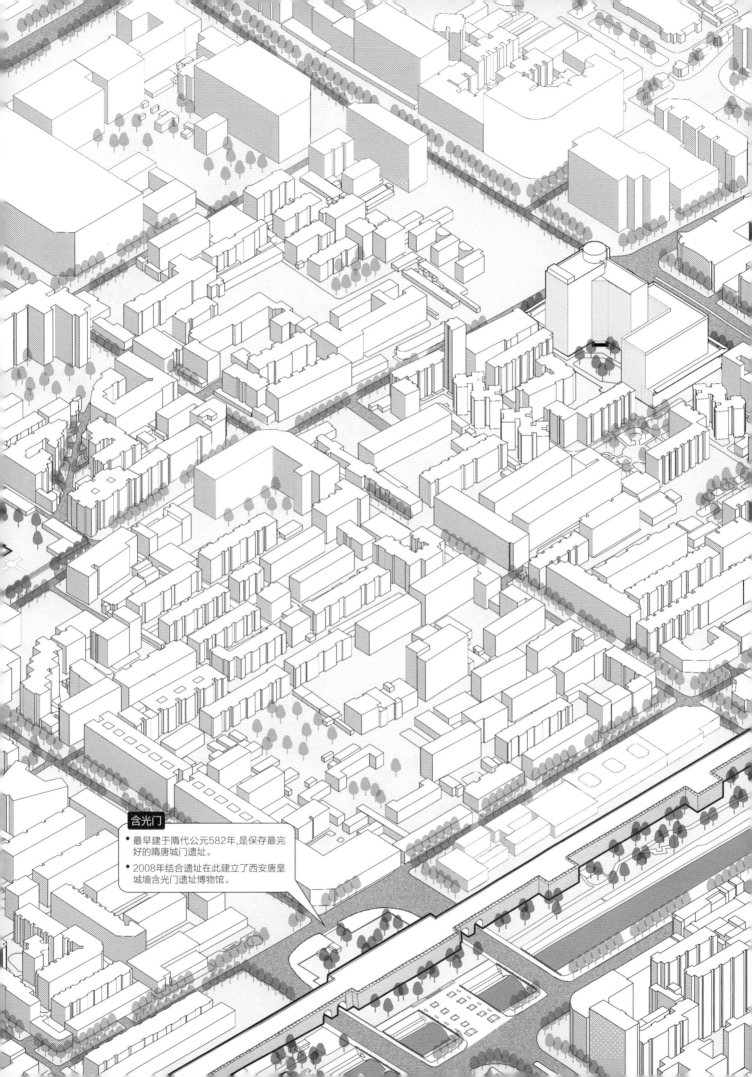

含光门

- 最早建于隋代公元582年,是保存最完好的隋唐城门遗址。
- 2008年结合遗址在此建立了西安唐皇城墙含光门遗址博物馆。

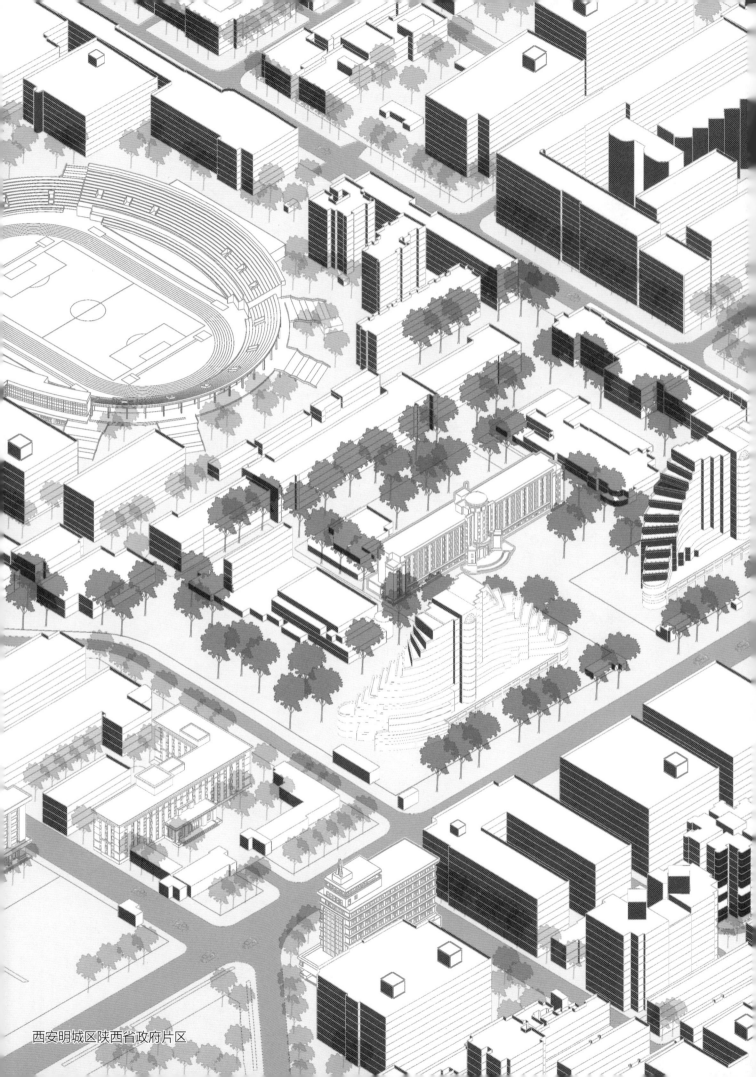

西安明城区陕西省政府片区

"在狭窄的街道和小型空间中，我们能够在周围近距离范围看到建筑、细部和人。建筑与活动丰富多彩……我们感受到这种场景是温暖的，个性化的且受到欢迎的。"

——扬·盖尔《人性化的城市》

6.2 群组：片区中的十组建筑

建筑建造于特定的历史语境与城市环境当中，形成固有的城市意象与场所精神。人们在其中生活、工作、消费、游憩，延续利用既有空间，也在持续地修缮、更新、建造。我们选择十个片区中的代表性节点，展示场所中的建筑。

明城地标——钟楼；

南墙门户——永宁门建筑群；

西墙门户——安定门建筑群；

回坊真主——化觉巷清真大寺；

市井天主——五星街天主教堂；

民国故居——张学良公馆；

文化娱乐——和平电影院；

对外接待——人民大夏；

旅游度假——古都文化大酒店；

消费场所——民乐园民生百货。

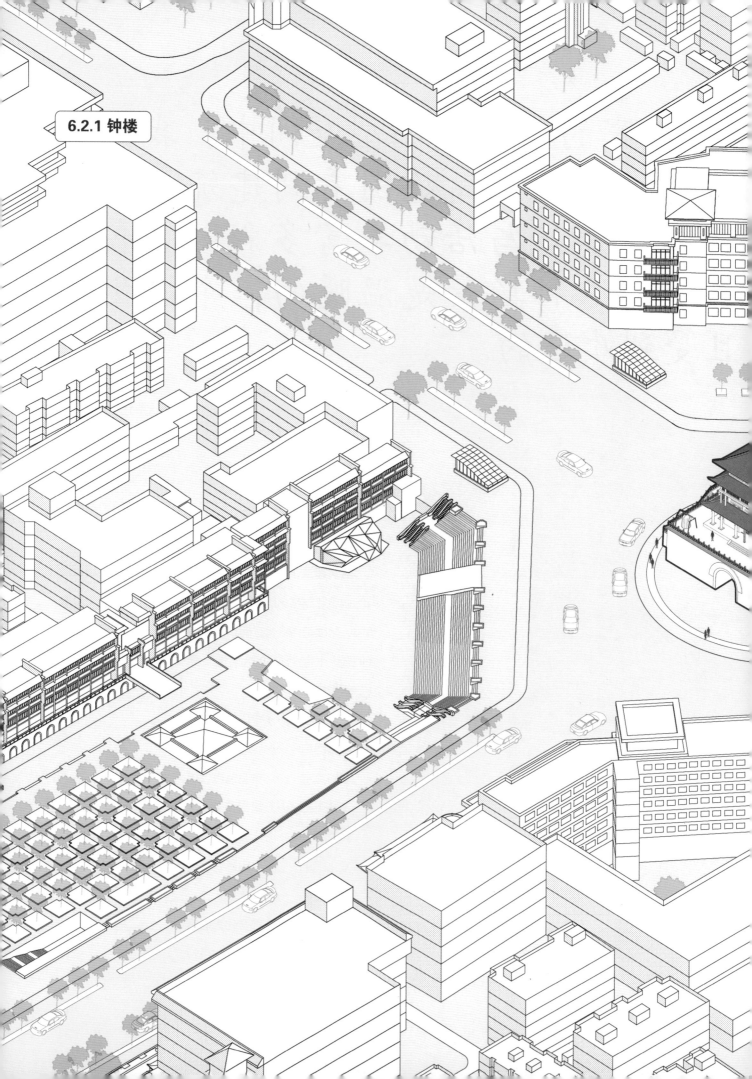

6.2.1 钟楼

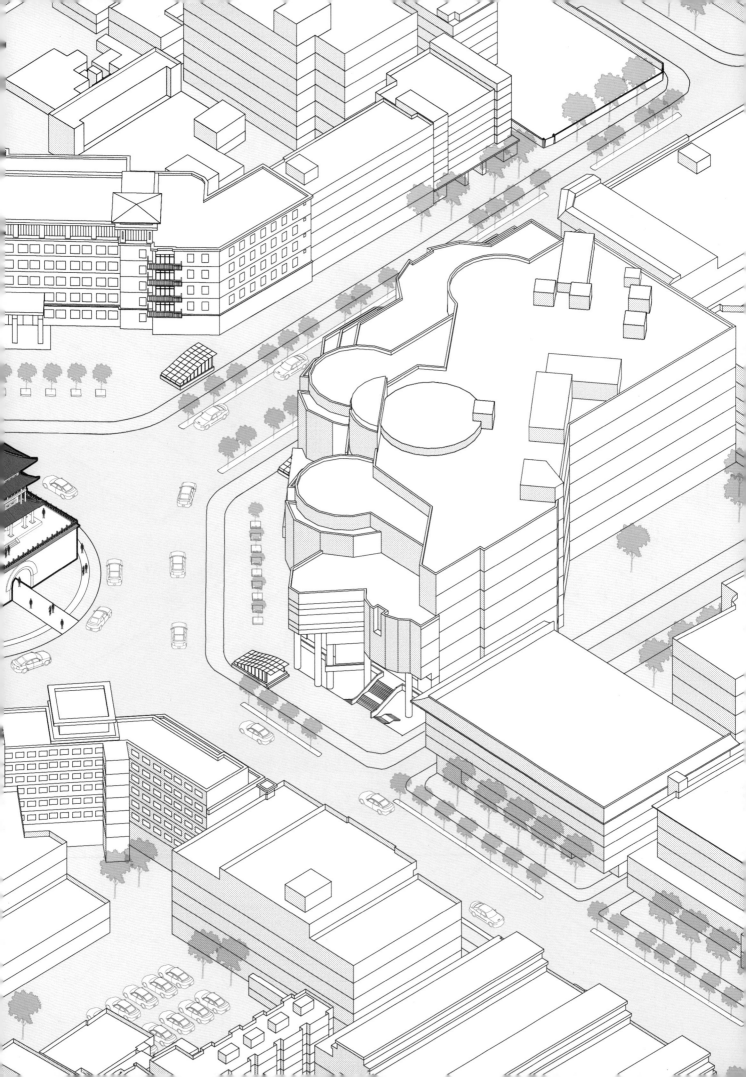

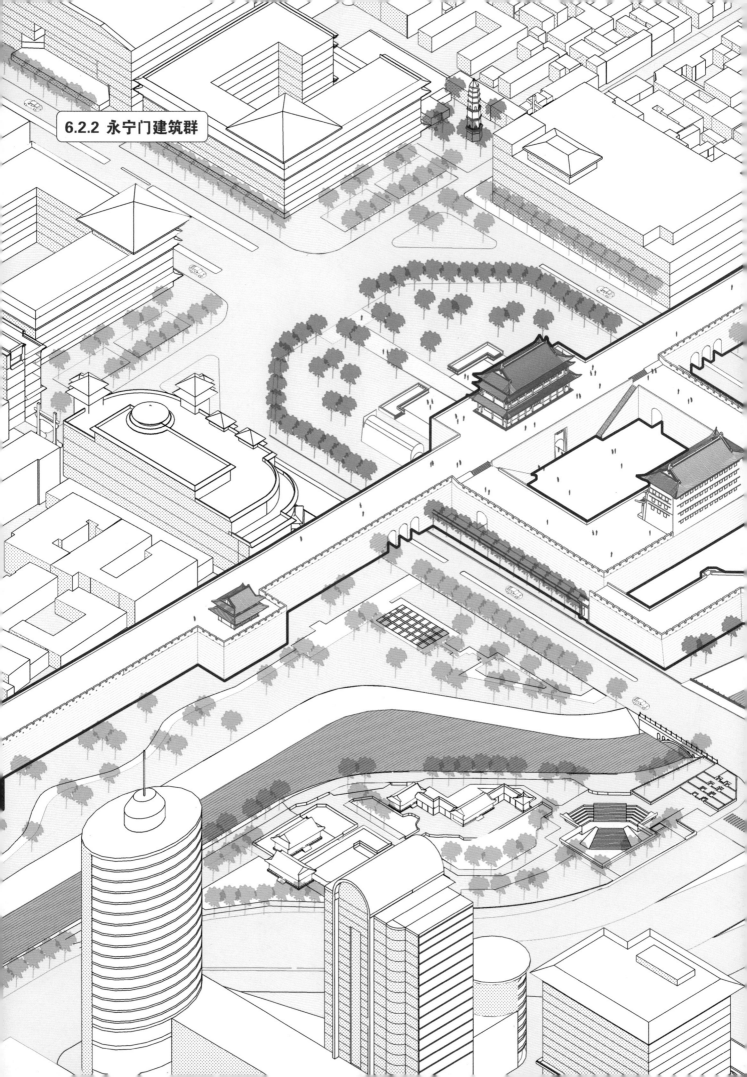

6.2.2 永宁门建筑群

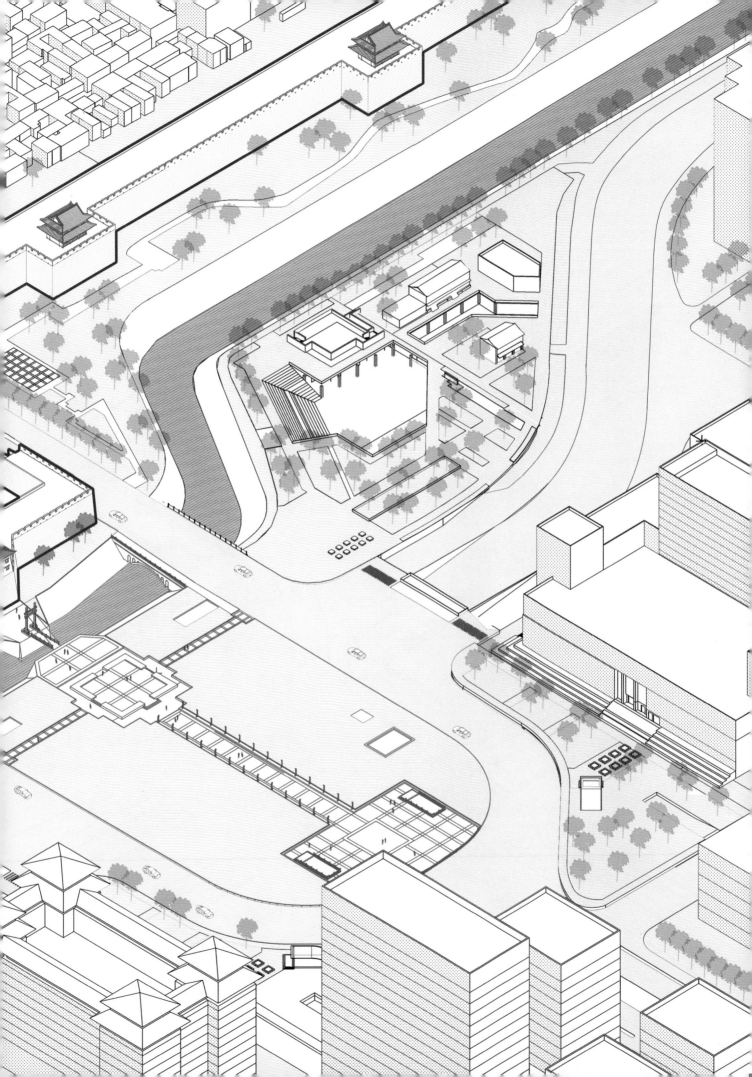

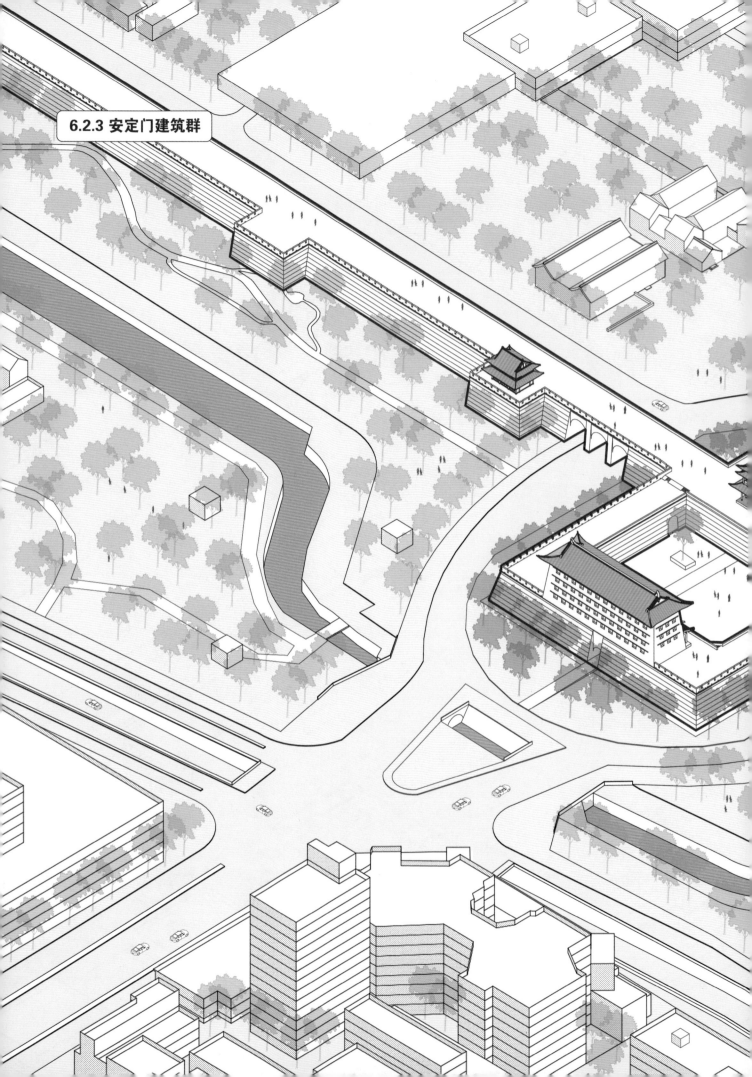

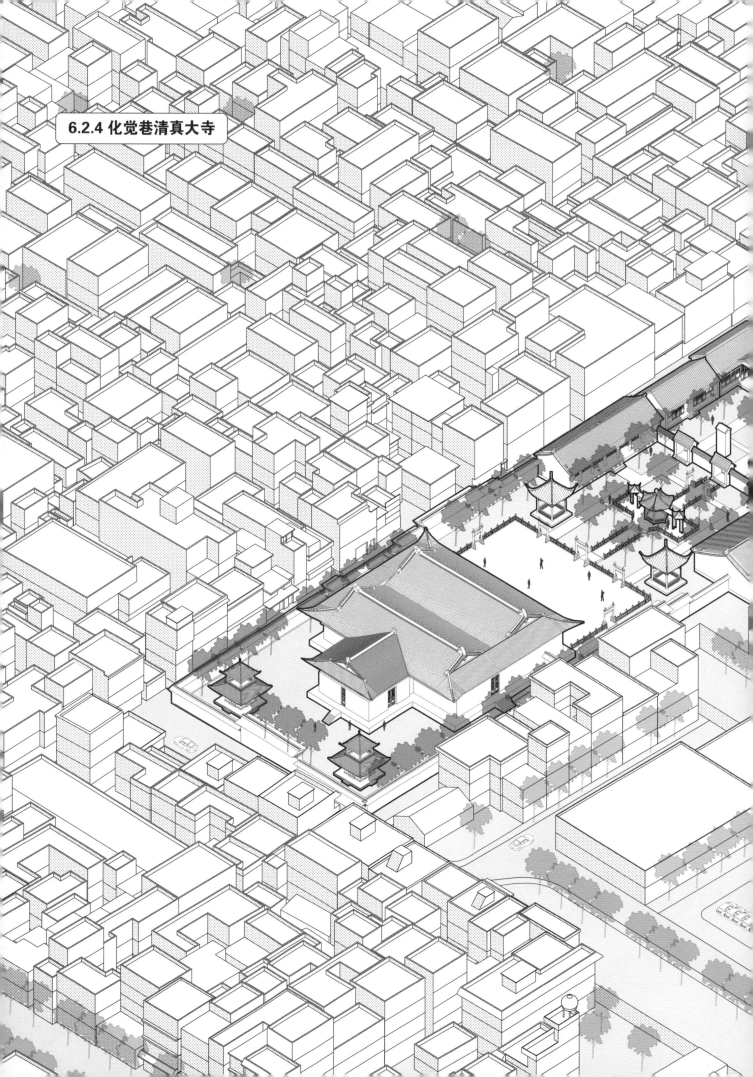

6.2.4 化觉巷清真大寺

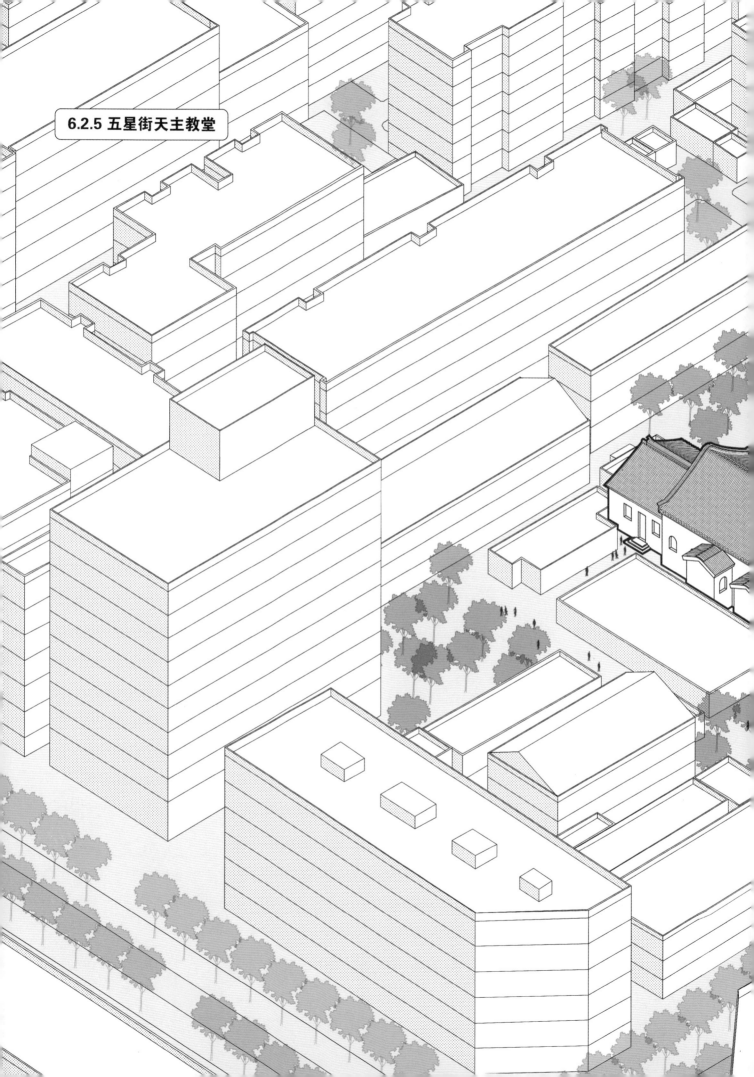

6.2.5 五星街天主教堂

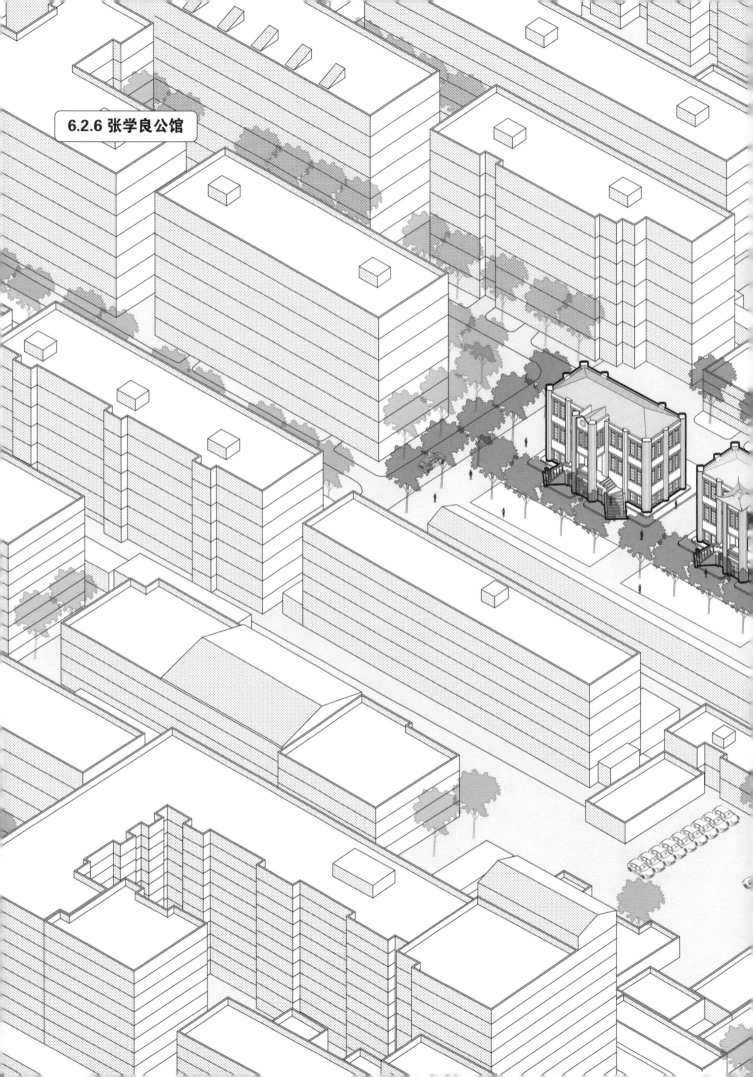

6.2.6 张学良公馆

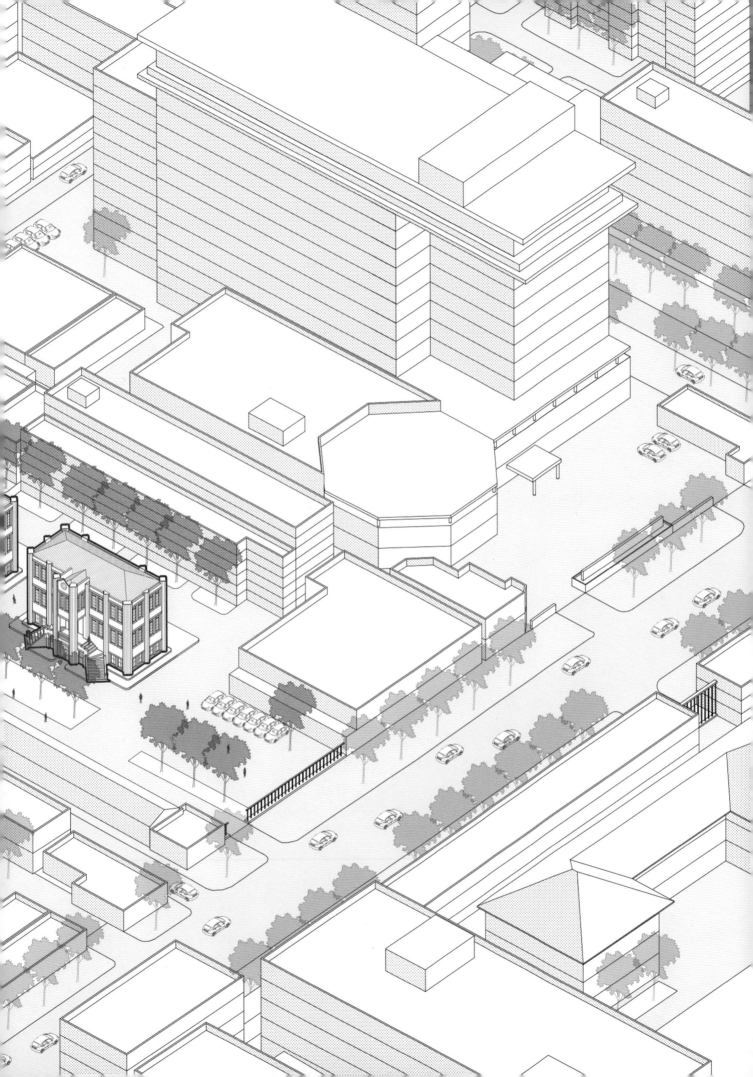

6.2.7 和平电影院

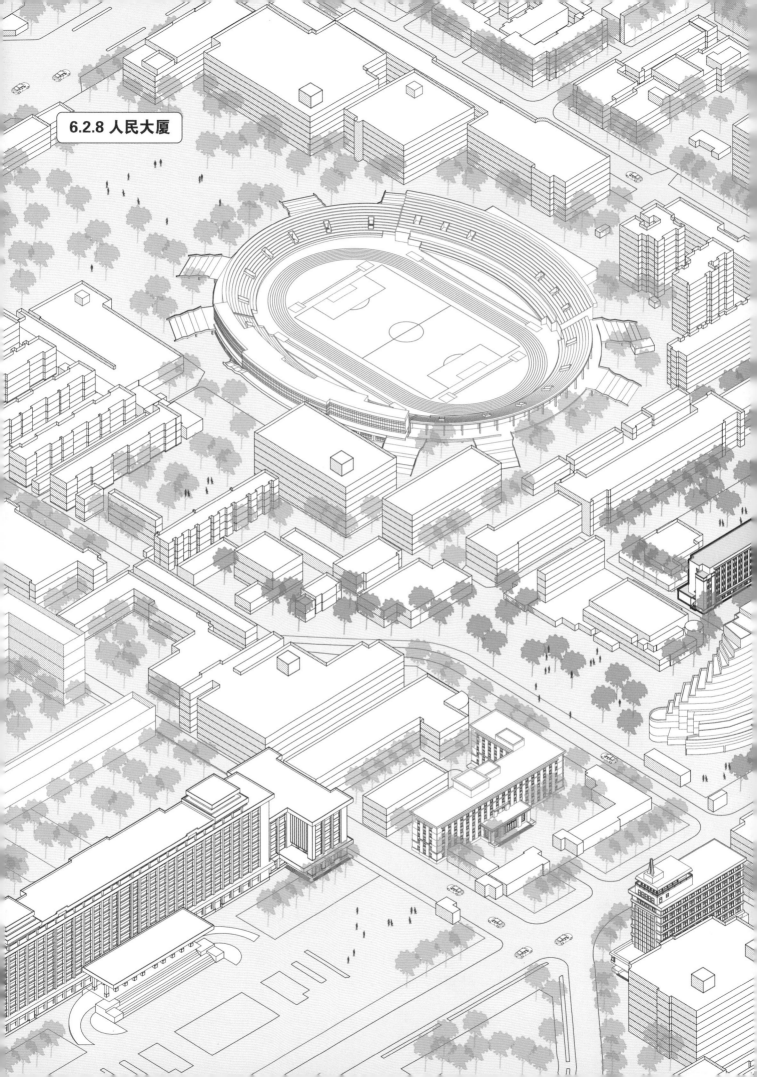

6.2.8 人民大厦

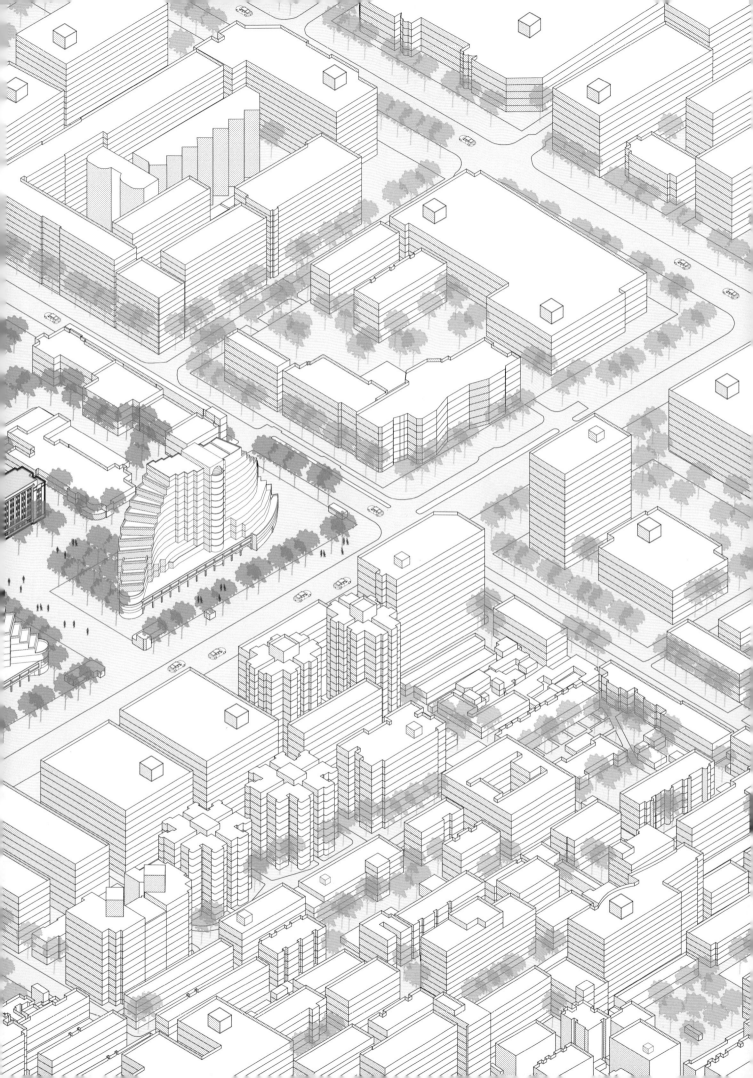

6.2.9 古都文化大酒店

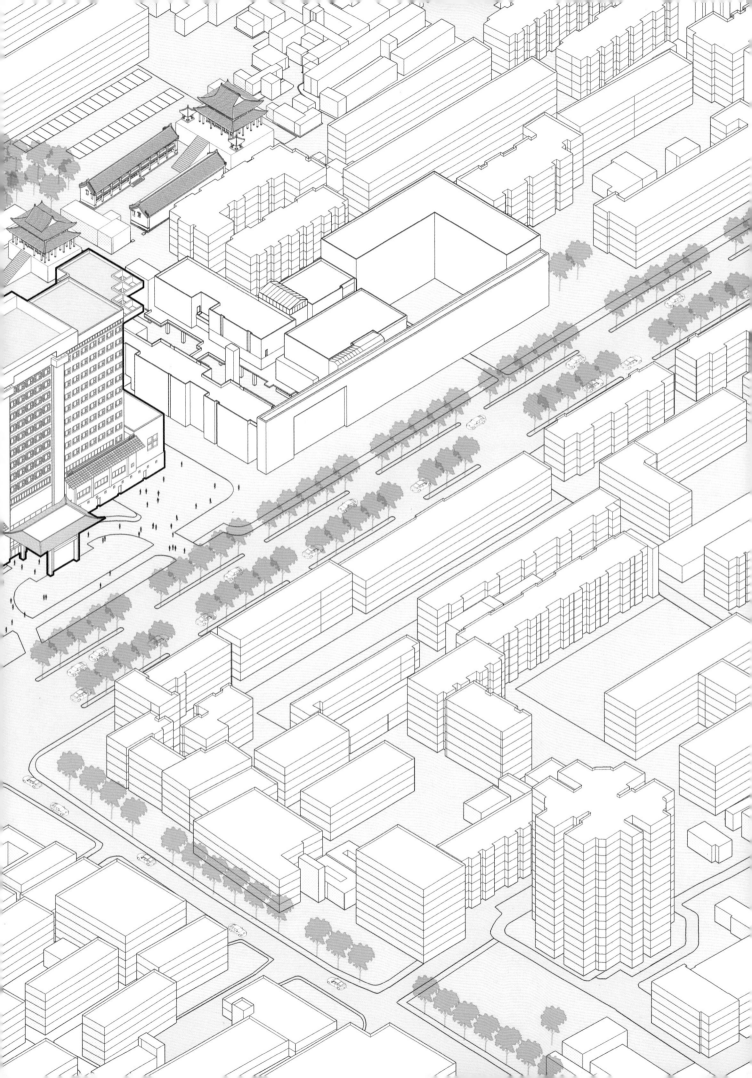

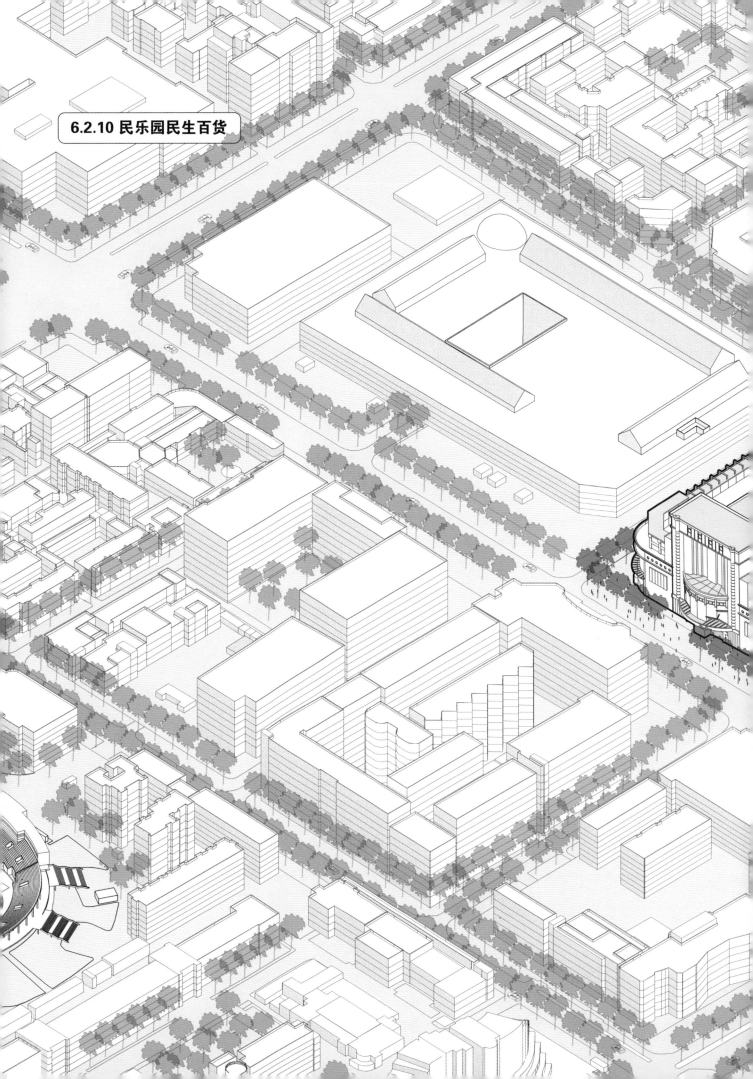

6.2.10 民乐园民生百货

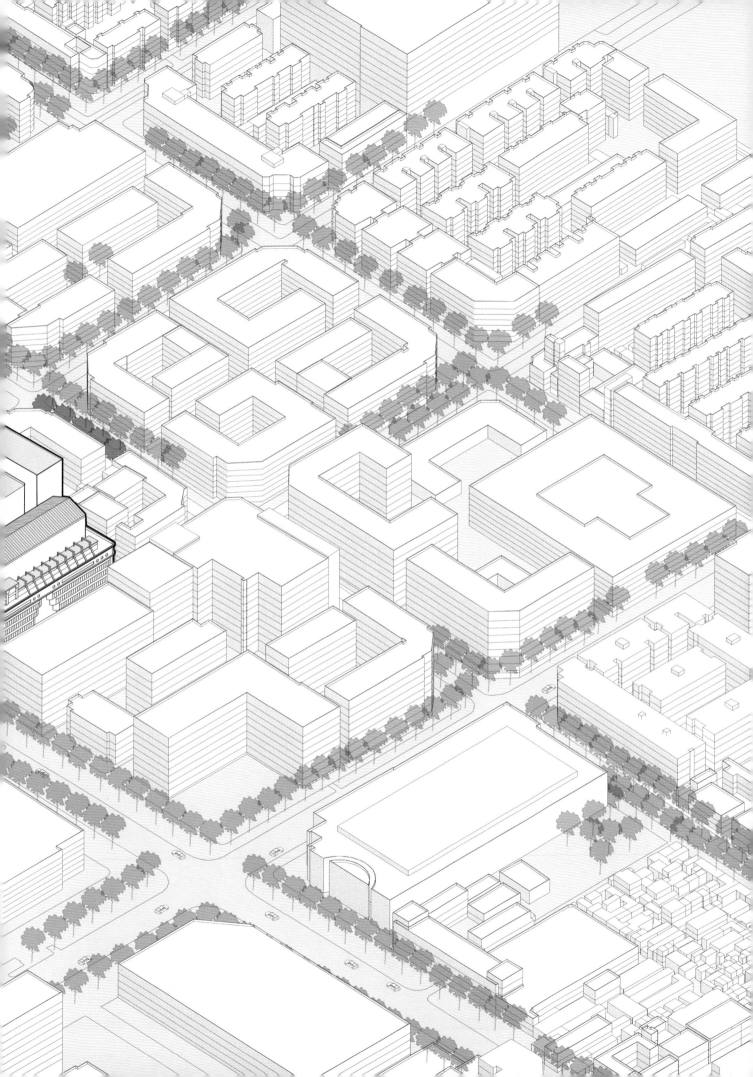

西安明城区永宁门城楼立面（局部）

"在历史文化名城这种特定的环境中，建筑创作应该是多元的，形式是多样的，而要求现代建筑的风格、体量、造型、色彩与历史文化环境相谐调这一基本原则确是不可动摇的。"

——张锦秋《历史文化名城中的建筑创作》

6.3 语汇：
十个建筑的空间形态

不同历史时期的建筑在形制、布局、构造、材料等方面所具有的特征反映出当时社会的经济水平、生活状态、审美标准及建造技术，是城市演进最为生动的记录者和呈现者。虽然城市有机体的生长发展不得不适应"用进废退"的更新现实，但如何面对既有建筑、处理新旧关系却成为反映一座城市历史厚度的关键所在。西安明城区在经历多次改造更新之后，尚存一些不同历史时期的代表性建筑，仔细品读它们，就能了解这座城市的前世今生。它们包括：

古代遗迹——钟楼、永宁门城楼、安定门箭楼、化觉巷清真大寺主殿；

近代遗存——五星街天主教堂、张学良公馆、和平电影院；

现代建筑——陕西省政府办公大楼、古都文化大酒店、民乐园民生百货大楼。

6.3.1 钟楼

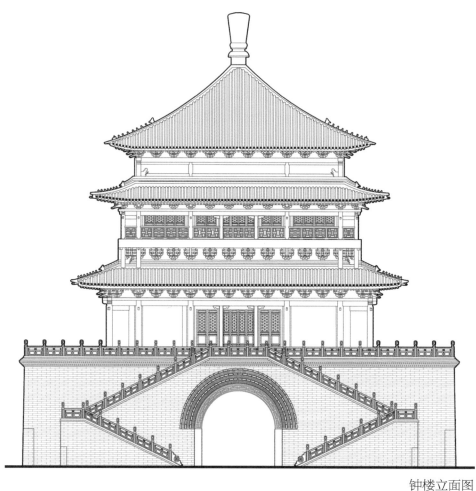

钟楼立面图

钟楼是西安明城区的中心地标，为明代砖木结构建筑，占地面积约1377平方米。建筑高36米，基座呈正方形，边长35.5米，屋顶采用重楼三层檐，楼体为木结构，基座为砖石结构。

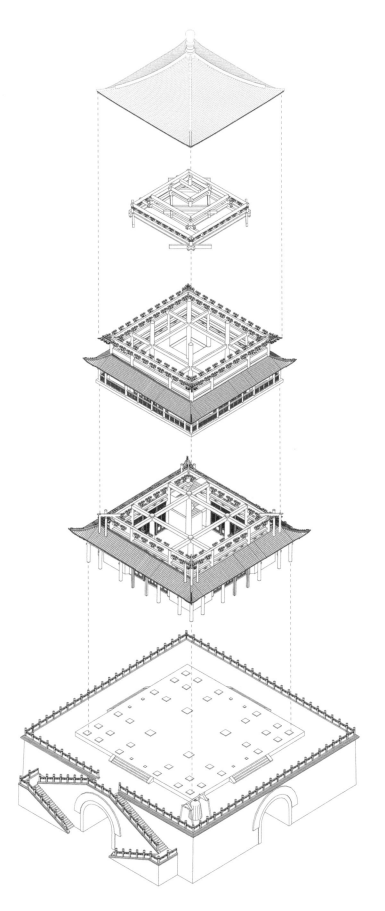

屋顶为三重檐四角攒尖屋顶，屋面较陡，无正脊，数条垂脊交合于顶部，上覆宝顶。

室内屋架采用"彻上明造"做法，天花不做装饰，不用藻井，梁架结构完全暴露。

平面采用"副阶周匝"布局，即在建筑主体周围另加一圈回廊。

主体建筑四周设一圈柱列和斗栱，将空间划分内外两层，外层环包内层，形成"金厢斗底槽"。

基座呈正方形，以青砖砌筑，内有楼梯可盘旋而上。

钟楼立面实景

1 屋顶　2 斗栱　3 翼角　4 景云钟　5 基座

6.3.2 永宁门城楼

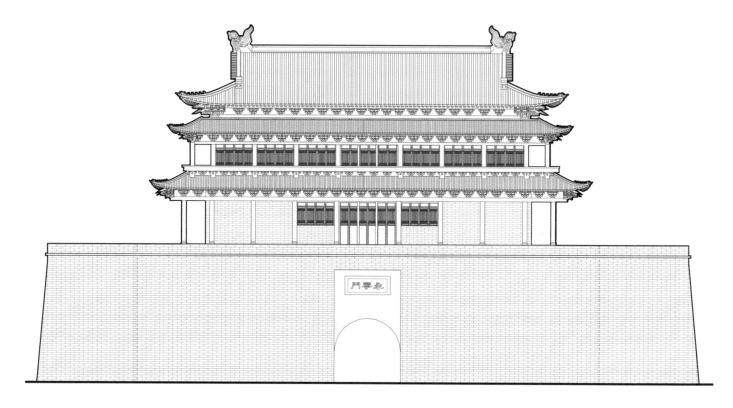

永宁门城楼立面图

　　永宁门城楼是明城区南城墙的标志性建筑，也是城门防御体系的核心工程。城楼高32米，长40余米，屋顶采用三层重檐，底层有回廊环绕，气势宏伟。

222

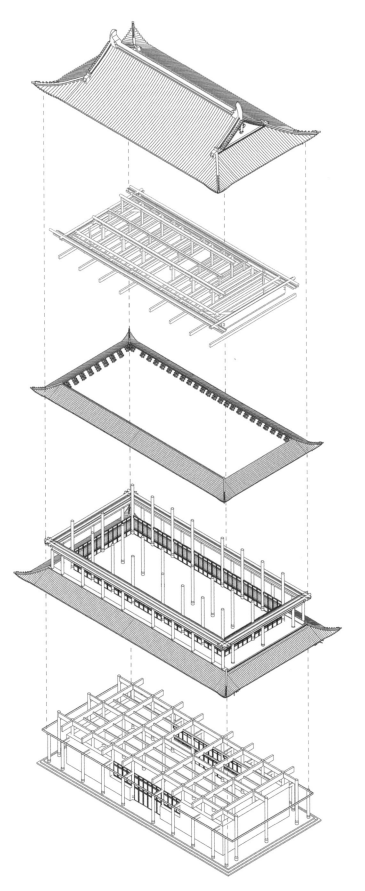

屋顶形制

屋顶采用歇山式，也称"九脊顶"，形制规格很高，仅次于庑殿顶。

屋架结构

室内屋架采用抬梁式做法，梁跨度较大，柱子较少，形成相对连贯的室内空间。

屋檐形制

三重屋檐在丰富立面层次的同时，也增加了屋顶高度，以调节屋顶与屋身比例。

屋身暗层

城楼在二层设平座层，加强了上下层的联系，利于城楼抗震，也增加了房屋的整体性。

顶棚形制

城楼内设置天花，遮蔽了顶棚结构，使室内各空间界面整齐划一，整体性良好。

223

永宁门城楼立面实景

1 城门洞　2 脊兽　3 吻兽　4 屋檐　5 翼角　6 侧面

6.3.3 安定门箭楼

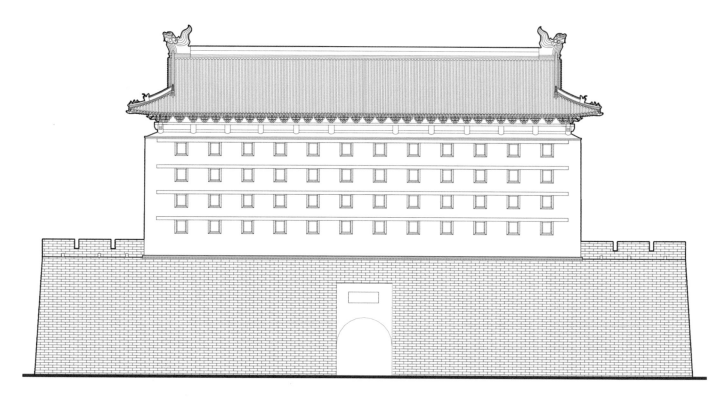

安定门箭楼立面图

安定门箭楼是明城区西城墙的标志性建筑，始建于明洪武十一年，后经历代多次修葺改建，沿袭至今。建筑高约19米，屋顶为歇山顶，屋身出于防御功能而采用厚实的砖土砌筑，开设小窗。

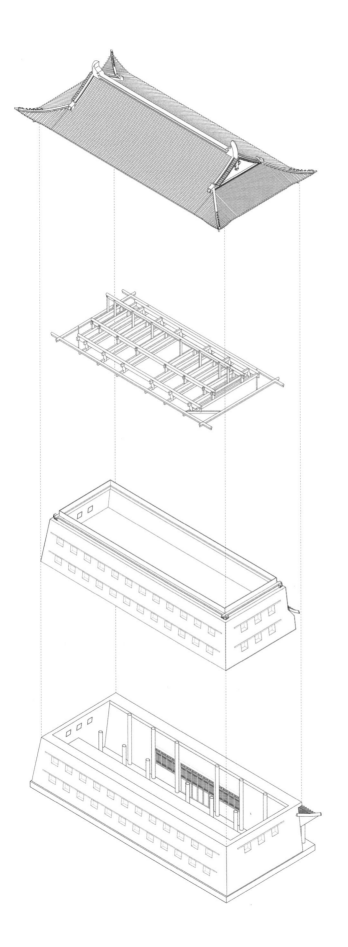

屋顶形制

屋顶采用歇山式，也称"九脊顶"，形制很高，在规格上仅次于庑殿顶。

屋架结构

室内屋架采用抬梁式做法，梁跨度较大，柱子较少，形成相对连贯的室内空间。

上层空间

与正楼有所不同，箭楼内部设置多层空间以增强防御能力。

下层空间

出于防御考虑，箭楼墙体采用厚实的砖土材料，开设小窗。

安定门箭楼立面实景

1 角梁　2 城砖　3 砖雕　4 箭楼　5 城门洞

6.3.4 化觉巷清真大寺主殿

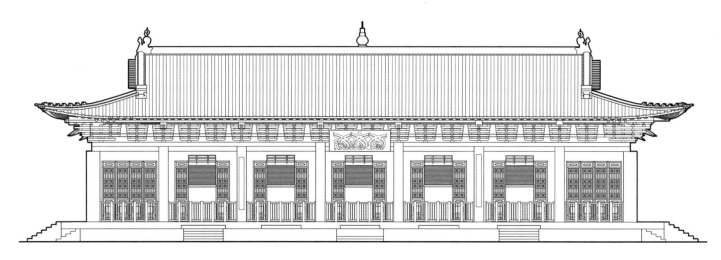

化觉巷清真大寺主殿立面图

　　在整个化觉巷清真寺建筑群中，主殿形制最高，采用双连歇山顶。建筑面宽7间，进深4间，占地面积1300平方米。屋身为木构架，屋顶铺设绿色琉璃瓦。

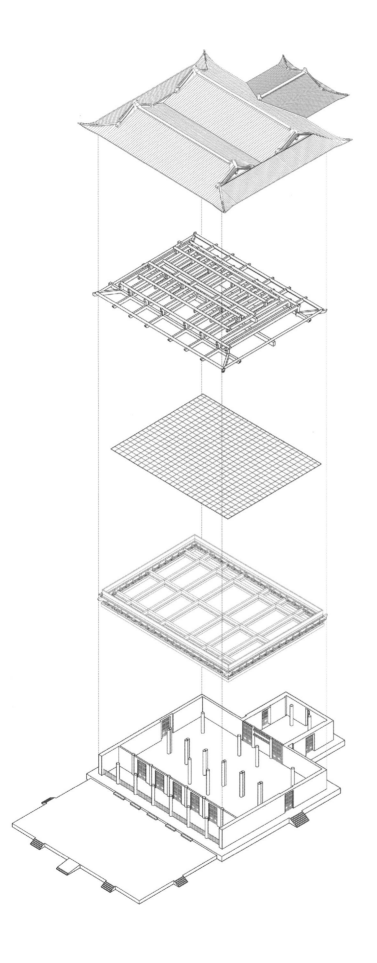

屋顶形制

大殿前殿采用两个相互连接的歇山屋顶，后殿屋顶呈丁字型与前殿相接，具有早期伊斯兰教清真寺的典型形制特征。

屋架结构

室内屋架采用抬梁式做法，梁跨度较大，柱子较少，形成相对连贯的室内空间。

顶棚形制

室内屋架采用抬梁式做法，梁跨度较大，柱子较少，形成相对连贯的室内空间。

梁架结构

大殿整个梁架均为木结构，上有斗栱五踩，结构规整。

平面形制

大殿建于月台之上，平面呈凸字型，为横向巴西利卡式。

化觉巷清真大寺主殿立面实景

1 挂钟　2 窗框　3 门饰　4 屋顶　5 殿门

6.3.5 五星街天主教堂

五星街天主教堂立面图

    五星街天主教堂为典型的中西合璧建筑，正面主体采用罗马式建筑构图，两侧以中式建筑形式收身，顶部有三座拉丁十字架。教堂内部采用三跨度的拱形天花，饰以壁画和浮雕。总占地面积约700平方米。

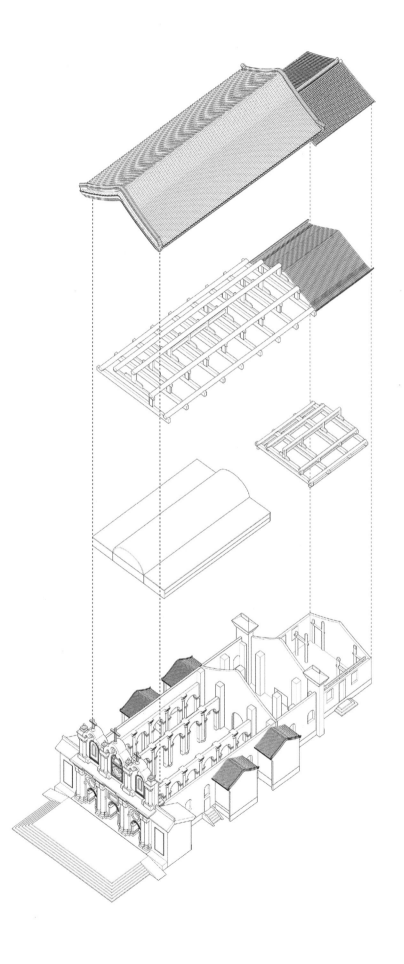

屋顶形制

屋顶采用卷棚硬山式，双坡排水，双坡交界处无明显外露的正脊。

屋架结构

厅堂屋顶结构采用在弧形椽上钉薄板或置望砖的形式。

顶棚形制

顶棚设天花，遮蔽了屋顶梁架结构，天花上绘制基督教主题的壁画，营造气氛。

平面形制

平面以隔墙分为前后两部分，前部为教堂的公共区域用以礼拜，后部为辅助用房。

五星街天主教堂立面实景

1 主入口　2 柱头　3 挂钟　4 窗户　5 侧立面　6 墙面

6.3.6　张学良公馆中楼

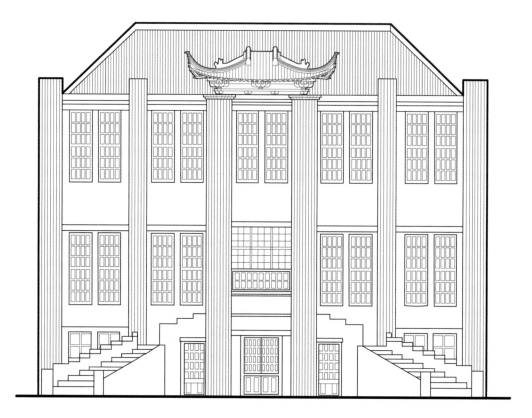

张学良公馆中楼立面图

　　张学良公馆共有三座建筑，位于中间的一座原为居住功能，占地面积约90平方米。屋顶采用中国传统建筑的飞檐翘角，屋身以西方建筑的柱式构图，中西合璧，古典大气。

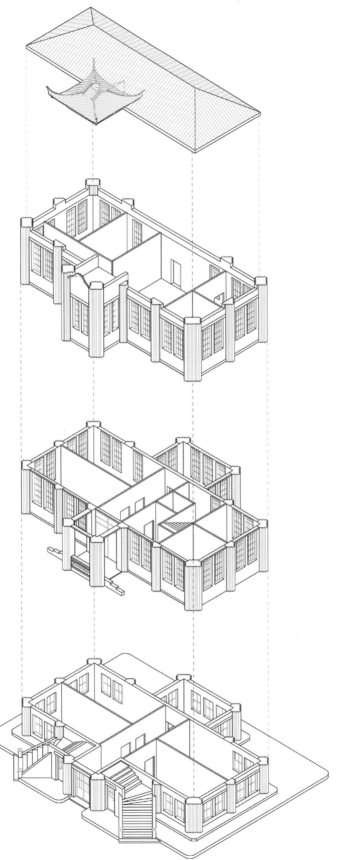

屋顶形制

屋顶为传统中式的飞檐翘角结合西式坡顶，形成独特的屋顶形制。

三层布局

三层布局与一二层有所不同，南侧外凸一处阳台，东西两侧房间用作卧室。

二层布局

二层入口与室外台阶直接相连，楼梯南侧及东西两侧均为居室。

一层布局

一层处于半地下，平面呈中字型对称布局，作为公馆的宴客之所。

张学良公馆中楼立面实景

1 入口　2 墙面　3 标识　4 楼梯　5 屋顶

6.3.7 和平电影院

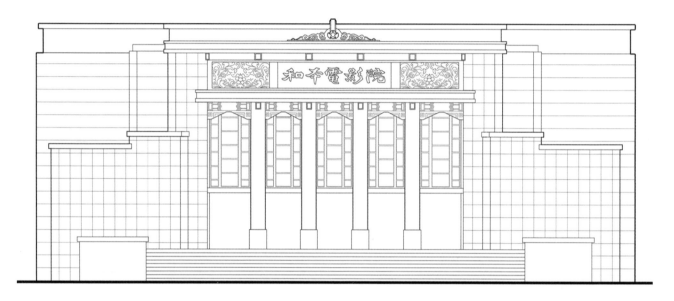

和平电影院立面图

　　和平电影院是一座苏式风格建筑，占地面积2830平方米，建筑面积2136平方米。入口处采用柱廊形式，屋顶为平坡结合，建筑材料以石材为主。

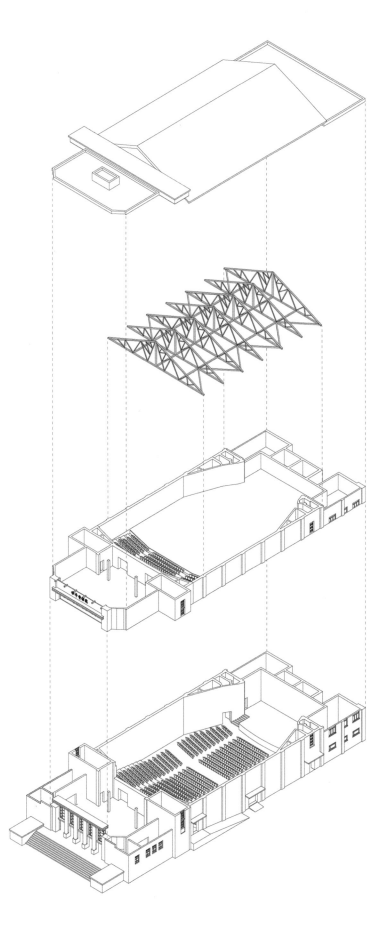

屋顶形制

屋顶采用普通平屋顶与双坡式坡顶相互结合的形式，层次分明。

屋架结构

屋架采用由三角形腹杆组构的芬克式桁架形式。

二层布局

二层平面分为过厅和楼座挑台，过厅南北两侧分设楼梯，楼座挑台沿南侧布置。

一层布局

一层平面分为门厅和观演厅两部分，门厅呈对称布局，观演厅池座呈井字型布局，南北两侧设有安全出口。

和平电影院立面实景

244

1 屋檐　2 匾额　3 雕花　4 窗户　5 入口

6.3.8 人民大厦

人民大厦立面图

　　人民大厦在1950年代就被评为"西安十大建筑"，占地面积6.6万平方米。建筑立面沿水平方向展开，以中部圆柱造型为中心左右对称，立面设计将古朴的民族风格与精美的西式浮雕相结合，是明城区内中西合璧的代表性建筑。

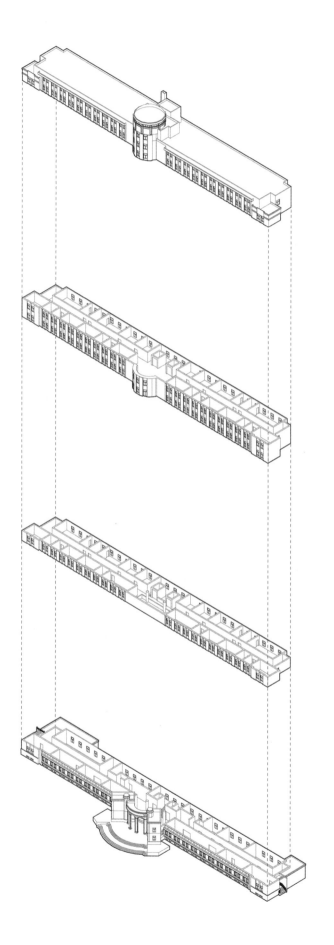

屋顶形制

中庭部分屋顶采用小穹顶，客房部分采用平屋顶，凸显空间主从关系。

标准层布局

标准层客房以单内廊进行组织，中部设过厅和电梯间。

二层布局

二层为客房，中部设中庭，与一层通高，在视线上和一层大堂形成良好交流。

一层布局

一层为接待大厅，入口设于中部，有中庭通高，两侧辅设餐厅、咖啡厅等休闲功能。

人民大厦实景

1 入口喷泉　2 雕花　3 阳台　4 角楼　5 侧入口

6.3.9 古都文化大酒店

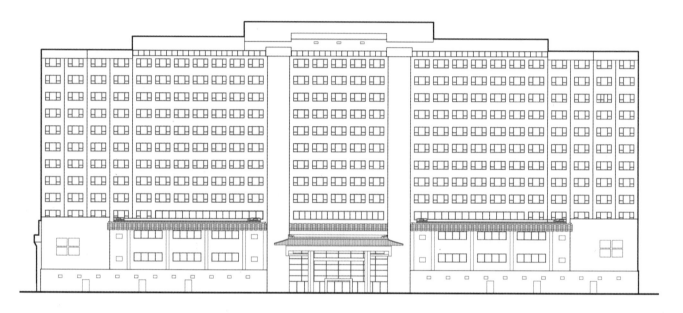

古都文化大酒店立面图

  古都文化大酒店为融合传统符号的现代主义建筑典型代表，立面呈左右对称布局，底部与入口门廊造型借鉴传统屋顶元素，上部采用简洁统一的现代开窗和平屋顶形式。建筑高为14层，占地面积14280平方米。

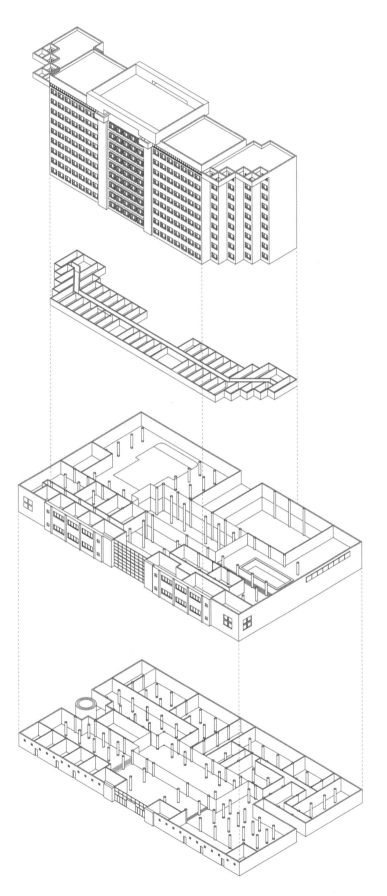

立面造型

立面以横向规则开窗构图，简约大方，突出现代主义风格。

标准层布局

四至十三层为标准层，以单内廊进行组织，共设客房400余间。

二、三层布局

二、三层以大空间的剧场和游泳池为主，配以小空间的各类服务用房，中部设中庭，与一层通高。

一层布局

一层以中庭为核心布局，除门厅外尚有酒吧、餐厅、文化展厅等配套服务空间。

古都文化大酒店立面实景

252

1 庭院　2 窗户　3 立面　4 石雕　5 入口

6.3.10 民乐园民生百货

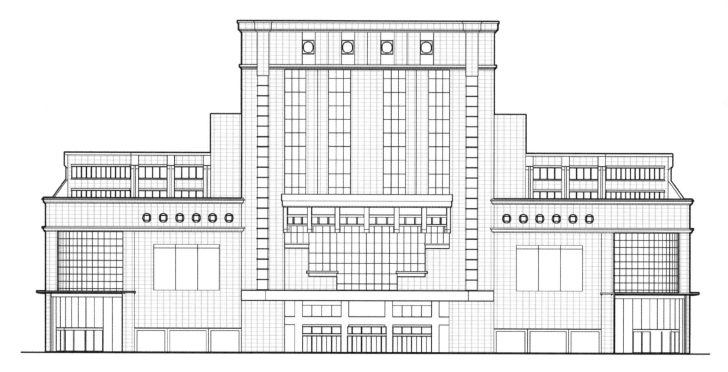

民乐园民生百货立面图

民乐园民生百货为现代主义风格建筑，局部带有简约欧式装饰元素，建筑立面采用幕墙及石材贴面。高10层，占地面积11700平方米，是西安明城区知名度最高的百货店之一。

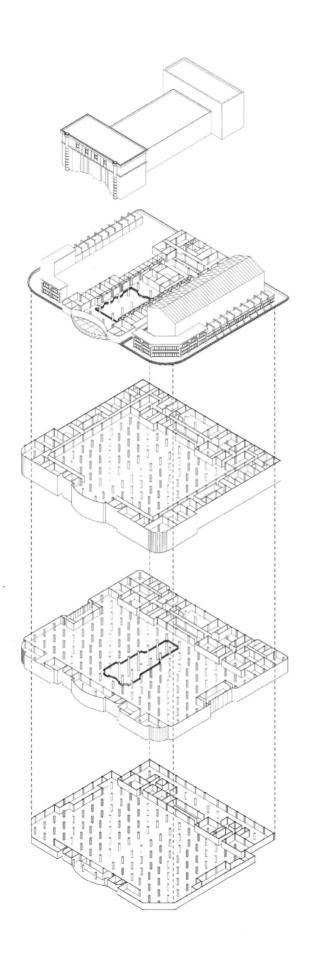

顶层布局

顶层为客房与办公，客房布局与七层相同，呈对称分布，客房后部为办公。

标准层布局

七层以上为内廊式酒店客房的标准布局，客房数较少。

七层布局

平面外围为办公及附属用房，内部采用全柱网，形成商业开放空间。

四层布局

二～四层平面采用中庭式商业空间布局，中间设自动扶梯，后部设办公用房。

首层布局

首层平面分设人流与货流出入口，内中庭及两侧分设自动扶梯。

民乐园民生百货立面实景

1天窗　2檐口　3次入口　4幕墙　5立面　6主入口

柒 类型——地方的屋舍

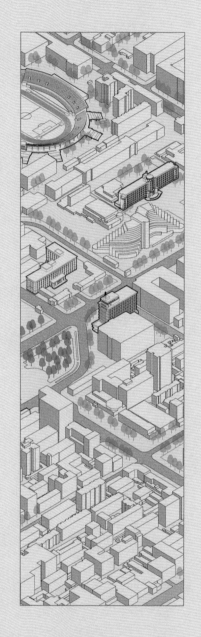

历史进程在很多地方有不同
的走向 …… 大多数城市聚落
的布局是建造的结果、破坏的
结果、重建的结果、扩展和衰
落的结果。因此，在很多情况
下是类型和模式混合的结果。

——阿尔弗雷德申茨《幻方》

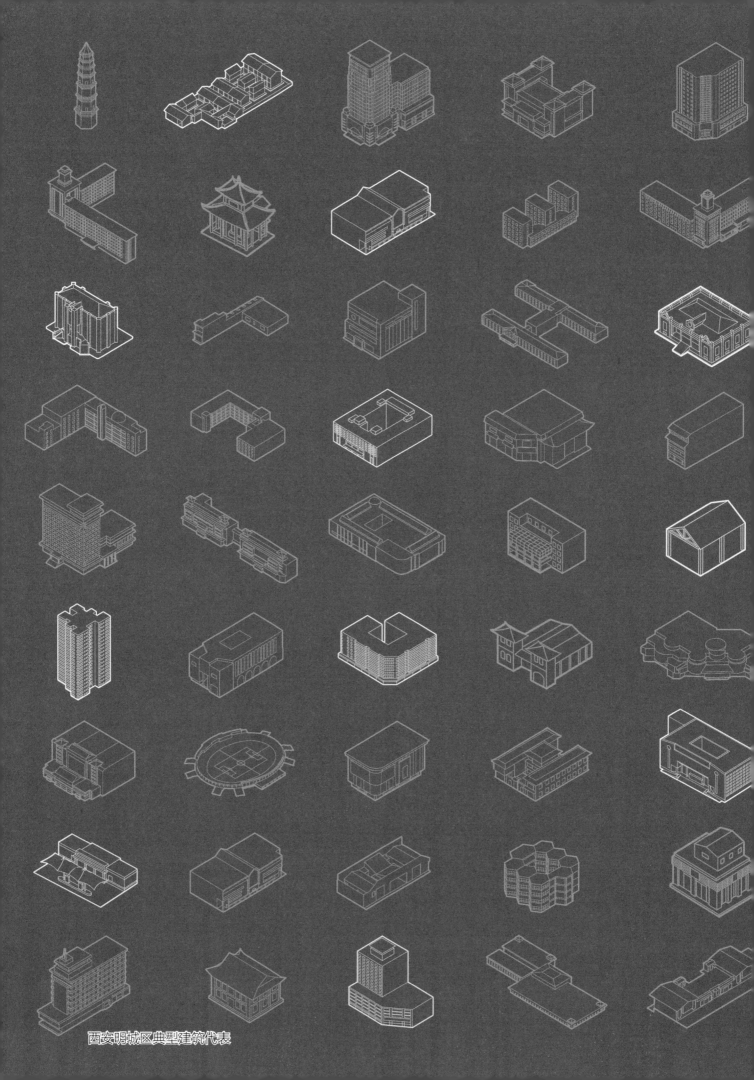

西安明城区典型建筑代表

"民居建筑不能把它当作僵死的样式，无论内容与形式、技术与艺术，它的生命力在于要随时代发展，从产生它的历史条件、地理环境、生活习俗、技术体系诸多源流来多方面地寻找其规律，发挥创造。"

——吴良镛《地域建筑文化内涵与时代批判精神》

7.1 居住：
明城里的日常生活

居住是城市最基本的功能之一，居住空间的演化则是城市功能结构变迁的重要反映。作为明城区内数量最多、分布最广的建筑类型，居住建筑的发展见证了城市物质空间的形态演替和生命进程，从古代的传统合院到现当代的自建民宅，从计划经济时期的公有住宅到市场经济时期的商品住宅。今天，不同历史时期的居住建筑在明城区内拼贴并存，记述在地风土，承载日常生活，熏染城市烟火。

7.1.1 类型化概览

1. 关中合院——独院·纵向多进院·纵向交错院

关中合院是陕西传统合院式民居的典型代表之一，以窄院为特征。明城区内曾广泛分布的传统关中合院民居大多已经被改建或拆除，目前仅有少数形态完整的合院民居得以保留，主要分布于三学街片区和回坊片区。

▪ **独院**

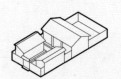 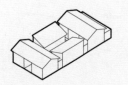 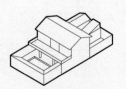 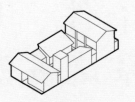 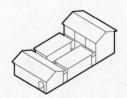

厦房与厅房成院	门房、厦房与厅房成院	围廊与厅房成院	门房、厦房与厅房成院	门房与厅房成院
东木头市116号	兴隆巷34号	芦荡荡40号	大莲花池43号	府学巷50号

▪ **纵向多进院**

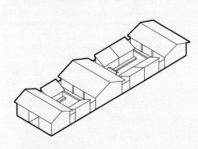 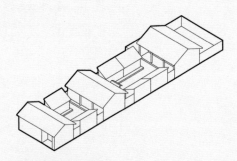

纵向二进院
庙后街182号

纵向二进院带后院
兴隆巷42号

▪ **纵向交错院**

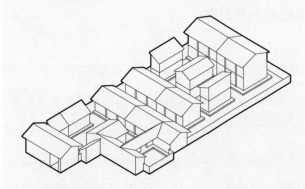

纵向交错院
高家大院 北院门144号

2. 名人故居——合院式·独栋式

明城区内存留的名人故居数量不多，主要分为两类，一是明清时期的合院式故居；二是民国时期的独栋式故居。这些名人故居现多被用作名人或者历史大事件纪念馆。

- **合院式名人故居**

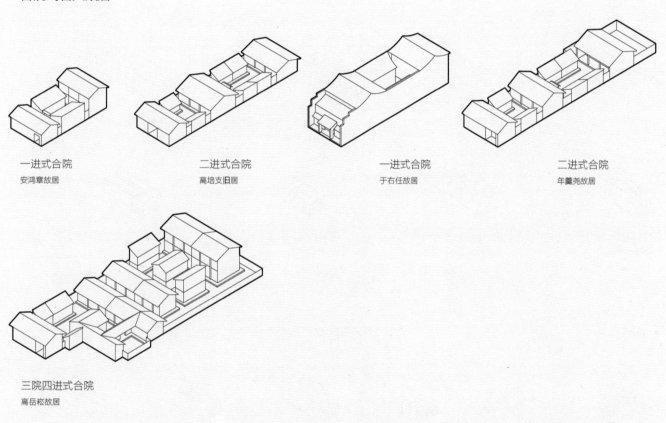

一进式合院
安鸿章故居

二进式合院
高培支旧居

一进式合院
于右任故居

二进式合院
年羹尧故居

三院四进式合院
高岳崧故居

- **独栋式名人故居**

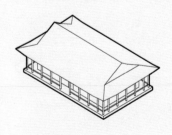

仿古风格
杨虎城新城公馆

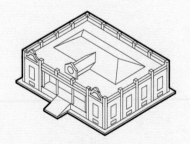

折中风格
高桂滋公馆

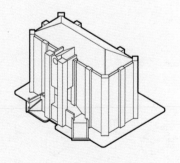

折中风格
张学良公馆

3. 小规模自建——再建·加建·改建

明城区内现存绝大部分自建民宅是在原传统合院的宅基基础上通过自发性改造、建造形成的。建筑满足基本的居住、商用、出租功能，具有低技高效及低投入高产出的特点。大部分分布在回坊和三学街片区。

▪ 再建

杂拼民宅（拆除一进）
长安学巷6号院

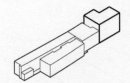

杂拼民宅（拆除一进）
东木头市34号院

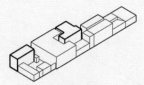

杂拼民宅（部分拆除）
东木头市66号院

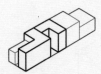

杂拼民宅（部分拆除）
东木头市110号院

杂拼民宅（部分拆除）
安居巷41号院

杂拼民宅（部分拆除）
长安学巷23号院

杂拼民宅（大部分拆除）
府学巷52号院

杂拼民宅（全部拆除）
咸宁学巷21号院

▪ 加建

居住/储藏空间
府学巷7号院

居住/厨房空间
东木头市56号院

居住/储藏空间
安居巷41号院

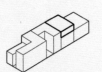

加建招待所
东木头市110号院

居住/储藏空间
长安学巷6号院

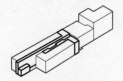

居住/厨房空间
东木头市34号院

▪ 改建

临街建筑商业改造
咸宁学巷21号院

临街建筑商业改造
长安学巷23号院

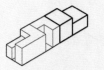

临街建筑商业改造
东木头市110号院

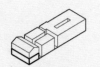

临街底层商业改造
长安学巷6号院

临街建筑商业改造
府学巷7号院

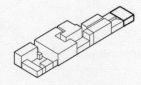

临街建筑商业改造
东木头市66号院

4. 集合住宅——一字形 · L形 · 围合形 · 点式

是明城区内现存最多的居住建筑类型。由于明城保护规划对建筑高度的限制，集合住宅大多为4~7层板式及少量的点式高层。2000年后西安楼市升温，明城区用地紧张，商品房住宅趋向于酒店式公寓类型，并与办公、商业复合开发建设。

- **一字形**

多层住宅

四浩庄4号院

多层住宅

紫竹苑

低层多层混合

广仁小区

错动形态

迎春小区

中高层住宅

莲湖居小区

- **L形**

多层住宅

兰空建国公园干休所

T形多层住宅

西城坊小区

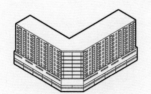

底商上住高层住宅

时光2000阳光阁

- **围合形**

底商上住中高层住宅

曹家巷社区

多层住宅

六谷庄8号院

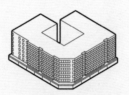

底商上住中高层住宅

汇鑫家园

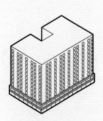

底商上住高层住宅

城品居

- **点式**

十字形高层

大夏南院小区

异形高层

省发改委后勤中心青三社区

工字形高层

省烟草公司家属院

异形高层

通济南坊6号

5. 临时居所类型——民宿 · 旅舍 · 快捷 · 酒店

明城区内的临时居所主要包括民宿、旅舍、快捷酒店以及星级酒店四类。民宿、青年旅舍形式灵活，大多为既有建筑改造，特色较为鲜明，快捷酒店、星级酒店多为现代建筑形式。

▪ 民宿

半围合独栋式-书院里

建筑多为2～3层

院落式-一夕客栈

建筑多为2～3层

独栋式-古城驿家

单元楼独户出租

公寓式-公子的宅

多层或高层单元楼建筑

▪ 旅舍

院落式-湘子庙国际青年旅舍

建筑多为2～3层

独栋式-西安古城青年旅舍

多层建筑

跨层式-沐星公寓

高层单元楼连续数层

▪ 快捷酒店

夹缝独栋式-布丁酒店

密集传统街区

独栋式-七天酒店

多层建筑

半围合独栋式-汉庭酒店

半围合形式

沿街跨层式-小憩驿站

高层单元楼连续数层

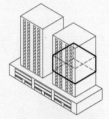

跨层式-布丁酒店

高层单元楼连续数层

▪ 酒店

高层裙房式-皇城海航酒店

高层配套设施裙房

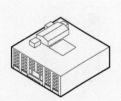

独栋式-中心戴斯酒店

多层建筑

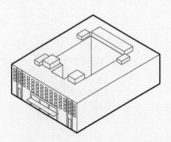

独栋中庭式-西安富力希尔顿酒店

多层建筑

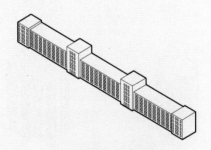

行列式独栋-豪华美居酒店

多层建筑

6. 生活配套类型——社区生活配套 · 城区生活配套

明城区内的生活配套按服务范围和规模分为社区生活配套和城区生活配套。社区生活配套包括便利店、水果店、药店、理发店、银行自助取款机等，城区生活配套包括大型超市、银行、加油站等。

▪ 社区生活配套

银行分行
西安银行（南院门支行）

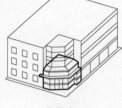

早餐店
客全包子（粉巷店）

便利店
唐久便利（妇幼医院店）

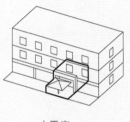

水果店
金桥水果店（劳武巷）

药店
大圣堂药房（五味什字27号）

理发店
Mood 理容店

▪ 城区生活配套

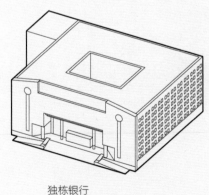

独栋银行
中国建设银行南大街支行

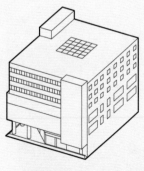

大型超市
华润万家（南大街店）

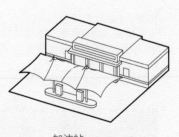

加油站
中国石油西安西门加油站

7.1.2 典型案例

关中合院实例

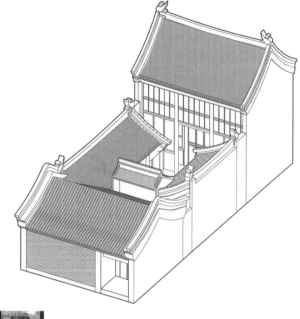

安鸿章宅

位于西安市莲湖区化觉巷125号，始建于清乾隆年间，为坐东朝西的两进式传统民居，曾获"联合国教科文组织亚太地区文化遗产保护奖"。

0 1 2　4m

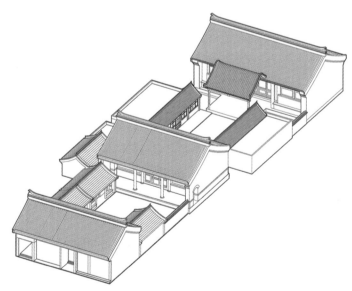

庙后街182号

该宅相传为清代年羹尧在西安时修建，为坐南朝北的四进院落式民居。现存大院木梁、格栅保存较好，小木作、砖雕精美。

0 1 2　4m

名人故居实例

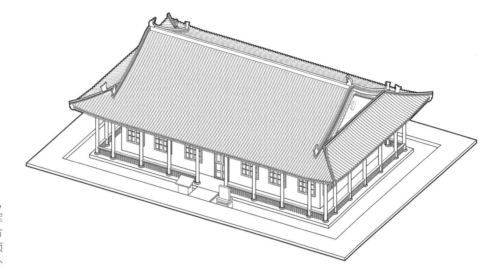

杨虎城将军纪念馆

位于新城区人民政府大院内，建于1934年，为杨虎城将军的官邸。建筑面积389平方米，歇山顶，砖木结构，顶施布板瓦，檐角起翘，古朴淳厚。

0 1 2　4m

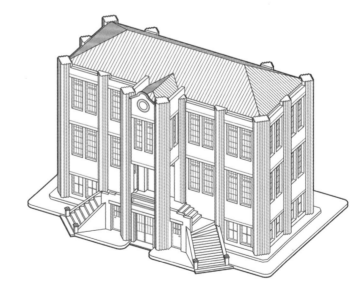

张学良公馆

位于西安市建国路69号，建于1932年，由三座砖木结构的西式楼房组成，是震惊中外的西安事变发生地。

0 1 2　4m

小规模自建实例

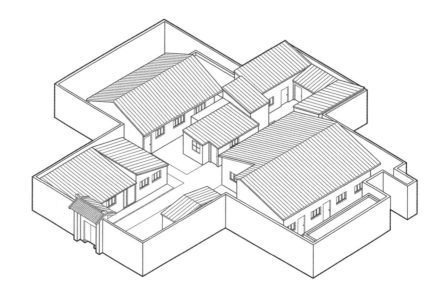

府学巷7号院

位于西安市碑林区府学巷7号，原为单位家属院。随着住户更替，院内多次加建、改建，形成目前的布局，现有9户人家。

0 1 2 4m

大莲花池43号

清末至民国时所建民居，呈坐东朝西的两进院式布局，现一进院已改为沿街商业，二进院仍作为居住使用，保存较好。

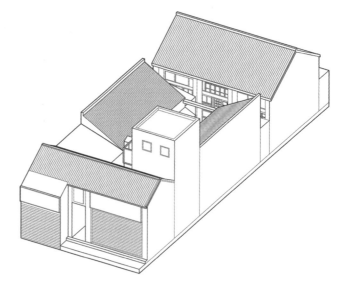

0 1 2 4m

集合住宅实例

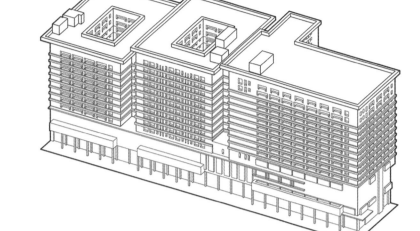

北大街宏府嘉会广场

位于西安市北大街88号。建筑于2011年竣工。大厦建筑主体由三座折中主义风格的高层公寓组成，底部为商用。

0 5 10 20m

西安中通建设第二工程局住宅区

位于东仪路21号，建于1990年代，建筑主体呈"L"形布局，建筑立面材质为水刷石，是1990年代住宅建筑较为普遍的做法。

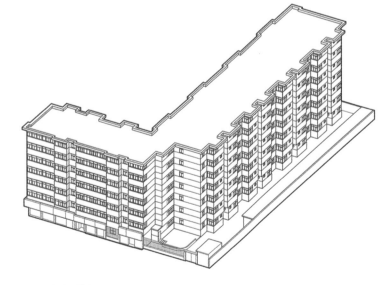

0 5 10 20m

临时居所实例

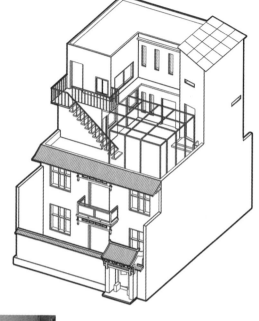

一夕建筑师集合民宿

位于西安市碑林区书院门长安
学巷3号，靠近西安碑林博物
馆，是一家经济型民宿。建
成于2015年初，占地约200
平方米，由传统民居改造加建
而成。

0 1 2 4m

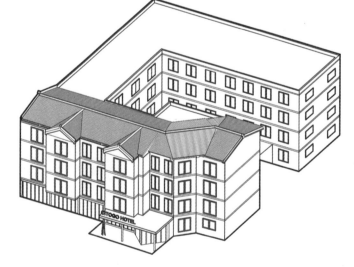

欢阁酒店

位于西安市碑林区湘子庙街
18号，身处湘子庙历史文化
街区，为旧建筑改造，沿街
采用坡屋顶。开业于2019年，
共有115间客房。

0 2 4 8m

临时居所实例

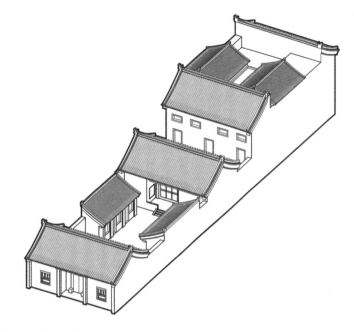

湘子门青年旅舍

位于西安市碑林区湘子庙街
16号，相传此建筑是宋朝皇
帝赵匡胤的堂兄旧遗，现为
重点保护性传统民宅，由两
部分组成，前院是传统性四
合院，后院是仿古建筑。

0 2 4 8m

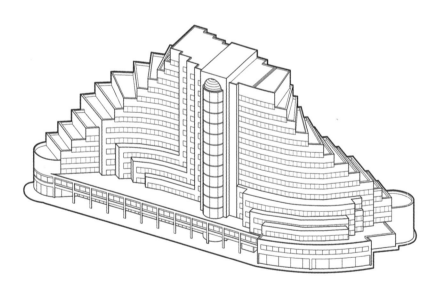

索菲特大酒店东西楼

位于西安市新城区东新街319
号，毗邻荣获"中国20世纪建
筑遗产"称号的人民大厦，于
2005年正式营业，共有418间
客房，是一间五星级酒店。

0 2 4 8m

生活配套实例

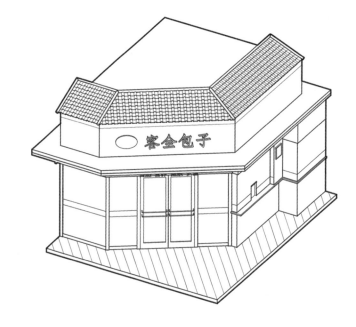

粉巷客全包子

位于西安市碑林区南广济街
69号伟业大厦一楼，为临街
小型生活服务设施。建筑屋
顶为仿古瓦片顶，立面由大
面玻璃组成。

0　1　2m

西安银行（南院门支行）

位于西安市碑林区竹笆市11
号，为中小型临街社区服务
类银行。建筑整体采用水平
方向三段式划分，局部为简
欧柱式。

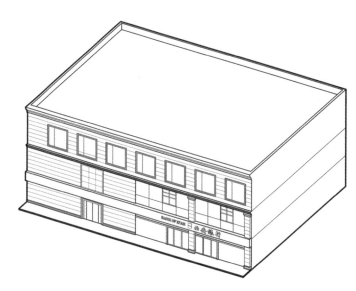

0 1 2　4m

生活配套实例

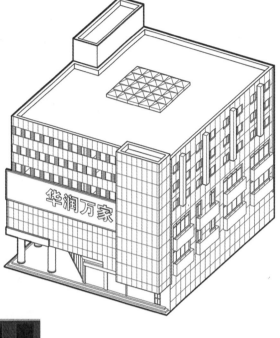

西安市粉巷华润万家

位于西安市碑林区南大街粉巷18号，为大型社区服务类综合超市。建筑整体呈正方形，立面采用米黄色瓷砖和灰褐色条形百叶。

0 2 4 8m

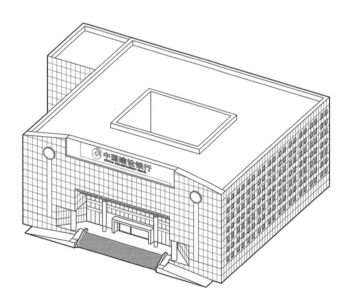

中国建设银行南大街分行

位于西安市碑林区南大街15号，建成于1994年，为大型综合类银行。是典型的现代主义建筑，立面采用白色铝板墙面和蓝色幕墙。

0 3 6 12m

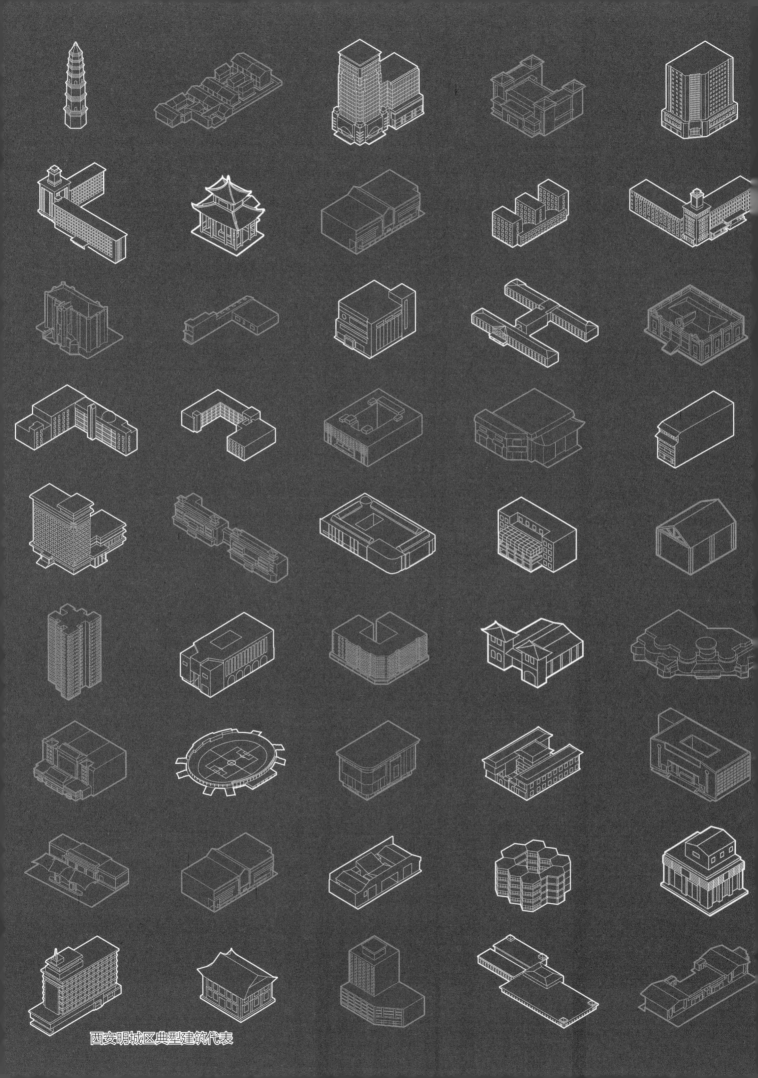

西安明城区典型建筑代表

"从某种角度考虑，建筑不仅仅是盖房子，房子只是基础，房子里蕴含的我们的生活与房子一起构成建筑，也就是说，造就我们的生活就是建筑最明确的意义。"

——承孝相《建筑，造就我们的生活》

7.2 机构：
明城里的服务设施

作为城市生活配套与运行管理的必要功能，服务设施的完善性是衡量城市品质的关键要素。伴随城市发展进程及居民对美好生活的追求，明城区内公共服务设施的类型和数量持续增加。就总体分类而言，包括幼儿园、小学、中学、大学等教育机构，社区办、街道办、区政府、省政府等政府机构，专业办公及综合办公等商务机构，社区诊所及综合医院等医疗机构，多种类型的文化、休闲、娱乐、体育设施以及宗教文化类设施。各类机构协力合作，保持城市的良性运转。

7.2.1 类型化概览

1. 教育机构类型——大学·中学·小学·幼儿园

明城区内的教育机构主要包括大学、中学、小学以及幼儿园四类，其中大学校区有2处，中学约25所，小学约32所，幼儿园46所，散布于明城区内，大多为现代建筑。

- 大学

单体
西安广播电视大学

院落式
陕西文理学院

- 中学

平顶单体
西安市第四十三中学

坡顶单体
西安市第八中学

凹形单体
西安市第二十六中学

院落式
西安市第二十五中学

板式单体
西安市第七十中学

多庭院式
西安市第八十九中学

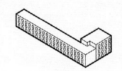
L形单体
西安市西北中学

- 小学

坡顶单体
西安实验小学

凹形单体
报恩寺小学

L形单体
八一街小学

板式单体
西安市育英小学

并列组合
五味什字小学

板式单体
西安实验小学

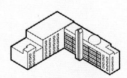
半围合单体
西安小学

- 幼儿园

平顶单体
代代红幼儿园

坡顶单体
实验幼儿园

L形单体
育红幼儿园

折板单体
一代天骄幼儿园

凸形单体
陕西省商业幼儿园

板式单体
新建幼儿园

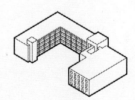
院落式
机关幼儿园

2. 政府机构类型——省级·市区级·街道社区级办公机构

明城区作为西安的历史和几何中心，行政办公机构较为集中，包括省、市、区、街道、社区等各个级别的行政职能部门。建筑形式与行政级别相适应，大多庄重、对称。

- 省级

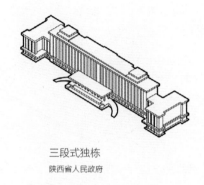

三段式独栋
陕西省人民政府

- 市、区级

独栋式
碑林区人民政府

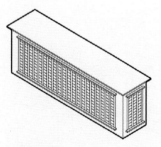

板式独栋
莲湖区人民政府

- 街道、社区

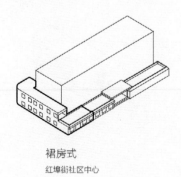

裙房式
红埠街社区中心

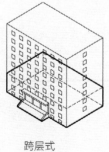

跨层式
柏树林街道办

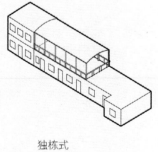

独栋式
下马陵街道办

3. 商务办公类型——专业办公·综合办公

明城区内的办公场所主要有专业办公地和综合办公地两大类，多为多层、高层现代建筑。

▪ 专业办公

独立办公

陕西省纺织工业供销公司

独立办公

陕西信托大厦

独立办公

中国工商银行（北大街支行）

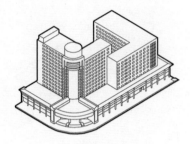

独立办公

陕西建苑大厦

▪ 综合办公

办公+商业

军展大厦

办公+商业

陕西外贸大楼

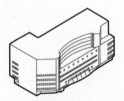

办公+商业

新华图书大厦

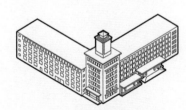

办公+商业

报话大楼

办公+酒店

如意大厦

办公+酒店

恒星大厦

办公+酒店

文德大厦

办公+酒店

惠源国际大厦

4. 医疗机构类型——社区诊所·综合医院

明城区内汇集了大量专、精、尖的大型综合医院、专科医院以及以街道为单位的社区诊所。

- 社区诊所

点状独栋
庙后街社区卫生中心

板式独栋
中山门社区卫生中心

板式沿街
柏树林社区卫生中心

- 综合医院

I形独栋
红十字医院综合楼

I形独栋
西北大学附属第一医院门诊楼

I形独栋
西安交大附属第二医院综合楼

I形独栋
西安市第四医院住院楼

C形独栋
西北大学第一附属医院

C形独栋
陕西省儿童医院住院楼

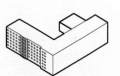

C形独栋
陕西省第二人民医院综合楼

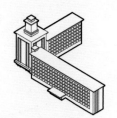

L形独栋
陕西省中医院综合楼

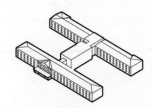

工字形独栋
西安市儿童医院感染门诊楼

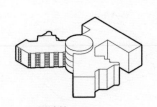

X形独栋
西安市儿童医院住院楼

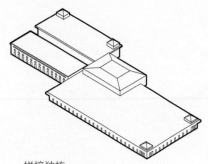

拼接独栋
西安市儿童医院门诊楼

5. 宗教文化遗产类型——塔·文庙·教堂·庙·寺

明城区是西安历史文化的富集区，拥有大量优秀的历史文化遗迹，其中划入保护范围的宗教建筑可分为塔、文庙、寺、庙和教堂等五类，均是重要的文物保护单位。

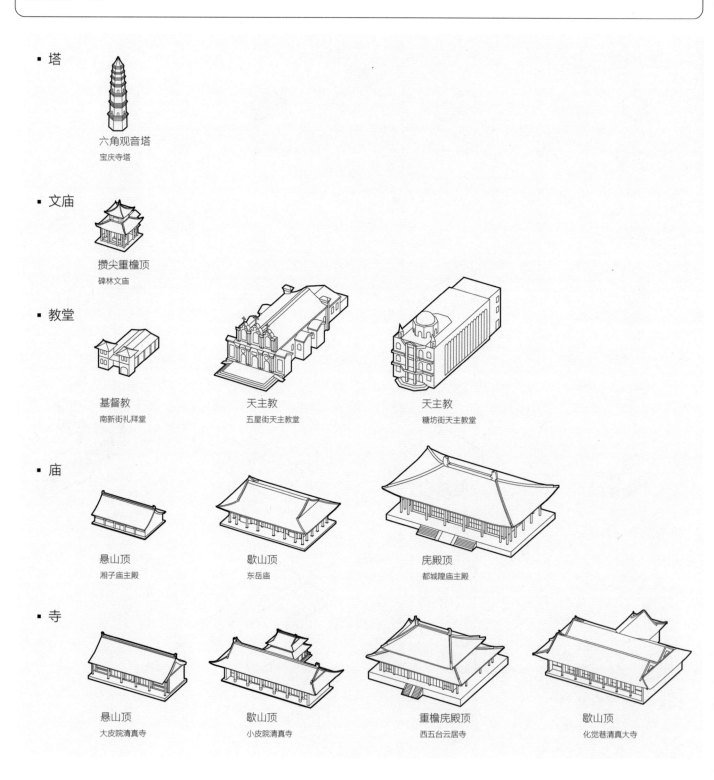

▪ 塔

六角观音塔
宝庆寺塔

▪ 文庙

攒尖重檐顶
碑林文庙

▪ 教堂

基督教
南新街礼拜堂

天主教
五星街天主教堂

天主教
糖坊街天主教堂

▪ 庙

悬山顶
湘子庙主殿

歇山顶
东岳庙

庑殿顶
都城隍庙主殿

▪ 寺

悬山顶
大皮院清真寺

歇山顶
小皮院清真寺

重檐庑殿顶
西五台云居寺

歇山顶
化觉巷清真大寺

6. 文化设施类型——小型·中型·大型

明城区内的文化设施种类齐全,就建设方式而言,部分设施为历史建筑的改造再利用。如碑林博物馆,大部分为新建设施,满足市民的文化休闲需求。

- 小型文化设施

文物收藏中心
墨香阁

美术馆
崔自默艺术馆

图书馆
陕西省文物图书中心

文物展览
玉斋堂

美术馆
海霞天地美术馆

- 中型文化设施

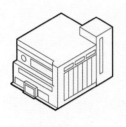
文化馆
群众艺术馆

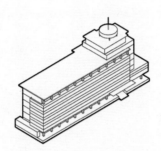
科技馆
陕西科技馆

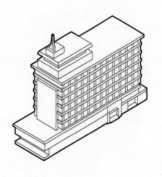
青少年宫
西安市青少年宫

- 大型文化设施

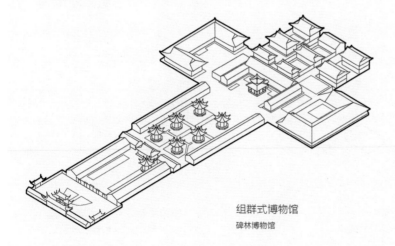
组群式博物馆
碑林博物馆

7. 体育健身类型——大型体育场 · 专业场馆 · 室内场馆

明城区内的体育健身场所完善，分为大型体育场、专业场馆、室内场馆等，满足不同类型的体育健身活动需求。

- **大型体育场**

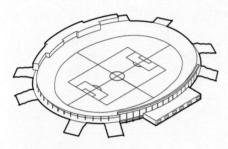

综合体育场
西安市人民体育场

- **专业场馆**

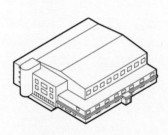

游泳馆
西安市游泳中心

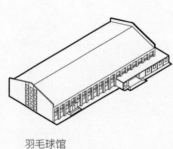

羽毛球馆
嘉源羽毛球馆

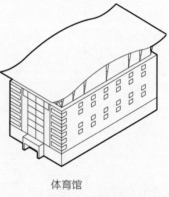

体育馆
西安市青少年体育学校

- **室内场馆**

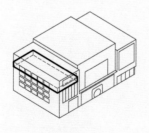

室内健身中心
南大街外贸国际美格菲健身

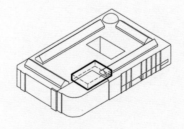

室内健身中心
民乐园万达百货潮庭健身

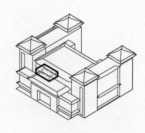

室内体育馆
西大街银泰百货美人计体育馆

8. 休闲娱乐类型——中型影剧院·连锁院线

明城区内的电影院主要分为中型影剧院和连锁院线两类。

- 中型影剧院

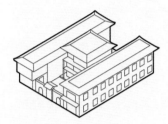

折中式
易俗社剧场

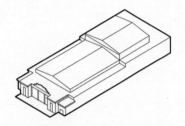

中西混合式
人民剧院

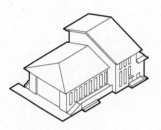

现代式
新城剧场

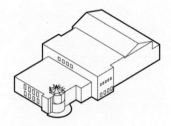

混合式
索菲特人民剧院

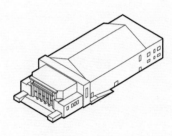

混合式
和平电影院

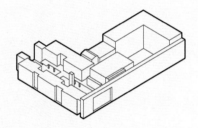

地域式
丝路剧院

- 连锁院线

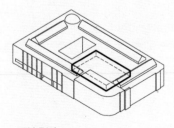

万达影院
五路口万达广场

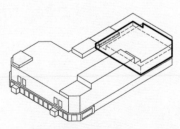

沃美影城
群光广场

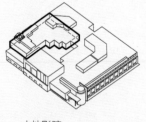

大地影院
兴正元广场

7.2.2 典型案例

教育机构实例

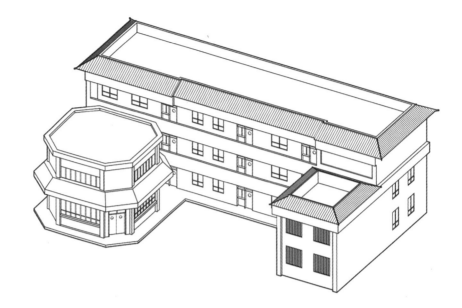

新城区筑梦幼儿园

位于西安市新城区后宰门39号，总占地面积4959平方米，建筑面积2400平方米。始建于1978年，也是西安市一级公办幼儿园。

0 2 4 8m

西安爱知中学

位于西安市新城区西七路239号，创办于1994年，目前，在校师生3400多人，共54个教学班，教育教学设施完善，为全国首家中学浸入式英语实验学校。

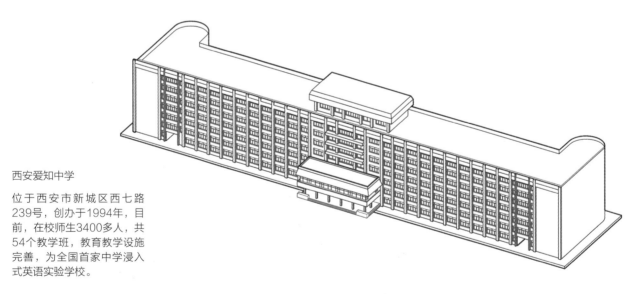

0 3 6 12m

教育机构实例

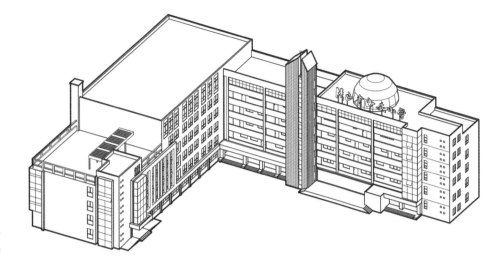

西安小学

位于西安市莲湖区莲湖路91号，校园占地7000余平方米，校舍总建筑面积6000余平方米，现有教学班30个，系省教育厅唯一直属的省级示范性实验小学。

0 3 6 12m

西安广播电视大学

位于西安市莲湖区五味什字48号，创建于1979年，是以现代信息技术为主要手段，采用现代化媒体进行远程教育的综合性开放大学，也是全国44所省级电大之一。

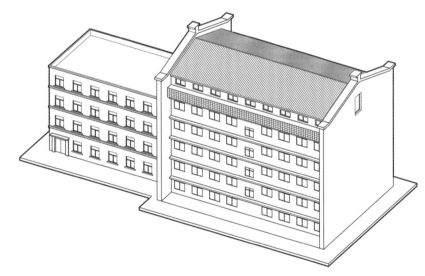

0 2 4 8m

政府机构实例

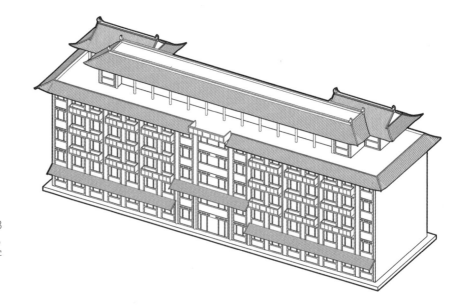

西安市公安局莲湖分局

位于西安市莲湖区西大街163号，与西大街建筑风貌一致，采用仿唐建筑风格，建筑一字型展开，立面为三段式。

0 2 4 8m

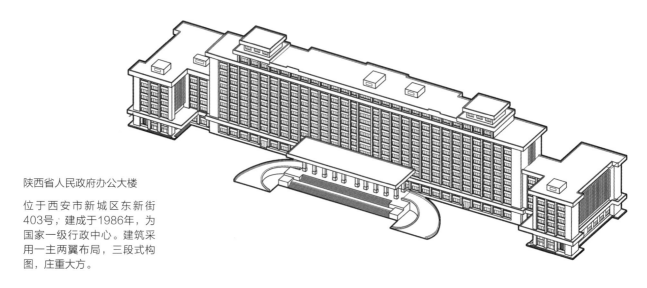

陕西省人民政府办公大楼

位于西安市新城区东新街403号，建成于1986年，为国家一级行政中心。建筑采用一主两翼布局，三段式构图，庄重大方。

0 6 12 24m

政府机构实例

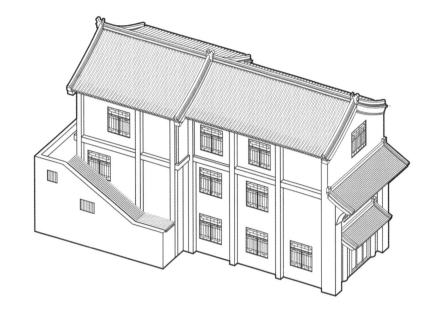

三学街社区服务站

位于西安市碑林区府学巷35号，为社区级公共服务中心。建筑采用仿明清风格，主体为三层框架结构，平面为两个矩形组合。

0 1 2 4m

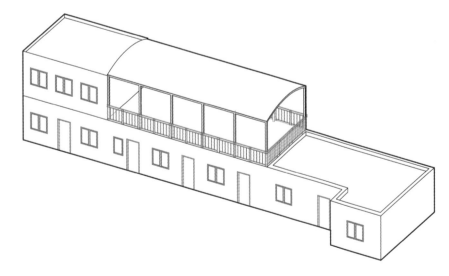

下马陵街道办

位于西安市碑林区下马陵社区，是基层行政机关。建筑布局呈一字形，二层平台有半透明拱形雨棚，一层采用白色瓷砖贴面。

0 1 2 4m

商务办公实例

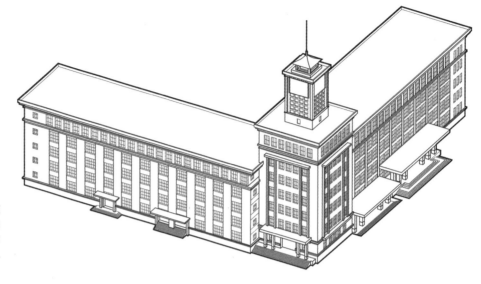

西安报话大楼

位于西安北大街西华门十字东南角。1963年竣工使用，总建筑面积1.9万平方米。作为当时西安城内最高的建筑，入选1950年代西安十大建筑。

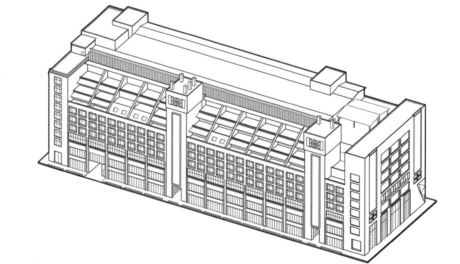

真爱·粉巷里

位于碑林区粉巷3号，于2014年正式开业。占地约3.6万平方米。属于钟楼核心商圈，是一栋综合性商业写字楼。

医疗机构实例

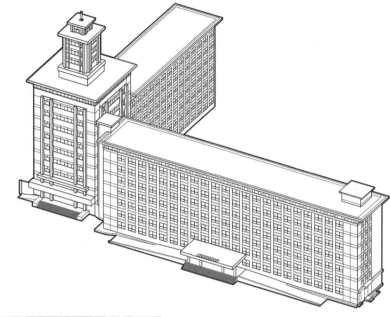

陕西省中医医院

位于莲湖区西华门4号，始建
于1956年。建筑面积8.2万平
方米，是陕西省人民政府创办
的三级甲等综合性中医院。

0 4 8 16m

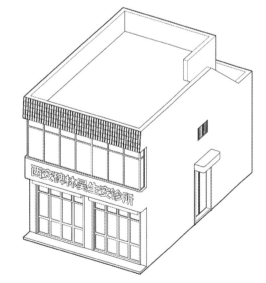

西安碑林吴生安诊所

位于碑林区东仓门18号，毗
邻下马陵，三学街等历史文
化街区，是一个小规模的社
区便民医疗点。

0 2 4 8m

文化遗产实例

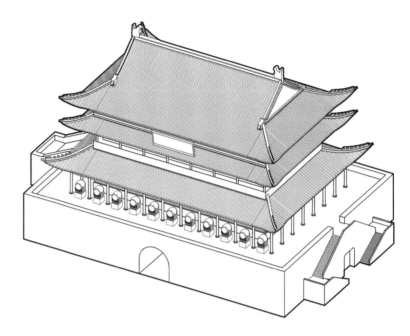

西安鼓楼

位于西安市莲湖区西大街钟楼西300米路北。建于1380年，是遗存至今的古代鼓楼中形制最大、保存最完整的一座，为全国重点文物保护单位。

0 2 4 8m

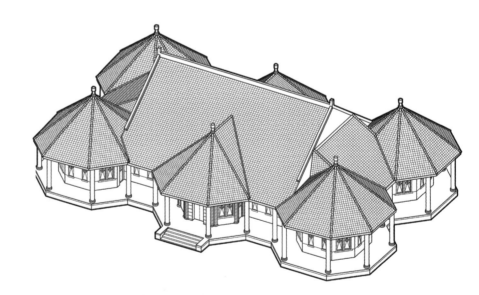

新城黄楼

位于西安市新城区东新街403号陕西省政府大院北门内东侧。建筑面积625平方米，是西安事变旧址。1982年被列为第二批全国重点文物保护单位。

0 1 2 4m

文化遗产实例

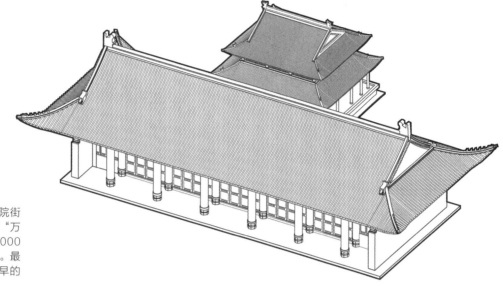

小皮院清真寺

位于西安市莲湖区小皮院街31号，原名为"真教寺""万寿寺"。占地面积将近6000平方米，规模相对较大。最早建于唐末，是西安最早的清真寺之一。

碑林博物馆

位于西安市碑林区三学街15号。为唐代文庙，唐时在尚书省西隅国子监附近。宋代几经搬迁，崇宁二年(1103年)虞策将文庙、府学最终迁建于"府城之东南隅"。

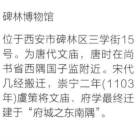

文化遗产实例

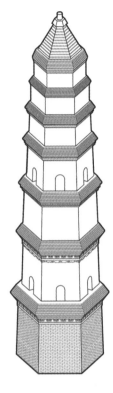

宝庆寺塔

位于西安市碑林区书院门街口北侧。始建于唐文宗时期，明景泰年间重建于今址。殿宇早已无存，惟塔犹在，是陕西省重点文物保护单位。

0 1 2　4m

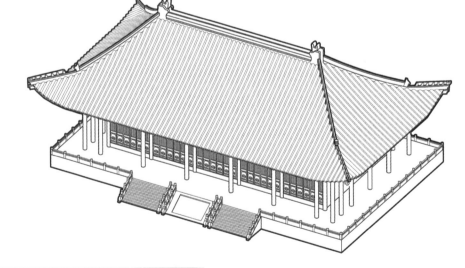

西安都城隍庙

位于西安市莲湖区西大街129号。为明、清时期风格的坛庙建筑，与北京、南京城隍庙并称为"天下三大都城隍庙"，是国家重点文物保护单位。

0 1 2　4m

文化遗产实例

雷神庙万阁楼

位于西安市莲湖区糖坊街83号西安八一街小学内。建于明洪武年间，目前万阁楼是省级重点保护文物。

0 1 2 4m

糖坊街天主教堂

位于西安市莲湖区糖坊街71号。最早由明朝官员王徵投资兴建，自此天主教在西安有了稳固的立足点。

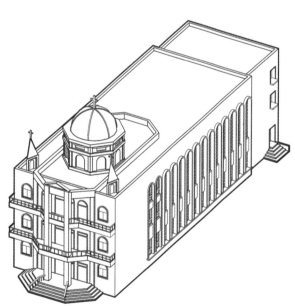

0 1 2 4m

文化设施实例

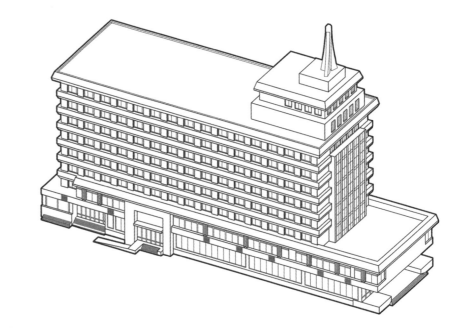

陕西省科学技术馆

位于新城区东新街252号，建成于1988年，建筑面积9770平方米。是隶属于陕西省科学技术协会的公益性科普教育设施，现已向社会全面免费开放。

0 2 4　8m

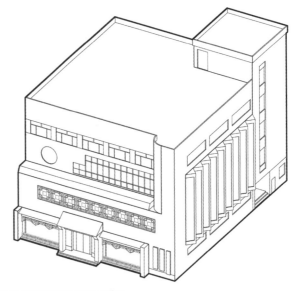

陕西省文化馆

位于新城区西七路279号，组建于1956年2月18日。占地面积4700平方米，建筑面积4890平方米，现为社会艺术水平考级机构。

0 1 2　4m

文化设施实例

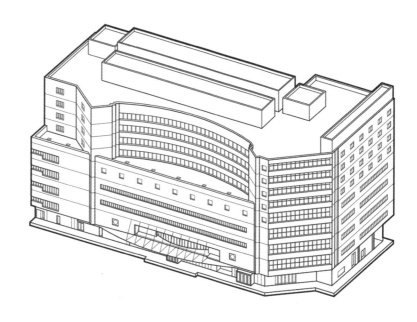

解放路图书大厦

位于解放路236号，临近五
路口和民乐园。建成于1993
年，营业面积1万余平方米。
2013年图书馆大厦进行了改
造，是解放路上的一个地标
建筑。

0 2 4 8m

钟楼新华书店

位于碑林区东大街370号，
1955年建成开业，现已迁至
东大街端履门西南角，营业
面积7000平方米。2007年
入选西安市第三批市级文物
保护单位名录。

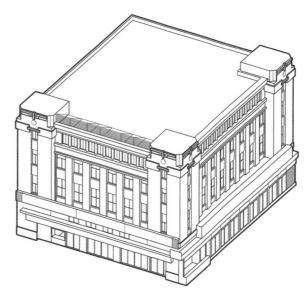

0 2 4 8m

体育健身实例

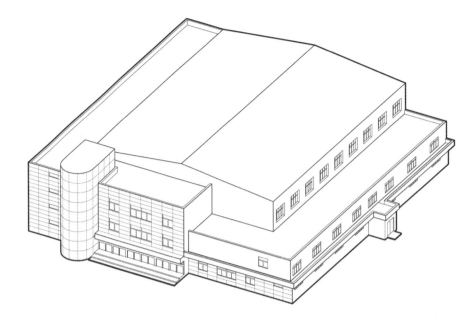

西安市游泳中心

位于西安市西五路26号，于1993年建成投入使用，占地1500平方米，建筑面积2100平方米。有25米室内游泳馆和50米室外游泳池。

0 2 4 8m

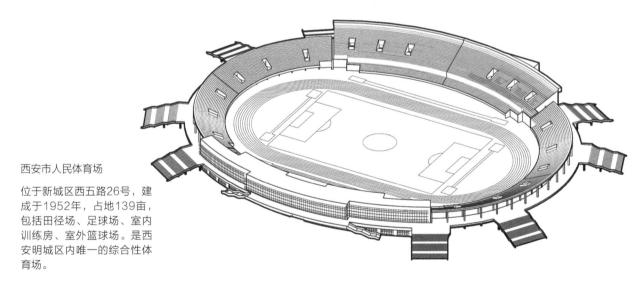

西安市人民体育场

位于新城区西五路26号，建成于1952年，占地139亩，包括田径场、足球场、室内训练房、室外篮球场。是西安明城区内唯一的综合性体育场。

0 8 16 24m

休闲娱乐实例

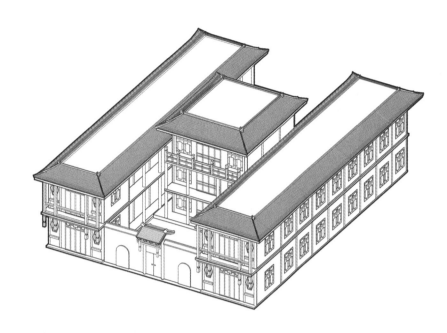

西安易俗社

位于新城区西一路282号,创办于1912年。是世界艺坛三大古老的剧社之一,被列为国家文物保护单位并入选第二批中国20世纪建筑遗产名单。

人民大厦大剧院

位于新城区东新街319号。1955年建成。礼堂建筑质量较高,1990年代被评为西安市"十大建筑"。2007年评为西安市第三批文物保护单位。

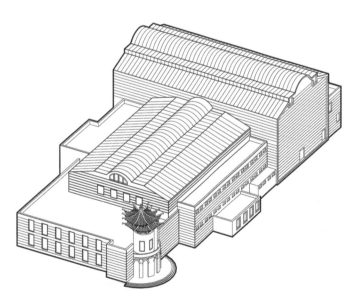

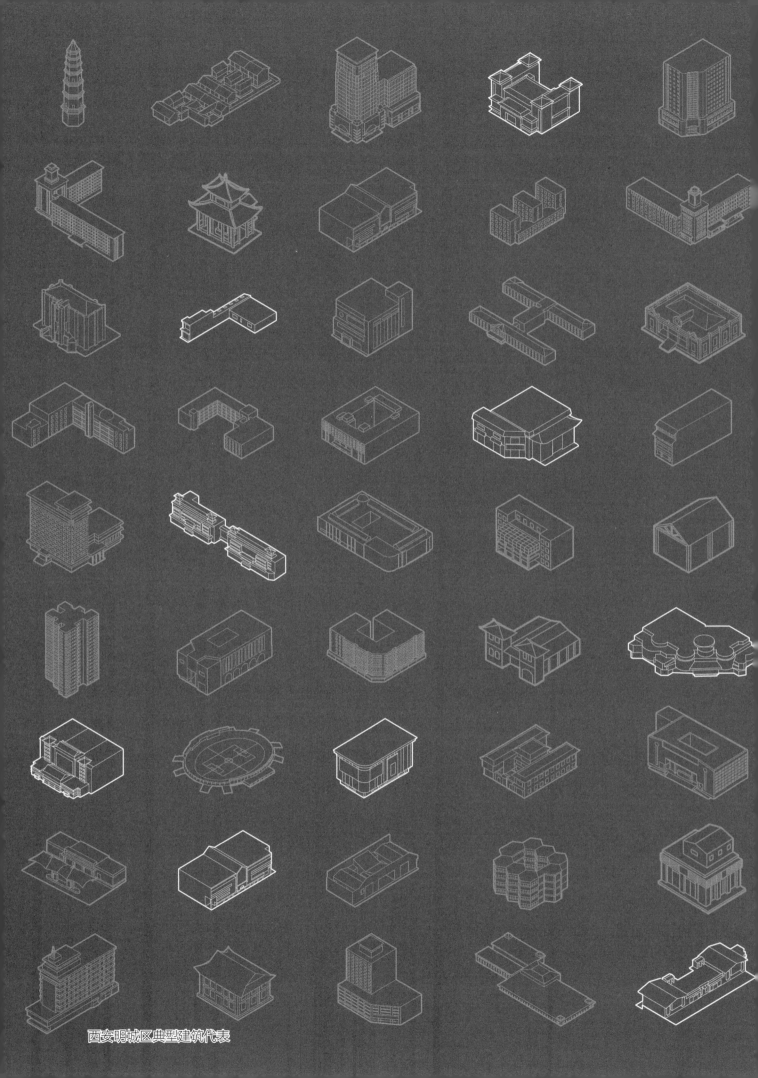

西安明城区典型建筑代表

"今天，在我们的周围，存在着一种由不断增长的物、服务和物质财富所构成的惊人的消费和丰盛现象。它构成了人类自然环境中的一种根本变化。"

——让·波德里亚《消费社会》

7.3 消费：明城里的商业娱乐

伴随城市的发展与生活水平的提高，消费活动的重要性日益凸显，成为城市的主要职能之一。21世纪以来，西安明城区因其独特的历史文化和人文风土，成为文化消费的重要场所。商业消费空间兴起，类型日趋多样。明城区现有的商业娱乐设施包括大型购物中心、百货商店、传统市集市场、中小型零售商业以及主题性的餐饮娱乐设施，满足外地游客和本地居民的消费需求，让老城区呈现勃勃生机。

7.3.1 类型化概览

1. 购物中心类型——小型·中型·大型购物中心
明城区内的购物中心规模各异，风格多样，主要沿东西南北四条大街及解放路设置，满足城市居民的各类消费活动需求。

- 欧式折中

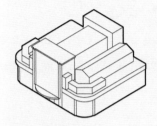

大型百货店
民乐园民生百货

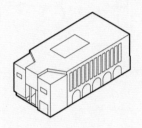

小型购物中心
西安中大国际

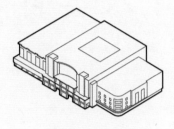

中型百货店
西安世纪金花

- 现代主义

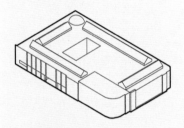

大型购物中心
民生万达百货

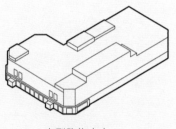

中型购物中心
西安群光广场

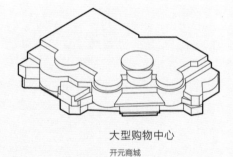

大型购物中心
开元商城

- 中式折中

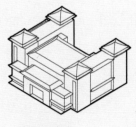

中型百货店
西大街银泰百货

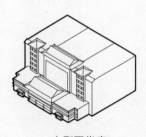

中型百货店
西大街民生百货

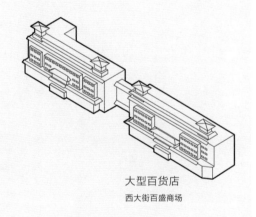

大型百货店
西大街百盛商场

2. 市集市场类型——露天式·独栋式·附属式

明城区内一共有19个农贸零售市场，其空间形式多样，大致可将其分为露天式、独栋式以及附属式三种类型。规模差异较大，小的有100多平方米，大的有9000多平方米。

- 露天式

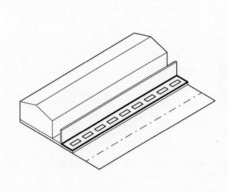

住区围绕
西仓集市

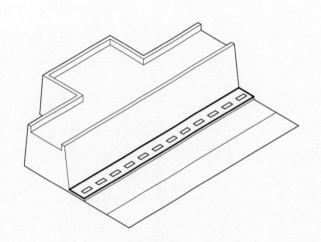

城墙依附
东门早市

- 独栋式

坡顶桁架式
北广济街菜市场

拱顶桁架式
后宰门市场

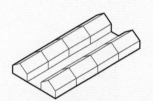

并列式线形商业街
都城隍庙集市

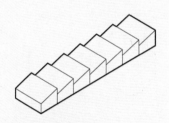

建筑序列排布式
建国门菜市场

- 附属式

建筑底层内部集中
广场社区农贸市场

建筑底层内外双向出售
炭市街海鲜市场

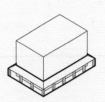

建筑底层附属
小北门蔬菜农贸市场

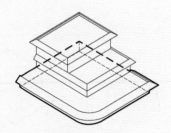

多层裙房底层对外
钟楼小商品批发市场

3. 零售商业类型——大型专卖店·沿街商铺·独栋式

明城区零售业空间呈现去中心化及扁平化的特征。小商品零售空间除聚集于钟楼一东、西 、南大街等传统商圈以外、解放路一民乐园板块，城内的大街小巷遍布各类零售商业。

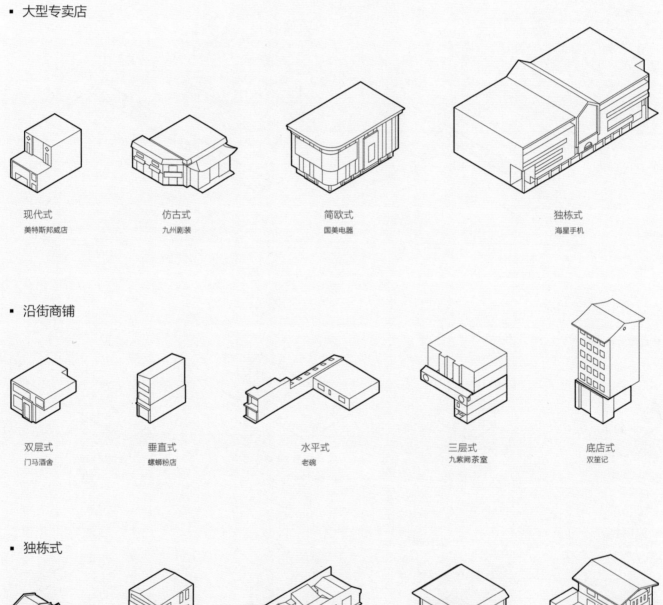

- 大型专卖店

现代式
美特斯邦威店

仿古式
九州剧装

简欧式
国美电器

独栋式
海星手机

- 沿街商铺

双层式
门马酒舍

垂直式
螺蛳粉店

水平式
老碗

三层式
九紫阙茶室

底店式
双笙记

- 独栋式

独栋式
SIREN婚纱定制

独栋式
Mood理容店

院落式
古槐轩茶室

仿古式
北京同仁堂

院落式
古城驿家

4. 餐饮消费类型——底店式·独栋式

明城区餐饮业较为发达，回坊、民乐园、顺城巷南段形成较为集中的餐饮区。各类餐饮店遍布城内，主要包括两种形式：一种是位于居民楼底层临街的店铺，另一种是独栋式餐饮店。

▪ 底店式

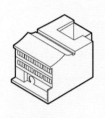

快餐厅
不二小屋

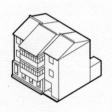

茶室
三悦茶室

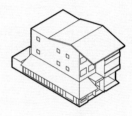

私房菜馆
有才鱼叔

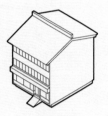

西餐厅
享城牛排

▪ 独栋式

私房菜馆
XXC干锅公司

餐饮店
爱丁堡庭院吧

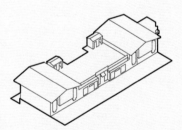

私房菜馆
海市

咖啡馆
时光咖啡

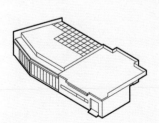

咖啡馆
人人一生

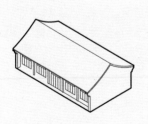

特色菜馆
陕北楼

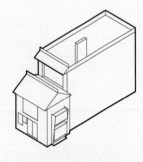

私房菜馆
酩酊江湖菜馆

7.3.2 典型案例

购物中心实例

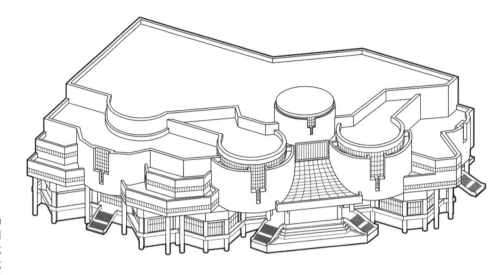

开元商城

位于西安市碑林区解放市场
6号，建于1996年，位于清
代开元寺的原址。1950年代
改建为解放市场。1990年代
改建为开元商城，是西安最老
牌的商场之一。

0 6 12 24m

中大国际

位于西安市碑林区南大街30
号。2000年开业，原为欧式
建筑风格后改造为现代简约
风格，2019年再次改造，由
"老牌奢侈百货"转变为"高
街潮玩"聚集地。

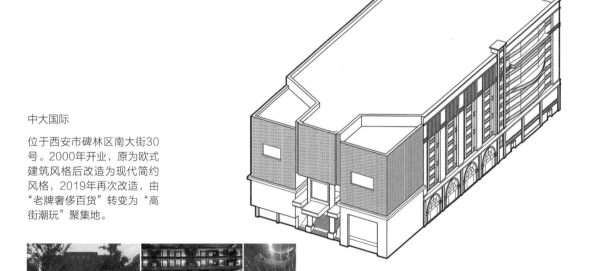

0 2 4 8m

市集市场实例

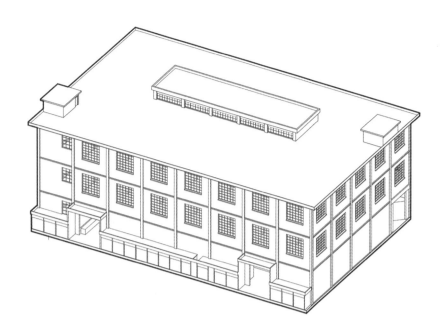

建国门综合市场

位于西安市碑林区信义巷5号，建于1990年，原是西安市平绒厂，于2000年改建为建国门综合市场。工厂外立面被保留，内部被改造成了菜市场。

0 5 10 20m

建国门综合市场水产干货区

位于西安市碑林区信义巷5号，建于1990年，原是西安市平绒厂，于2000年改建为建国门综合市场。厂房外立面的墙壁和高窗被保留下来，内部改造成了市场。

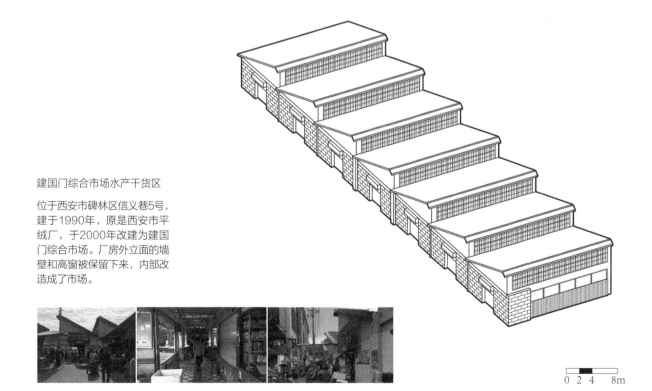

0 2 4 8m

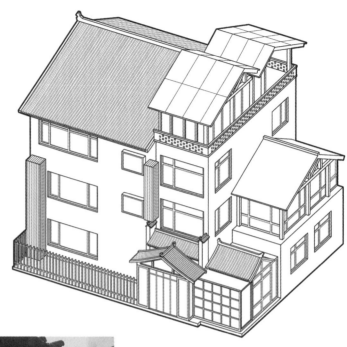

零售商业实例

爱丁堡庭院吧

位于西安市碑林区顺城南路西段小南门里，是仿明清建筑风格。建筑与城墙相对，主入口西侧为庭院。建筑共两层，顶层加建酒吧。

0 1 2   4m

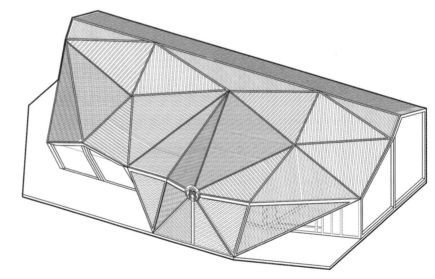

星巴克咖啡钟楼店

位于西安市莲湖区西大街1号，建于2006年，是钟楼旁开业的第一家星巴克，建筑通过对历史环境特征的解读、提取和抽象，表达了对历史环境的尊重。

0 1 2   4m

市集市场实例

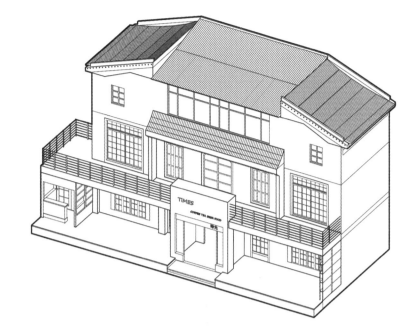

时光咖啡

位于西安市碑林区德福巷13号。建于1995年，中途几经翻新，建筑共两层都作营业之用，内部装修采用欧式折中风格，在德福巷中经营了十几年。

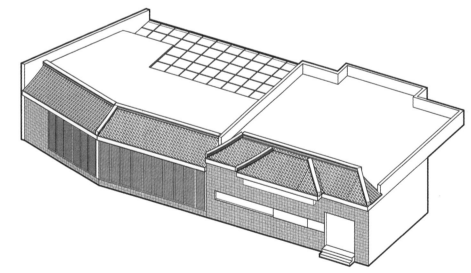

仚仚一生

位于西安市莲湖区南马道巷5号，是一家时尚的咖啡酒吧复合店，建筑与古城墙相对而立，外立面采用简单的现代风格，室内设大面积天窗及落地窗，引景入室，开敞明亮。

捌 记录——现实的影像

批判的地域主义具有永恒的生命力，因为它来源和植根于特殊地区的悠久文化和历史，植根于特殊地区的地理、地形和气候，有赖于特定地区的材料和营建方式。

——沈克宁《批判的地域主义》

西安明城区钟楼片区鸟瞰

"以往历史上的各种文化习俗、价值观念、生活理想，都因此流转到来世；于是乎，城市以不同的历史时间层次把一个个世代的具体特征都依次贯串了起来。"

———刘易斯·芒福德《城市文化》

8.1 全揽：明城区的多维视角

作为一个不断进化的有机体，城市在特定的自然环境基底上萌发生长，经过持续的空间营建，呈现多元拼贴的异质形态。西安明城从历史中走来，带着丰厚的文化层积，继续着其生命进程。当代社会更加注重在地文化的传播，主要关注日常生活的场所营造。明城区的既有空间已经与生活融为一体，文化不再只是博物馆中的静态陈列，更是与生活紧密相关的场所记忆。明城区内的生活样态和空间类型丰富，包括蕴含地域风土特征的传统居住型街区，涵盖消费、娱乐、鉴赏、信仰等多种内容的公共设施以及提供各类休闲活动场所的街道、绿地和广场。它们共同构成了活的明城区。

8.1.1 明城四望

8.1.2 明城场景

西安明城区钟楼及周边建筑实景

"建筑的主要目的在于探究建筑精神上的涵意而非实用上的层面，尽管这二者之间有密切的关联……建筑是根植于特定的文化场所之上，并反映出场所的文化特性。"

——诺伯格·舒尔茨《场所精神：迈向建筑现象学》

8.2 近观：建筑的语汇图谱

场所与日常生活经验关联，是人们在活动开展过程中建立的空间意识，从城市、街区、建筑到室内空间，形成完整的视觉认知与意义交集。从唐长安城一路走来的明城区，隐性的文化基因与显性的空间图谱共同作用于当下，形成历史与现实叠加复合的片区。如何面对既有建筑，在延续城市文脉的同时塑造当代本土建筑，是明城区面临的重大挑战。明城建筑是地域文化的重要组成，因时而异、因地而异、因类而异，呈现生活的调性与文化的品位。

8.2.1 典型风貌

8.2.2 室内空间

钟　楼

五 星 街 天 主 教 堂

张 学 良 公 馆

含 光 门 遗 址 博 物 馆

中 大 国 际

人 民 大 厦

陕 西 科 技 馆

高 家 大 院

人 民 剧 院

钟 楼 星 巴 克

参考文献

古籍

[1]   周振甫译注. 诗经译注[M]. 北京：中华书局，2002.
[2]   （晋）郭璞注，（宋）邢昺疏. 尔雅注疏[M]. 北京：北京大学出版社，1999.
[3]   （西周）周公旦. 周礼[M]. 北京：中华书局，2015.
[4]   （春秋）左丘明. 左传[M]. 北京：中华书局，2016.
[5]   （战国）吕不韦. 吕氏春秋[M]. 北京：中华书局，2011.
[6]   （战国）荀子. 荀子[M]. 北京：中华书局，2011.
[7]   （战国）管仲学派编撰. 管子[M]. 北京：中华书局，2016.
[8]   （汉）班固. 汉书[M]. 北京：中华书局，1962.
[9]   （汉）郑玄注. 礼记[M]. 北京：中华书局，2015.
[10]   （汉）司马迁撰. （宋）裴骃集解. （唐）司马贞索隐. （唐）张守节正义. 史记[M]. 北京：中华书局，1982.
[11]   （清）王夫之译注. 周易内外传[M]. 北京：九州出版社，2004.
[12]   （明）王圻，王思义编. 三才图会[M]. 上海：上海古籍出版社，1988.
[13]   （唐）柳宗元. 柳河东集[M]. 上海：上海古籍出版社，2008.
[14]   （唐）李林甫. 唐六典[M]. 陈中夫点校. 北京：中华书局，2005.
[15]   （后晋）刘昫等. 旧唐书[M]. 北京：中华书局，1975.
[16]   （宋）欧阳修等. 新唐书[M]. 北京：中华书局，1975.
[17]   （宋）王溥. 唐会要[M]. 上海：上海古籍出版社，1991.
[18]   （宋）宋敏求，（元）李好文撰. 辛德勇，郎洁点校. 长安志·长安志图[M]. 陕西：三秦出版社，2013.
[19]   （宋）徐松. 唐两京城坊考[M]. 张穆校补，方严点校. 北京：中华书局，1985.
[20]   （元）李好文. 长安志图[M]. 文渊阁四库全书. 台北：商务印书馆，1983.
[21]   （明）马理等. 陕西通志[M]. 董健桥等校. 西安：三秦出版社，2006.
[22]   （清）顾炎武. 历代宅京记[M]. 于杰点校. 北京：中华书局，1984.
[23]   （清）毕沅. 关中胜迹图志[M]. 张沛校点. 西安：三秦出版社，2004.
[24]   （清）舒其绅等修. 严长明等纂. 西安府志：乾隆四十四年[M]. 何炳武总校点. 西安：三秦出版社，2011.

著作

[1]   地图上的秦岭编纂委员会. 地图上的秦岭[M]. 西安：西安地图出版社，2015.
[2]   李晓东，杨茳善. 中国空间[M]. 北京：中国建筑工业出版社，2007.
[3]   梁思成. 中国建筑史[M]. 北京：生活.读书.新知三联书店，2011.
[4]   李乾朗. 穿墙透壁[M]. 桂林：广西师范大学出版社，2009.
[5]   （德）阿尔弗雷德·申茨. 幻方——中国古代的城市[M]. 梅青译. 北京：中国建筑工业出版社，2009.
[6]   贺业钜. 中国古代城市规划史[M]. 北京：中国建筑工业出版社，1996.

[7] 汪德华. 中国城市规划史纲[M]. 南京：东南大学出版社，2005.

[8] 吴良镛. 中国人居史[M]. 北京：中国建筑工业出版社，2014.

[9] 梁思成. 中国传统建筑技术与艺术[M]. 北京：中国文史出版社，2018.

[10] 潘谷西. 中国建筑史[M]. 北京：中国建筑工业出版社，2004.

[11] 傅熹年. 中国古代建筑史（第二版）[M]. 北京：中国建筑工业出版社，2009.

[12] （日）关野贞. 中国古代建筑与艺术[M]. 北京：中国画报出版社，2018.

[13] 刘叙杰等. 中国古代建筑史（全五卷）[M]. 北京：中国建筑工业出版社，2009.

[14] 傅熹年. 中国古代城市规划、建筑群布局及建筑设计方法研究[M]. 北京：中国建筑工业出版社，2015.

[15] 刘敦桢. 中国古代建筑史[M]. 北京：中国建筑工业出版社，2008.

[16] 杨鸿勋. 杨鸿勋建筑考古学论文集[M]. 北京：清华大学出版社，2008.

[17] 于倬云. 中国宫殿建筑论文集[M]. 北京：紫禁城出版社，2004.

[18] 杨鸿勋. 中国史话:宫殿建筑史话[M]. 北京：社会科学文献出版社，2012.

[19] 谢宇. 中国古代宫殿堪舆考[M]. 北京：华龄出版社，2013.

[20] 王贵祥. 中国古代佛教建筑研究论集[M]. 北京：清华大学出版社，2014.

[21] 刘敦桢. 中国住宅概说——传统民居[M]. 武汉：华中科技大学出版社，2018.

[22] 荆其敏. 中国传统民居[M]. 天津：天津大学出版社，1996.

[23] 张璧田，刘振亚. 陕西民居[M]. 北京：中国建筑工业出版社，2018.

[24] 李琰君. 陕西关中传统民居建筑与居住民俗文化[M]. 北京：科学出版社，2011.

[25] 朱士光，吴宏岐. 古都西安[M]. 西安：西安出版社，2003.

[26] 王军. 城市记忆——西安30年[M]. 西安：西安出版社，2008.

[27] 西安半坡博物馆. 西安半坡[M]. 北京：文物出版社，1982.

[28] 西安半坡博物馆，陕西省考古研究所，临潼县博物馆. 姜寨[M]. 北京：文物出版社，1988.

[29] 贺业钜. 考工记营国制度研究[M]. 北京：中国建筑工业出版社，1985.

[30] 中国社会科学院考古研究所. 新中国的考古发现与研究[M]. 北京：方志出版社，2007.

[31] 梁颖. 留住文明：陕西十一五期间基本建设考古重要发现[M]. 西安：三秦出版社，2011.

[32] 陆元鼎，杨谷生. 中国民居建筑（全3卷）[M]. 广州：华南理工大学出版社，2003.

[33] 赵立瀛. 陕西古建筑[M]. 西安：陕西人民出版社，1992.

[34] 王西京，陈洋. 西安民居（第二册）[M]. 西安：西安交通大学出版社，2016.

[35] 中华人民共和国住房和城乡建设部. 中国传统建筑解析与传承：陕西卷[M]. 北京：中国建筑工业出版社，2017.

[36] 陕西民居编写组，张璧田，刘振亚. 陕西民居[M]. 北京：中国建筑工业出版社，2018.

[37] 杨鸿勋. 宫殿考古通论[M]. 北京：紫禁城出版社，2009.

[38] 雷从云，陈绍棣，林秀贞. 中国宫殿史[M]. 北京：百花文艺出版社，2008.

[39] 王振复. 宫室之魂–儒道释与中国建筑文化[M]. 上海：上海复旦大学出版社，2001.

[40] 王鹤鸣. 中国寺庙通论[M]. 上海：上海古籍出版社，2016.

[41] 萧默主编. 中国建筑艺术史[M]. 北京：文物出版社，1999.

[42] 沈旸. 东方儒光——中国古代城市孔庙研究[M]. 南京：东南大学出版社，2015.

[43] 贺从容. 古都西安[M]. 北京：清华大学出版社，2012.

[44] 李令福. 古都西安城市布局及其地理基础[M]. 北京：人民出版社，2009.

[45] 傅熹年. 中国古代城市规划史[M]. 北京：中国建筑工业出版社，2015.

[46] 何清谷校注. 三辅黄图校释[M]. 北京：中华书局，2005.

[47] 史念海. 西安历史地图集[M]. 西安：西安地图出版社，1996.

[48] 黄留珠，张明，路中康. 西安通史[M]. 西安：陕西人民出版社，2016.

[49] 刘安琴. 古都西安：长安地志[M]. 西安：西安出版社，2007.

[50] 朱士光，吴宏岐. 古都西安：西安的历史变迁与发展[M]. 西安：西安出版社，2003.

[51] 肖爱玲等. 古都西安：隋唐长安城[M]. 西安：西安出版社，2008.

[52] 杨鸿年. 隋唐两京坊里谱[M]. 上海：上海古籍出版社，1999.

[53] 龚国强. 隋唐长安城佛寺研究[M]. 北京：文物出版社，2010.

[54] 樊锦诗. 敦煌石窟全集[M]. 香港：商务印书馆，2019.

[55]   王贵祥等. 中国古代佛教建筑研究论集[M]. 北京：清华大学出版社，2014.

[56]   （日）妹尾达彦. 长安城の都市计划[M]. 东京：讲谈社，2001.

[57]   黄元炤. 中国近代建筑纲要（1840–1949年）[M]. 北京：中国建筑工业出版社，2015

[58]   邹德侬. 中国现代建筑史[M]. 北京：机械工业出版社，2003.

[59]   杨秉德. 中国近代城市与建筑[M]. 北京：中国建筑工业出版社，1993.

[60]   沙永杰. "西化"的历程——中日建筑近代化过程比较研究[M]. 上海：上海科学技术出版社，2001.

[61]   樊宏康. 西安建筑图说[M]. 北京：机械工业出版社，2006.

[62]   张永禄. 明清西安词典[M]. 西安：陕西人民出版社，1999.

[63]   宗鸣安. 西安旧事[M]. 西安：陕西人民美术出版社，2002.

[64]   李全武，曹敏. 陕西近代工业经济发展研究[M]. 西安：陕西人民出版社，2005.

[65]   张静波，陶光明. 西安[M]. 西安：陕西人民美术出版社，1984.

[66]   西安市地方志编纂委员会. 西安市志·第一卷·总类[M]. 西安：西安出版社，1996.

[67]   西安市地方志编纂委员会. 西安市志·第二卷·城市基础设施[M]. 西安：西安出版社，2000.

[68]   西安市地方志编纂委员会. 西安市志·第三卷·经济卷上[M]. 西安：西安出版社，2003.

[69]   西安市地方志编纂委员会. 西安市志·第四卷·经济卷下[M]. 西安：西安出版社，2004.

[70]   西安市地方志编纂委员会. 西安市志·第六卷·科教文卫[M]. 西安：西安出版社，2002.

[71]   西安市城建系统志编纂委员会. 西安市城建系统志[M]. 西安：西安市城建系统志编纂委员会，2000.

[72]   西安市地方志办公室. 西安六十年图志（1949.5–2009.5）[M]. 西安：西安出版社，2009.

[73]   陈煜. 中国生活记忆——建国60年民生往事[M]. 北京：中国轻工业出版社，2014.

[74]   刘一、赵利文、射虎等. 西安40年（1978–2018）[M]. 西安：西安出版社，2018.

[75]   西安市地方志编纂委员会. 西安年鉴1993–2018[M]. 西安：世界图书出版西安有限公司，1993–2018.

[76]   孙正平. 断裂：20世纪90年代以来的中国社会[M]. 北京：社会科学文献出版社，2003.

[77]   李友梅. 中国社会生活变迁[M]. 北京：中国大百科全书出版社，2008.

[78]   邹德侬，王明贤，张向炜. 中国建筑60年（1949–2009）历史纵览[M]. 北京：中国建筑工业出版社，2009.

[79]   李昊. 公共空间的意义——当代中国城市公共空间的价值思辨与建构[M]. 北京：中国建筑工业出版社，2016.

[80]   胡武功. 四方城[M]. 西安：陕西人民美术出版社，1996.

[81]   李翔宁. 上海制造[M]. 上海：同济大学出版社，2014.

[82]   （日）塚本由晴，黑田润三，贝岛桃代. 东京制造[M]. 台北：田园城市文化事业有限公司，2007.

学位及期刊论文

[1]   王美子. 隋唐长安城格局、遗存及标识[D]. 西安：西安建筑科技大学，2007.

[2]   王早娟. 唐代长安佛教文学研究[D]. 西安：陕西师范大学，2010.

[3]   李玲. 中国古建筑和谐理念研究[D]. 山东：山东大学，2011.

[4]   张帆. 梁思成中国建筑史研究再探[D]. 北京：清华大学，2010.

[5]   王迪. 汉化佛教空间的"象"与"教"[D]. 天津：天津大学，2013.

[6]   戴良燕. 夏商西周宫殿建筑文化研究[D]. 桂林：广西师范大学，2006.

[7]   孙志敏. 渤海上京城宫城主要建筑群复原研究[D]. 哈尔滨：哈尔滨工业大学，2014.

[8]   符英. 西安近代建筑研究（1840–1949）[D]. 西安：西安建筑科技大学，2010.

[9]   徐健生. 基于关中传统民居特质的地域性建筑创作模式研究[D]. 西安：西安建筑科技大学，2013.

[10]   马杰. 西安传统建筑分类研究[D]. 西安：西安建筑科技大学，2010.

[11]   竺可桢. 中国近五千年来气候变迁的初步研究[J]. 考古学报，1972(1)：15–38.

[12]   赵璞真. 20世纪现代建筑起源与流变过程中的基础性案例的梳理研究[D]. 北京：北京建筑大学，2018.

[13]   刘珂. 从师承关系的角度解读现代主义建筑在近代中国的发展[D]. 湖南：湖南大学，2018.

[14]   史煜. 西安建筑近代化演变分析[J]. 西安建筑科技大学学报（自然科学版），2018，50(01)：65–71.

[15]   朱原野. 西安现存二十世纪中叶建筑风格研究[D]. 西安：西安建筑科技大学，2015.

[16]   裴俊超，胡敏. 西安近代建筑的现状及利用[J]. 西安工程大学学报，2012，26(02)：187–191.

[17]   王芳. 历史文化视角下的内陆传统城市近现代建筑研究[D]. 西安：西安建筑科技大学，2011.

[18] 王芳，杨豪中. 近代建筑遗产保护与城市历史文化传承——以西安为例[J]. 华中建筑，2010，28(12): 141–143.

[19] 周琳. 古城风貌视野下的西安市东大街临街面建筑改造设计研究[D]. 西安：西安建筑科技大学，2010.

[20] 邢倩. 西安近代建筑发展特征及价值定位研究[D]. 西安：西安建筑科技大学，2010.

[21] 温玉清. 二十世纪中国建筑史学研究的历史、观念与方法[D]. 天津：天津大学，2006.

[22] 孙军华. 陕西近代教堂建筑的保护历史及现状研究[D]. 西安：西安建筑科技大学，2006.

[23] 陈新. 19世纪末叶至20世纪中叶西安教会学校与医院建筑研究[D]. 西安：西安建筑科技大学，2003.

[24] 车通. 建国后西安明城区内新建建筑体量变迁动因研究[J]. 华中建筑，2018，36(04): 129–133.

[25] 杨晓荃. 见证西安城变迁的那些老建筑[J]. 西部大开发，2017(10): 146–148.

[26] 张久春. 20世纪50年代工业建设"156项工程"研究[J]. 工程研究–跨学科视野中的工程，2009，1(03): 213–222.

[27] 韦金妮. 步行商业街区空间布局模式研究[D]. 西安：西安建筑科技大学，2010.

[28] 杨骏. 西安明城区空间形态维度之居住地块密度研究[D]. 西安：西安建筑科技大学，2016.

[29] 马睿. 西安明城区空间形态维度之非居住地块密度研究[D]. 西安：西安建筑科技大学，2016.

[30] 陈哲怡. 西安明城区三学街片区居住生活空间自组织更新研究[D]. 西安：西安建筑科技大学，2017.

[31] 胡恬. 西安当代建筑本土性研究[D]. 西安：西安建筑科技大学，2015.

[32] 李洋. 西安市大院型住区与现代社区的比较研究[D]. 西安：西安建筑科技大学，2008.

[33] 李萍. 近20年来西安地区建筑创作中多元化探索的研究[D]. 北京：清华大学，2013.

[34] 王娟. 古城西安南大街建筑风格评析[D]. 西安：西安建筑科技大学，2006.

[35] 周琳. 古城风貌视野下的西安市东大街临街面建筑改造设计研究[D]. 西安：西安建筑科技大学，2010.

[36] 廉超. 西安当代居住建筑地域性设计研究[D]. 西安：西安建筑科技大学，2015.

[37] 张宏宇. 西安现代建筑创作中传统形式的表达与评析[D]. 西安：西安建筑科技大学，2011.

[38] 秦正. 西安当代民风建筑特征及其创作手法研究[D]. 西安：西安建筑科技大学，2016.

[39] 唐英. 地域文化在现代酒店室内设计中的应用研究[D]. 西安：西安建筑科技大学，2010.

[40] 曹易. 西安顺城巷改造民风建筑风貌研究[D]. 西安：西安建筑科技大学，2016.

[41] 韩炜. 基于"保持古都风貌"的西安主城门地段城市设计研究[D]. 西安：西安建筑科技大学，2013.

后记

　　本书是编者结合十余年的教学、基础研究与设计实践，吸纳国内最新考古发现及相关研究成果，历时两年多的反复讨论和集中工作编撰而成。李昊、吴珊珊、韩冰负责整体的框架搭建和内容安排，各章执笔人如下：第一章，李昊；第二章，李昊、韩冰；第三章，李昊、叶静婕；第四章，李昊、沈葆菊；第五章，李昊、吴珊珊；第六章，李昊、吴珊珊、高健、何琳娜、李滨洋、杨琨、郑智洋、黄婧；第七章，李昊、吴珊珊、高健、何琳娜、郑智洋、李滨洋、杨琨、黄婧、同晓舟、吴越、孙高源、刘珈毓、郝昊田、赵月；第八章，李昊、吴珊珊。各章排版、校核、绘图：吴珊珊、叶静婕、高健、何琳娜、王宇轩、高晗、郑智洋、杨琨、李滨洋、黄婧；图纸整合：高健、何琳娜；照片采集：高健、何琳娜、杨琨、黄婧、李滨洋、郑智洋、卢宇飞、孙高源、刘珈毓、吴越。木作建筑+城市设计工作室完成了全书的排版。

　　本书参考了大量的古籍文献、图书著作、国内外相关研究成果、照片图像等，在注释和参考文献中尽可能予以标识，但部分文字和图片来源无法准确查明出处，在此一并感谢，涉及版权问题请与出版社及作者本人联系，以备修正。